Ullstein Materialien

Ullstein Materialien
Ullstein Buch Nr. 35134
im Verlag Ullstein GmbH,
Frankfurt/M – Berlin – Wien
Amerikanischer Originaltitel
Marx's Concept of Man
Übersetzt von
Renate Müller-Isenburg
und
C. Barry Hyams

Ungekürzte Ausgabe (1980)

Umschlagentwurf:
Kurt Weidemann

Printed in Germany 1982
Druck und Verarbeitung: Mohndruck
Graphische Betriebe GmbH, Gütersloh
ISBN 3 548 35134 4

April 1982

CIP-Kurztitelaufnahme
der Deutschen Bibliothek

Fromm, Erich:
Das Menschenbild bei Marx/Erich Fromm.
[Übers. von Renate Müller-Isenburg u.
C. Barry Hyams]. Mit den wichtigsten
Teilen der Frühschriften / von Karl Marx. –
Ungekürzte Ausg. – Frankfurt/M; Berlin;
Wien: Ullstein, 1982.
(Ullstein-Buch; Nr. 35134: Ullstein-
Materialien) Einheitssacht.: Marx's
concept of man <dt.>
ISBN 3-548-35134-4
NE: Marx, Karl: Die wichtigsten Teile der
Frühschriften; Marx, Karl: [Sammlung]
Die wichtigsten Teile der Frühschriften; GT

Erich
Fromm

Das Menschenbild bei Marx

Mit den wichtigsten
Teilen der Frühschriften
von Karl Marx

Ullstein Materialien

Inhalt

Vorwort

Dieser Band enthält in der Hauptsache Auszüge aus den wichtigsten philosophischen Arbeiten von Karl Marx, den *Ökonomisch-philosophischen Manuskripten* (1844) und der *Deutschen Ideologie* (1845-1846). Das Buch richtete sich ursprünglich an den amerikanischen Leser und bot diesem – sieht man von einer in Rußland gefertigten Übersetzung, die ab 1959 in England verkauft wurde – erstmals eine (von T. B. Bottomore besorgte) Übersetzung von Teilen der Frühschriften Marx' ins Englische.

Die Philosophie von Marx ist wie existentialistisches Denken ein Protest gegen die Entfremdung des Menschen, gegen den Verlust seiner selbst und seine Verwandlung in ein Ding. Diesen Protest erhebt sie gegen die Dehumanisierung und Automatisierung des Menschen, die mit der Entwicklung des westlichen Industrialismus verbunden ist. Marx' Philosophie übt radikale Kritik an allen jenen »Antworten«, die das Problem der menschlichen Existenz zu lösen suchen, indem sie die in ihr beschlossenen Widersprüche leugnen oder verschleiern. Sie wurzelt in der humanistischen philosophischen Tradition des Westens, die von Spinoza über die französische und deutsche Aufklärung des achtzehnten Jahrhunderts bis zu Goethe und Hegel reicht und deren innerstes Wesen die Sorge um den Menschen und um die Verwirklichung seiner Möglichkeiten ist.

Die Zentralfrage in der Philosophie von Marx, die ihren deutlichsten Ausdruck in den *Ökonomisch-philosophischen Manuskripten* gefunden hat, ist die nach der Existenz des wirklichen individuellen Menschen, der *ist*, was er *tut*, und dessen »Natur« sich in der Geschichte entfaltet und offenbart. Im Gegensatz zu Kierkegaard und anderen Philosophen jedoch sieht Marx den Menschen in seiner vollen Wirklichkeit als Mitglied einer gegebenen Gesellschaft und einer gegebenen Klasse, als ein Wesen, das in seiner Entwicklung von der Gesellschaft gestützt wird und zugleich ihr Gefangener ist. Die volle Verwirklichung des Menschen und seine Befreiung von den gesellschaftlichen Kräften, die ihn gefangenhalten, ist für Marx verbunden mit der Anerkennung dieser Kräfte und mit einem gesellschaftlichen Wandel, der auf eben dieser Anerkennung basiert.

Marx' Philosophie ist eine Protestphilosophie; ein Protest, der getragen ist vom Glauben an den Menschen, an seine Fähigkeit, sich selbst zu befreien und seine ihm innewohnenden Möglichkeiten zu verwirklichen. Dieser Glaube ist ein Zug des Marxschen Denkens, der für die Vorstellungswelt der westlichen Kultur vom späten Mittelalter bis zum neunzehnten Jahrhundert charakteristisch war und der heute so selten ist. Eben aus diesem Grund wird vielen Lesern, die von der augenblicklich herrschenden Resignation und dem Wiederaufleben des Begriffs der Erbsünde (in der Freudschen oder Niebuhrschen Form) angesteckt sind, die Marxsche Philosophie überholt, altmodisch oder utopisch erscheinen, und aus diesen und vielleicht noch anderen Gründen werden sie diesen Glauben an die Möglichkeiten des Menschen und der Hoffnung auf seine Fähigkeit, das zu werden, was er potentiell ist, ablehnen. Für andere wird die Philosophie von Marx eine Quelle neuer Einsicht und Hoffnungen sein.

Ich bin der Meinung, daß Hoffnung und eine neue Einsicht, und damit eine Überschreitung der engen Grenzen des gegenwärtigen positivistisch-mechanistischen Denkens der Sozialwissenschaften, vonnöten sind, wenn der Westen dieses Jahrhundert der Prüfungen überleben soll. Während das westliche Denken vom dreizehnten bis zum neunzehnten Jahrhundert (oder, um genauer zu sein, bis zum Ausbruch des Ersten Weltkriegs im Jahr 1914) von der Hoffnung bestimmt war – einer Hoffnung, die im Denken der Propheten und in der griechisch-römischen Kultur wurzelte – waren die letzten vier Jahrzehnte von wachsendem Pessimismus und Hoffnungslosigkeit bestimmt. Der Durchschnittsmensch ist auf der verzweifelten Suche nach Schutz; er versucht, der Freiheit zu entfliehen und im Schoß des großen Staats und des großen Verbands Sicherheit zu finden. Wenn wir uns nicht dieser Hoffnungslosigkeit entwinden können, dann mögen wir uns zwar noch eine Weile auf der Grundlage unserer materiellen Stärke behaupten, aber auf lange historische Sicht wird dann der Westen zur physischen oder geistigen Auslöschung verdammt sein.

So groß auch die Bedeutung von Marx' Philosophie als Quelle philosophischer Einsicht und als Heilmittel gegen die augenblickliche – verschleierte oder offene – Resignation ist, es gibt doch noch einen anderen, kaum weniger wichtigen Grund, sie zu dieser Zeit in der westlichen Welt neu zu veröffentlichen. Die Welt ist heute in zwei rivalisierende Ideologien zerrissen – in die des »Marxismus« und die des »Kapitalismus«. Während im Westen das Wort »Sozialismus« als eine Erfindung des Teufels gilt und alles andere als Vertrauen erweckt, gilt für den Rest der Welt gerade das Gegenteil.

Nicht nur Rußland und China benützen den Begriff »Sozialismus«, um ihre Systeme anziehend zu machen, sondern auch die meisten afrikanischen und asiatischen Länder fühlen sich zu den Ideen des marxistischen Sozialismus stark hingezogen. Bei ihnen finden Sozialismus und Marxismus nicht nur wegen der ökonomischen Leistungen Rußlands und Chinas Anklang, sondern auch wegen der darin enthaltenen Elemente der Gerechtigkeit, Gleichheit und Universalität (die in der geistigen Tradition des Westens wurzeln). Obgleich in Wahrheit die Sowjetunion ein System eines konservativen Staatskapitalismus und nicht die Verwirklichung des Marxschen Sozialismus darstellt und obgleich China durch die Mittel, die es anwendet, jene Befreiung des Individuums, die ja gerade das Ziel des Sozialismus ist, negiert, benützen sie beide die Anziehungskraft des marxistischen Denkens, um sich selbst den Völkern Asiens und Afrikas zu empfehlen. Und wie reagiert die öffentliche Meinung und offizielle Politik des Westens darauf? Wir tun alles, um den russisch-chinesischen Anspruch zu unterstützen, indem wir ständig verkünden, daß ihr System »marxistisch« sei, und indem wir Marxismus und Sozialismus mit dem sowjetischen Staatskapitalismus und dem chinesischen Totalitarismus identifizieren. Wir konfrontieren so die noch unvoreingenommenen Bevölkerungsmassen der Welt mit der Alternative von »Marxismus« und »Sozialismus« einerseits und »Kapitalismus« andererseits (oder, wie wir es gewöhnlich ausdrücken, zwischen »Sklaverei« und »Freiheit« bzw. freiem Unternehmertum) und geben damit der Sowjetunion und den chinesischen Kommunisten in dieser ideologischen Auseinandersetzung soviel Schützenhilfe wie nur möglich.

Die Alternative für die unterentwickelten Länder, deren Entwicklung für die nächsten hundert Jahre entscheidend für die Weltpolitik sein wird, ist jedoch nicht die von Kapitalismus und Sozialismus, sondern die von totalitärem Sozialismus und marxistischem humanistischen Sozialismus. Auf letzteren weisen schon, in verschiedener Gestalt, Tendenzen in Polen, Jugoslawien, Ägypten, Birma, Indonesien usw. deutlich hin. Als Führer einer solchen Entwicklung hätte der Westen den ehemaligen Kolonialländern viel zu bieten: nicht nur Kapital und technische Hilfe, sondern auch die westliche humanistische Tradition, deren Ergebnis der marxistische Sozialismus ist, die Tradition der Freiheit des Menschen, nicht nur *von*, sondern seine Freiheit *zu* – die Möglichkeit, seine eigenen menschlichen Fähigkeiten zu entwickeln, die Tradition der menschlichen Würde und Brüderlichkeit. Um diesen Einfluß auszuüben und um die russischen und chinesischen Ansprüche zu verstehen, müssen wir das Marxsche Denken begreifen und das falsche und entstellte Bild des Marxismus, von dem das westliche Denken heute beherrscht wird, aufgeben. Ich habe die Hoffnung, daß dieses Buch ein Schritt in diese Richtung sein wird.

Im folgenden habe ich versucht, Marx' Menschenbild auf einfache (ich hoffe, nicht zu vereinfachende) Weise darzustellen, weil sein Stil nicht immer leicht zugänglich ist, und ich hoffe, daß die Ausführungen vielen Lesern helfen werden, den Marxschen Text zu verstehen. Ich habe darauf verzichtet, darzulegen, inwieweit ich mit dem Marxschen Denken nicht übereinstimme, denn bezüglich seines humanistischen Existentialismus habe ich wenig Widerspruch anzumelden. In einer Reihe von Punkten, die seine soziologischen und ökonomischen Theorien betreffen, kann ich Marx nicht folgen; ich habe diese Fragen in früheren Arbeiten angeschnitten. (Vgl. z. B. E. Fromm, 1955a.) Sie beziehen sich hauptsächlich auf die Tatsache, daß Marx nicht voraussehen konnte, bis zu welchem Grade der Kapitalismus imstande war, sich selbst zu modifizieren und so die wirtschaftlichen Bedürfnisse der Industrienationen zu befriedigen, und weiter, daß er die Gefahren der Bürokratisierung und Zentralisierung nicht überblickte und unfähig war, sich die autoritären Systeme vorzustellen, die als Alternativen zum Sozialismus auftauchen konnten. Aber da sich dieses Buch nur mit Marx' philosophischem und historischem Denken beschäftigt, ist hier nicht der Ort, die strittigen Punkte seiner ökonomischen und politischen Theorie zu erörtern.

Eine wirkliche Kritik an Marx ist jedoch etwas ganz anderes als die gewöhnlich fanatischen oder herablassenden Urteile, die für die gegenwärtigen Äußerungen über ihn so typisch sind. Ich bin davon überzeugt, daß wir nur durch das Verständnis des tatsächlichen Inhalts des marxistischen Denkens und durch genaue Unterscheidung vom russischen und chinesischen Pseudomarxismus imstande sein werden, die Realitäten unserer gegenwärtigen Welt zu begreifen und vernünftig und konstruktiv auf ihre Herausforderung eingehen können. Ich hoffe, daß dieser Band nicht nur zu einem besseren Verständnis der humanistischen Philosophie von Marx beiträgt, sondern daß er auch dazu hilft, die irrationale und geradezu von Verfolgungswahn bestimmte Haltung, die in Marx einen bösen Geist und im Sozialismus des Teufels Werk sieht, etwas abzubauen.

Die *Ökonomisch-philosophischen Manuskripte* bilden zwar den Hauptteil dieses Bandes, ich habe jedoch auch kleinere Abschnitte aus anderen philosophischen Schriften von Marx einbezogen, um das Bild abzurunden. Der einzige größere Abschnitt, den ich hinzugefügt habe, enthält verschiedene Berichte, die sich mit der Person von Marx beschäftigen. Ich habe diesen Abschnitt beigefügt, weil Marx' Persönlichkeit ebenso wie seine Ideen von vielen Autoren verleumdet und herabgesetzt wurden; ich glaube, daß ein zutreffenderes Bild von Marx dazu beiträgt, einige Vorurteile seinen Ideen gegenüber zu entkräften.[1]

T. B. Bottomore von der London School of Economics habe ich für eine Reihe kritischer Anregungen, die er mir nach Lektüre des Manuskripts gab, sehr zu danken. E. F.

1 Ein besonders krasses Beispiel für das, was man sich in dieser Beziehung geleistet hat, ist die vor nicht langer Zeit in Amerika erschienene Publikation einer Schrift von Marx unter dem Titel *A World without Jews* (D. D. Runes (Ed.), 1959). Dieser Titel, der den Anschein erweckt, als habe ihn Marx selbst gewählt (der wirkliche Titel lautet jedoch »Zur Judenfrage«), scheint die in der Öffentlichkeit über das Buch erhobene Behauptung, daß Marx der Begründer des nationalsozialistischen und des sowjetischen Antisemitismus gewesen sei, zu bestätigen. Jeder, der diese Schrift liest und der Marx' Philosophie und literarischen Stil kennt, muß zugeben, daß diese Behauptung falsch und absurd ist. Sie tut nichts anderes, als einige kritische Bemerkungen von Marx über die Juden, die er in einem brillanten Aufsatz über das Problem der bürgerlichen Emanzipation polemisch trifft, zu verdrehen, um diese völlig phantastische Anschuldigung gegen Marx zu erheben.

I
Das Menschenbild bei Marx

1 Die Verfälschung des Marxschen Denkens

Es gehört zur besonderen Ironie der Geschichte, daß dem Mißverständnis und der Entstellung von Theorien keine Grenzen gesetzt sind, und das sogar in einer Zeit, in der die Quellen frei zugänglich sind. Es gibt kein drastischeres Beispiel für dieses Phänomen als das, was der Theorie von Karl Marx in den letzten Jahrzehnten widerfuhr. Marx und der Marxismus werden ständig erwähnt: in der Presse, in den Reden der Politiker, in Büchern und Artikeln von anerkannten Sozialwissenschaftlern und Philosophen. Es scheint jedoch, daß die Politiker und Journalisten mit ein paar Ausnahmen niemals auch nur einen Blick auf eine Zeile von Marx geworfen haben und daß sich die Sozialwissenschaftler mit einer minimalen Marxkenntnis zufriedengeben. Offenbar fühlen sie sich durchaus sicher, wenn sie sich wie Experten auf diesem Gebiet benehmen, da niemand, der Einfluß und Ansehen im Reich der Sozialforschung genießt, ihre ignoranten Feststellungen anzweifelt.[1]

Unter all den Mißverständnissen ist wahrscheinlich keines verbreiteter als die Idee vom Marxschen »Materialismus«. Man nimmt an, daß Marx geglaubt habe, das oberste psychologische Motiv des Menschen sei sein Wunsch nach finanziellem Gewinn und nach

1 Es ist eine traurige, jedoch unvermeidliche Feststellung, daß diese Unkenntnis und Entstellung von Marx in den Vereinigten Staaten weit haufiger als in irgendeinem anderen westlichen Land anzutreffen sind. Man muß besonders darauf hinweisen, daß in den letzten fünfzehn Jahren in Deutschland und Frankreich die Diskussionen über Marx in außerordentlichem Maß wiederaufgelebt sind, und zwar ganz besonders bezüglich der in diesem Band veröffentlichten *Ökonomisch-philosophischen Manuskripte*. In Deutschland beteiligen sich besonders die protestantischen Theologen an dieser Diskussion. Ich erwähne vor allem die ausgezeichneten »Marxismusstudien«, herausgegeben von Iring Fetscher. Weiterhin die ausgezeichnete [2] Einleitung von Landshut zur Kröner-Ausgabe der *Ökonomisch-philosophischen Manuskripte* (K. Marx, 1971). Dann die Arbeiten von Lukács, Bloch, Popitz und anderen, die weiter unten zitiert werden. Auch in den Vereinigten Staaten ist in jüngster Zeit ein langsam wachsendes Interesse an Marx festzustellen. Unglücklicherweise drückt sich dies zum Teil in einer Reihe von voreingenommenen und verfälschenden Büchern aus, wie z. B. in L. Schwarzschilds *The Red Prussian* (1948), oder in zu vereinfachenden und irreführenden Büchern wie H. A. Overstreets *What We Must Know About Communism* (1958).

Bequemlichkeit, und daß sein Streben nach größtmöglichem Profit den Hauptantrieb in seinem persönlichen Leben und dem der menschlichen Gattung darstelle. Diesem Gedanken entspricht die ebenso weit verbreitete Annahme, daß Marx die Bedeutung des Individuums vernachlässigt, daß er weder Achtung noch Verständnis für die geistigen Bedürfnisse des Menschen gehabt habe und daß sein »Ideal« der gut genährte und ordentlich angezogene, aber »seelenlose« Mensch gewesen sei. Marx' Kritik der Religion wurde für identisch gehalten mit der Leugnung aller geistigen Werte, und dies schien all denen um so offensichtlicher, die voraussetzten, daß der Glaube an Gott die Bedingung einer geistigen Orientierung ist.

Aus diesen Vorstellungen heraus wird dann Marx' sozialistisches Paradies behandelt, als eines, in dem Millionen von Menschen einer allmächtigen staatlichen Bürokratie unterworfen sind, Menschen, die ihre Freiheit aufgegeben haben, wenn sie vielleicht auch Gleichheit dafür eingetauscht haben mögen; diese materiell »befriedigten« Individuen haben ihre Individualität verloren und sind erfolgreich in Millionen einheitlicher Roboter und Automaten verwandelt worden, die von einer kleinen Elite besser genährter Führer regiert werden.

Es genügt zu sagen, daß dieses gängige Bild von Marx' »Materialismus« – das eine antigeistige Tendenz und den Wunsch nach Uniformität und Unterwerfung widerspiegelt – völlig falsch ist. Das Ziel von Marx war die geistige Emanzipation des Menschen,

---

Im Gegensatz dazu bietet J. Schumpeters *Capitalism, Socialism, and Democracy* (1962) eine ausgezeichnete Darstellung des Marxismus. Über das Problem des historischen Naturalismus vgl. auch J. C. Bennets *Christianity and Communism Today* (1960) sowie auf die ausgezeichneten Anthologien (und Einleitungen) von L. I. Feuer (1937) und T. B. Bottomore und M. Rubel (1957; 1964a). Über Marx' Begriff der menschlichen Natur möchte ich besonders V. Venables *Human Nature: The Marxian View* (1945) erwähnen, das, obgleich kenntnisreich und objektiv, daran leidet, daß der Verfasser die *Ökonomisch-philosophischen Manuskripte* nicht benutzen konnte.
Bezüglich der philosophischen Grundlage des Marxschen Denkens vgl. vor allem das brillante und scharfsinnige Buch von Herbert Marcuse *Reason and Revolution* (1941) sowie sein Buch *Soviet Marxism* (1958). Ich selbst habe mich dazu in E. Fromm 1932a und 1955a geäußert. In Frankreich wurde die Diskussion zum Teil von katholischen Priestern und zum Teil von Philosophen, von denen die meisten Sozialisten sind, geführt. Ich beziehe mich hierbei besonders auf J. Y. Calvez' *La pensée de Karl Marx* (1956). Außerdem sind die Arbeiten von A. Kojève, J. P. Sartre und besonders von H. Lefèbvre zu nennen.

seine Befreiung von den Fesseln der wirtschaftlichen Bestimmtheit, die Wiederherstellung seiner menschlichen Ganzheit, um ihn zu befähigen, zur Einheit und Harmonie mit seinem Mitmenschen und der Natur zu finden. Marx' Philosophie war in nicht-theistischer Sprache ein neuer und radikaler Schritt vorwärts in die Tradition des prophetischen Messianismus, sie zielte auf die volle Verwirklichung des Individualismus, gerade jenes Ziel, das das westliche Denken seit der Renaissance und Reformation bis weit ins neunzehnte Jahrhundert geleitet hat.

Dieses Bild wird zweifellos viele Leser schockieren, da es mit den Ideen über Marx unvereinbar ist, mit denen man sie bisher vertraut gemacht hat. Aber ehe ich darangehe, es zu belegen, möchte ich die Ironie betonen, die in der Tatsache liegt, daß die Beschreibung von Marx' Zielen und dem Inhalt seiner Vision des Sozialismus beinahe haargenau auf die gegenwärtige kapitalistische Gesellschaft des Westens zutrifft. Das Handeln der Mehrzahl der Menschen ist motiviert vom Wunsch nach größeren materiellen Gewinnen, nach Komfort und nach Dingen des »gehobenen Verbrauchs«, und dieser Wunsch wird nur eingeschränkt von dem Verlangen nach Sicherheit und der Vermeidung von Risiken. Sie sind zunehmend sowohl in der Sphäre der Produktion wie in der des Verbrauchs mit einem vom Staat und den großen Verbänden und deren jeweiligen Bürokratien regulierten und manipulierten Leben zufrieden; sie haben einen Grad der Konformität erreicht, der die Individualität weitgehend ausgelöscht hat. Sie sind, um den Ausdruckkvon Marx zu benützen, impotente »Menschenware«, die starken und autonomen Maschinen dient. Das tatsächliche Bild des Kapitalismus in der Mitte des zwanzigsten Jahrhunderts ist von der Karikatur des marxistischen Sozialismus, wie ihn dessen Gegner gezeichnet haben, kaum zu unterscheiden.

Beinahe noch erstaunlicher ist die Tatsache, daß Leute, die Marx bitter wegen seines »Materialismus« anklagen, den Sozialismus als wirklichkeitsfremd angreifen, weil er *nicht* anerkenne, daß der einzig wirksame Anreiz des Menschen zur Arbeit in seinem Wunsch nach materiellem Gewinn liege. Die unbegrenzte Fähigkeit des Menschen, eklatante Widersprüche durch psychologische »Rationalisierung«, so wie es ihm gerade paßt, zu leugnen, könnte schwerlich besser dargetan werden. Genau die gleichen Gründe, von denen behauptet wird, daß sie der Beweis dafür seien, daß Marx' Ideen mit unserer religiösen und geistigen Tradition unvereinbar sind, und die dazu benützt werden, unser gegenwärtiges

System *gegen* Marx zu *verteidigen*, werden zur selben Zeit von den gleichen Leuten zu dem Beweis verwendet, daß der Kapitalismus der menschlichen Natur entspricht und daher einem »unrealistischen« Sozialismus weit überlegen ist.

Ich will nun folgendes nachzuweisen versuchen: Diese Marxinterpretation ist falsch, denn die marxistische Theorie behauptet *nicht*, daß das Hauptantriebsmotiv des Menschen dessen Streben nach materiellem Gewinn sei. Ferner, das wirkliche Ziel von Marx ist die Befreiung des Menschen vom Druck der ökonomischen Bedürfnisse, *damit* er sich – das ist dabei entscheidend – in seiner vollen Menschlichkeit entfalten kann. Das wichtigste Anliegen von Marx ist also die Emanzipation des Menschen zu einem Individuum, die Überwindung der Entfremdung, die Wiederherstellung seiner Fähigkeit, sich zum Menschen und zur Natur voll in Einklang zu setzen. Ich behaupte weiter, daß Marx' Philosophie einen geistigen Existentialismus in säkularer Sprache darstellt und eben wegen seiner geistigen Qualität im Gegensatz zur materialistischen Praxis und zur nur dünn verhüllten materialistischen Philosophie unseres Zeitalters steht. Marx' Ziel, ein auf seiner Theorie vom Menschen basierender Sozialismus, ist im wesentlichen prophetischer Messianismus in der Sprache des neunzehnten Jahrhunderts.

Wie ist es dann möglich, daß die Philosophie von Marx so vollständig mißverstanden und in ihr Gegenteil verzerrt wird? Dafür gibt es verschiedene Gründe. Der erste Grund ist zweifellos pure Ignoranz. Offenbar werden diese Fragen nicht an den Universitäten behandelt, sie sind keiner kritischen Untersuchung unterworfen und deshalb vielleicht meinen viele, daß es ihnen freisteht, ohne jegliche Sachkenntnis zu reden und zu schreiben, was ihnen einfällt. Es gibt keine anerkannten Autoritäten, die auf dem Respekt vor den Tatsachen und vor der Wahrheit bestehen würden. Jeder fühlt sich berechtigt, über Marx zu reden, ohne ihn je gelesen zu haben, oder wenigstens so viel von ihm gelesen zu haben, um eine Vorstellung von seinem sehr komplexen, schwierigen und subtilen Gedankensystem zu bekommen. Dabei macht es wenig aus, daß Marx' philosophisches Hauptwerk, das von seinem Menschenbild, von Entfremdung und Emanzipation usw. handelt, die *Ökonomisch-philosophischen Manuskripte* nämlich, bis jetzt noch nicht ins Englische übersetzt war und also einige seiner Ideen der englischsprechenden Welt noch unbekannt waren. (Die erste englische Version brachte der Verlag Lawrence and Wishart 1959 in

Großbritannien heraus. Der Verlag übernahm dabei eine im Verlagshaus für ausländische Sprachen in Moskau angefertigte englische Übersetzung.) Dieser Umstand reicht jedoch bei weitem nicht aus, die herrschende Ignoranz zu erklären. Denn erstens ist die Tatsache, daß dieses Werk von Marx niemals zuvor ins Englische übersetzt wurde, selbst wohl ein Symptom der Ignoranz als auch eine Ursache für sie. Dann aber ist festzuhalten, daß die Hauptrichtung des philosophischen Denkens von Marx in den schon früher im Englischen publizierten Schriften genügend deutlich wurde. Die Verfälschungen, die vorgenommen wurden, hätten also vermieden werden können.

Ein wichtiger Grund für das Mißverständnis von Marx liegt weiter in der Tatsache, daß sich die russischen Kommunisten die Marxsche Theorie angeeignet und die Welt zu überzeugen versucht haben, daß ihre Praxis und Theorie seinen Gedanken folge. Obgleich das Gegenteil wahr ist, hat der Westen ihre Propagandathesen akzeptiert und ist davon überzeugt, daß russische Ansicht und Praxis der Marxschen Position entsprechen. Die russischen Kommunisten sind jedoch nicht die einzigen, die an einer Fehlinterpretation von Marx schuldig sind. Während für die Russen die brutale Verachtung der persönlichen Würde und der humanistischen Werte charakteristisch ist, wurde die falsche Auslegung von Marx als des Verfechters eines ökonomisch-hedonistischen Materialismus von vielen Antikommunisten und reformistischen Sozialisten geteilt. Die Gründe dafür sind nicht schwer zu entdecken. Obgleich Marx' Theorie eine Kritik des Kapitalismus war, so waren doch viele seiner Anhänger vom Geist des Kapitalismus so tief durchtränkt, daß sie Marx' Gedankengänge mit den ökonomischen und materialistischen Begriffen auslegten, die im gegenwärtigen Kapitalismus vorherrschen. Es ist in der Tat so, daß sich die sowjetischen Kommunisten ebenso wie die reformistischen Sozialisten zwar für Feinde des Kapitalismus hielten, daß sie jedoch den Kommunismus – oder Sozialismus – im Geist eben des Kapitalismus verstanden. Für sie ist der Sozialismus nicht eine Gesellschaft, die – menschlich gesehen – vom Kapitalismus grundsätzlich unterschieden ist, sondern eher eine Form von Kapitalismus, in der die Arbeiterklasse eine höhere soziale Ebene erreicht hat; er ist für sie, wie Engels einmal ironisch bemerkte, »die gegenwärtige Gesellschaft ohne ihre Mängel«.

Soweit die rationalen und einsehbaren Gründe für die Entstellung der Marxschen Theorien. Es gibt aber auch ohne Zweifel irrationale Gründe, die zu dieser Verzerrung beitragen. Sowjetrußland wird als die absolute Verkörperung alles Bösen angesehen, daher haben seine Ideen die Qualität des Diabolischen angenommen. Geradeso wie 1917, als innerhalb ziemlich kurzer Zeit der Kaiser und die »Hunnen« als die Verkörperung des Bösen angesehen wurden und selbst Mozarts Musik zu diesem Teufelskreis rechnete, so haben jetzt die Kommunisten den Platz des Teufels eingenommen, und ihre Doktrin wird nicht objektiv untersucht. Der Grund, der gewöhnlich für diesen Haß angegeben wird, ist der Terror, den die Stalinisten viele Jahre lang ausübten. Aber es gibt schwerwiegende Gründe, die Aufrichtigkeit dieser Erklärung zu bezweifeln: Die gleichen Akte von Terror und Unmenschlichkeit riefen, als sie von den Franzosen in Algerien, von Trujillo in Santo Domingo, von Franco in Spanien verübt wurden, keine ähnliche moralische Entrüstung hervor, genau gesehen eigentlich überhaupt keine. Und weiter: Der Wandel von Stalins zügellosem Terrorsystem zu Chruschtschows reaktionärem Polizeistaat ist nur ungenügend beachtet worden, obgleich man annehmen sollte, daß jeder, dem die menschliche Freiheit wirklich wichtig ist, diesen Wechsel wahrnehmen und sich über ihn freuen sollte, denn wenngleich er auch keinesfalls ausreichend ist, so bedeutet er doch eine gewaltige Verbesserung gegenüber Stalins nacktem Terror. All dies gibt uns Anlaß zu der Überlegung, ob die Entrüstung gegenüber Rußland wirklich in moralischen und humanitären Gefühlen wurzelt oder nicht vielmehr in der Tatsache, daß ein System, das kein Privateigentum an den Produktionsmitteln kennt, als unmenschlich und bedrohlich angesehen wird.

Es ist schwer zu sagen, welcher der obengenannten Faktoren am meisten für die Verzerrungen und Mißverständnisse der Marxschen Philosophie verantwortlich ist. Wahrscheinlich schwanken sie in ihrer Bedeutung bezüglich der verschiedenen Personen und politischen Gruppen, und es ist unwahrscheinlich, daß einer von ihnen der allein verantwortliche Faktor ist.

2 Marx' historischer Materialismus

Um zum richtigen Verständnis der Marxschen Philosophie zu gelangen, muß zunächst sein Begriff von Materialismus und historischem Materialismus von Mißverständnissen befreit werden. Wenn man annimmt, der Materialismus behaupte, daß die materiellen Interessen und der Wunsch des Menschen nach ständig wachsenden Gewinnen und Annehmlichkeiten das menschliche Hauptmotiv seien, so vergißt man die einfache Tatsache, daß die Worte »Idealismus« und »Materialismus«, wie sie von Marx und allen anderen Philosophen gebraucht werden, nichts mit psychischen Motivierungen einer höheren, geistigen Ebene gegenüber solchen einer niedrigeren und primitiveren Ebene zu tun haben. In philosophischer Terminologie bezieht sich »Materialismus« (oder »Naturalismus«) auf eine philosophische Richtung, die der Ansicht ist, daß die sich bewegende Materie das Weltall konstituiert. In diesem Sinn waren die Vorsokratiker »Materialisten«, obgleich sie keinesfalls Materialisten in dem oben genannten Wortsinn eines Werturteils oder eines ethischen Prinzips waren. Unter »Idealismus« dagegen versteht man eine Philosophie, in der nicht die immer wechselnde Welt der Sinne die Wirklichkeit konstituiert, sondern unkörperliche Wesenheiten oder Ideen. Platos System ist das erste philosophische System, auf das der Name »Idealismus« angewendet wurde. Marx vertrat zwar philosophisch eine materialistische Ontologie, aber er interessierte sich im Grunde nicht wirklich für diese Fragen und beschäftigte sich fast nie mit ihnen.

Es gibt viele Arten materialistischer und idealistischer Philosophien, und um den »Materialismus« von Marx zu verstehen, müssen wir über die soeben getroffene allgemeine Definition hinausgehen. Tatsächlich wandte sich Marx eindeutig *gegen* einen philosophischen Materialismus, wie er von vielen der fortschrittlichsten Denker seiner Zeit (besonders bei den Naturwissenschaftlern) vertreten wurde. Dieser Materialismus behauptete, daß das Substrat aller psychischen und geistigen Erscheinungen in der Materie und den materiellen Prozessen zu finden seien. In seiner vulgärsten und abergläubigsten Form lehrte diese Richtung des Materialismus, daß Gefühle und Ideen erschöpfend als Resultate chemischer Prozesse des Körpers erklärt seien und daß der Gedanke für das Gehirn das sei, was der Harn für die Nieren ist.

Marx bekämpfte diesen Typ des mechanischen, »bürgerlichen«, »abstrakt naturwissenschaftlichen Materialismus, der den geschichtlichen Prozeß ausschließt« (K. Marx, MEW 23, S. 393, Anm. 89), und postulierte statt dessen das, was er in den *Ökonomisch-philosophischen Manuskripten* »Naturalismus« oder »Humanismus« nennt, der »sich sowohl von dem Idealismus als dem

Materialismus unterscheidet und zugleich ihre beide vereinigende Wahrheit ist« (MEGA I,3, S. 160 = MEW Erg. I, S. 577). Tatsächlich benützte Marx niemals die Begriffe »historischer Materialismus« oder »dialektischer Materialismus«, sondern er sprach von seiner eigenen »dialektischen Methode« im Gegensatz zu der Hegels, und von ihrer »materialistischen Basis«, womit er einfach die grundlegenden Bedingungen der menschlichen Existenz meinte.

Dieser Aspekt des »Materialismus«, Marx' »materialistische Methode«, die seine Ansicht von der Hegels unterscheidet, umschließt das Studium des realen ökonomischen und sozialen Lebens des Menschen und den Einfluß der konkreten Lebensweise des Menschen auf sein Denken und Fühlen. »Ganz im Gegensatz zur deutschen Philosophie«, schrieb Marx, »welche vom Himmel auf die Erde herabsteigt, wird hier von der Erde zum Himmel gestiegen. Das heißt, es wird nicht ausgegangen von dem, was die Menschen sagen, sich einbilden, sich vorstellen, auch nicht von den gesagten, gedachten, eingebildeten, vorgestellten Menschen, um davon aus bei den leibhaftigen Menschen anzukommen; *es wird von den wirklichen tätigen Menschen ausgegangen und aus ihrem wirklichen Lebensprozeß auch die Entwicklung der ideologischen Reflexe und Echos dieses Lebensprozesses dargestellt.*« (MEGA I,5, S. 15 f. = MEW 3, S. 26. – Hervorhebung E. F.)

Oder er formuliert, etwas abgewandelt: »Hegels Geschichtsauffassung ist nichts anderes als der spekulative Ausdruck des christlich-germanischen Dogmas vom Gegensatze des Geistes und der Materie, Gottes und der Welt ... Hegels Geschichtsauffassung setzt einen abstrakten oder absoluten Geist voraus, der sich so entwickelt, daß die Menschheit nur eine Masse ist, die ihn unbewußter oder bewußter trägt. Innerhalb der empirischen, exoterischen Geschichte läßt er daher eine spekulative, esoterische Geschichte vorgehen. Die Geschichte der Menschheit verwandelt sich in die Geschichte des abstrakten, daher dem wirklichen Menschen jenseitigen Geistes der Menschheit.« (MEGA I,3, S. 257.) Marx beschreibt seine eigene historische Methode sehr prägnant: »Die Weise, in der die Menschen ihre Lebensmittel produzieren, hängt zunächst von der Beschaffenheit der vorgefundenen und zu reproduzierenden Lebensmittel selbst ab. Diese Weise der Produktion ist nicht bloß nach der Seite hin zu betrachten, daß sie die Reproduktion der physischen Existenz der Individuen ist. Sie ist vielmehr schon eine bestimmte Art der Tätigkeit dieser Individuen, eine bestimmte Art, ihr Leben zu äußern, eine bestimmte *Lebensweise* derselben. Wie die Individuen ihr Leben äußern, so sind sie. Was sie sind, fällt also zusammen mit ihrer Produktion, sowohl damit, *was* sie produzieren, als auch damit, *wie* sie produzieren. Was die Individuen also sind, das hängt ab von den materiellen Bedingungen ihrer Produktion.« (MEGA I,5, S. 10 f. = MEW 3, S. 21.)

Marx machte in seinen *Thesen über Feuerbach* den Unterschied zwischen dem historischen Materialismus und dem zeitgenössischen Materialismus sehr klar: »Der Hauptmangel alles bisherigen Materialismus (den Feuerbachschen mit eingerechnet) ist, daß der Gegenstand, die Wirklichkeit, Sinnlichkeit nur unter der Form des *Objekts oder der Anschauung* gefaßt wird; nicht aber als *sinnlich menschliche Tätigkeit, Praxis*; nicht subjektiv. Daher die *tätige* Seite abstrakt im Gegensatz zu dem Materialismus von dem Idealismus – der natürlich die wirkliche, sinnliche Tätigkeit als solche nicht kennt – entwickelt. Feuerbach will sinnliche – von den Gedankenobjekten wirklich unterschiedne Objekte: aber er faßt die menschliche Tätigkeit selbst nicht als *gegenständliche* Tätigkeit.« (MEGA I,5, S. 533 = MEW 3, S. 5.) Marx sieht – wie Hegel – einen Gegenstand in seiner Bewegung, in seinem Werden, und nicht als ein statisches »Objekt«, das erklärt werden kann, indem man seine physikalische »Ursache« entdeckt. Im Gegensatz zu Hegel untersucht Marx den Menschen und die Geschichte, indem er mit dem wirklichen Menschen und den ökonomischen und sozialen Bedingungen, unter denen er leben muß, beginnt, und nicht von dessen eigenen Ideen ausgeht. Marx war ebenso weit vom bürgerlichen Materialismus entfernt wie von Hegels Idealismus – daher konnte er mit Recht sagen, daß seine Philosophie weder Idealismus noch Materialismus, sondern eine Synthese ist: Humanismus und Naturalismus.

Inzwischen sollte klar sein, warum die populäre Vorstellung von dem Wesen des historischen Materialismus fehlerhaft ist. Die gängige Ansicht setzt voraus, daß nach Marx' Überzeugung das stärkste psychologische Motiv des Menschen das Streben nach Geld und nach materieller Bequemlichkeit sei; wenn dies die Hauptkraft im Menschen ist – so fährt diese »Interpretation« des historischen Materialismus fort –, so sind der Schlüssel zum Verständnis der Geschichte die materiellen Wünsche des Menschen, daher ist der Schlüssel zur Erklärung der Geschichte der menschliche Magen und seine Gier nach materieller Befriedigung. Das grundsätzliche Mißverständnis, auf dem diese Interpretation beruht, ist die Annahme, daß der historische Materialismus eine psychologische

Theorie sei, die sich mit den menschlichen Antrieben und Leidenschaften beschäftigte. Tatsächlich aber ist der historische Materialismus keinesfalls eine *psychologische* Theorie; er behauptet vielmehr, daß die *Weise, in der der Mensch produziert, sein Denken und seine Wünsche bestimmt*, und *nicht*, daß seine Hauptwünsche solche nach dem höchstmöglichen materiellen Gewinn sind. Ökonomie bezieht sich in diesem Zusammenhang nicht auf einen psychischen Antrieb, sondern auf die Produktionsweise, nicht auf einen subjektiven, psychologischen, sondern auf einen objektiven, ökonomisch-soziologischen Faktor. Die einzige quasi-psychologische Prämisse dieser Theorie liegt in der Voraussetzung, daß der Mensch Nahrung, Obdach usw. braucht und deshalb produzieren muß. Daher geht die Produktionsweise, die von einer Reihe objektiver Faktoren abhängt, voran und bestimmt die übrigen Sphären seiner Tätigkeiten. Die objektiv gegebenen Bedingungen, die die Produktionsweise und damit die gesellschaftliche Organisation bestimmen, determinieren den Menschen, sowohl seine Ideen wie auch seine Interessen. Tatsächlich war der Gedanke, daß die »Institutionen Menschen formen«, wie Montesquieu es formulierte, eine alte Einsicht; was neu bei Marx war, war seine detaillierte Analyse der Institution, die in der Produktionsweise und den dieser zugrunde liegenden Produktivkräften wurzeln. Bestimmte ökonomische Bedingungen, wie die des Kapitalismus, produzieren als ein Hauptantriebsmoment den Wunsch nach Geld und Besitz; andere ökonomische Bedingungen können genau die entgegengesetzten Wünsche hervorbringen, wie zum Beispiel die Askese und die Verachtung irdischer Reichtümer, die wir in vielen östlichen Kulturen und in den frühen Phasen des Kapitalismus finden.[1] Die Leidenschaft für Geld und Besitz ist, nach Marx, ebensosehr ökonomisch bedingt wie die entgegengesetzten Leidenschaften. (Vgl. hierzu meinen Beitrag, E. Fromm, 1932a.)

Marx' »materialistische« oder »ökonomische« Geschichtsdeutung hat überhaupt nichts mit einem behaupteten »materialistischen« oder »ökonomischen« Streben als dem grundlegenden Trieb des Menschen zu tun. Sie bedeutet vielmehr, daß der Mensch, der wirkliche und totale Mensch, die »wirklichen lebenden Individuen« – nicht die Ideen, die von diesen »Individuen« hervorgebracht

---

1 »Während der klassische Kapitalist den individuellen Konsum als Sünde gegen seine Funktion und ›Enthaltung‹ von der Akkumulation brandmarkt, ist der modernisierte Kapitalist imstande, die Akkumulation als ›Entsagung‹ seines Genußtriebs aufzufassen.« (MEW 23, S. 620.)

werden – das Subjekt der Geschichte und des Verständnisses ihrer Gesetze sind. Wenn man die Zweideutigkeiten der Worte »materialistisch« und »ökonomisch« vermeiden will, so könnte die Geschichtsauffassung von Marx eine anthropologische Geschichtsinterpretation genannt werden. Sie gründet die Einsicht in die Geschichte auf der Tatsache, daß die Menschen »die Autoren *und* Akteure ihrer Geschichte« sind.[2]

Es ist in der Tat einer der großen Unterschiede zwischen Marx und den meisten Schriftstellern des achtzehnten und neunzehnten Jahrhunderts, daß er den Kapitalismus *nicht* als das Ergebnis der menschlichen Natur und die Motive des Menschen im Kapitalismus nicht als die universalen Motive des Menschen betrachtet. Die Absurdität der Ansicht, daß Marx den Trieb nach höchstem Profit für das tiefste Motiv im Menschen gehalten habe, wird um so deutlicher, wenn man sich klar macht, daß Marx einige sehr direkte Aussagen über die menschlichen Triebe gemacht hat. Er unterschied zwischen konstanten oder »feststehenden Trieben«, die »unter allen Umständen bestehen und die von den sozialen Bedingungen nur in Form und Richtung verändert werden können«, und »relativen Trieben«, die »ihren Ursprung nur einem bestimmten Typ der sozialen Organisation verdanken«. Marx setzte voraus, daß Geschlechtstrieb und Hunger unter die Kategorie der »feststehenden« Triebe fällt, aber es ist ihm nie eingefallen, den Trieb nach maximalem ökonomischem Gewinn als *konstanten* Trieb anzusehen. (Vgl. MEGA I,5, S. 596.)

Aber es bedarf kaum eines solchen Beweises aus Marx' psycholo-

---

2 Während ich dieses Manuskript durchsah, stieß ich auf eine ausgezeichnete Marxinterpretation, die sowohl von eingehender Kenntnis wie echter Durchdringung des Problems zeugt. Sie ist von Leonard Krieger (1920). »Für Marx«, so schreibt Krieger, »war die allgemeine Substanz der Geschichte die menschliche Tätigkeit – ›Menschen gleichzeitig als Autoren und Akteure ihrer eigenen Geschichte‹ – und diese Tätigkeit erstreckte sich gleichermaßen auf alle Ebenen: auf Produktionsweisen, auf die gesellschaftlichen Beziehungen und Kategorien.« (S. 362) Über den angeblich »materialistischen« Charakter von Marx schreibt Krieger: »Was uns an Marx verwirrt, ist seine Fähigkeit, eine *wesentlich ethisch rationale* Entwicklungslinie innerhalb und durch die Jahrhunderte hindurch zu finden, wobei er gleichzeitig die Mannigfaltigkeit und Komplexität der historischen Existenz wahrnimmt.« (S. 362. – Hervorhebung E. F. – Oder weiter unten, S. 386): »Es gibt keinen charakteristischeren Zug in Marx' philosophischem Gebäude, als eine kategorische Verwerfung des ökonomischen Interesses als einer Entstellung des ganzen moralischen Menschen.«

gischen Gedankengängen, um zu zeigen, daß die volkstümliche Vorstellung von Marx' Materialismus vollkommen falsch ist. Marx' ganze Kritik des Kapitalismus ist ja gerade, daß dieser das Interesse an Geld und an materiellem Gewinn zum Hauptmotiv des Menschen gemacht hat, seine Konzeption des Sozialismus jedoch ist gerade diejenige einer Gesellschaft, in der dieses materielle Interesse aufhören würde, das beherrschende zu sein. Das wird später noch klarer werden, wenn wir über Marx' Begriff der menschlichen Emanzipation und Freiheit im einzelnen sprechen werden.

Wie ich schon betonte, beginnt Marx mit dem Gedanken, daß der Mensch seine eigene Geschichte gestaltet: »Die erste Voraussetzung aller Menschengeschichte ist natürlich die Existenz lebendiger menschlicher Individuen. Der erste zu konstatierende Tatbestand ist also die körperliche Organisation dieser Individuen und ihr dadurch gegebenes Verhältnis zur übrigen Natur. Wir können hier natürlich weder auf die physische Beschaffenheit der Menschen selbst noch auf die von den Menschen vorgefundenen Naturbedingungen, die geologischen, oro-hydrographischen, klimatischen und andern Verhältnisse eingehen. Alle Geschichtsschreibung muß von diesen natürlichen Grundlagen und ihrer Modifikation im Lauf der Geschichte durch die Aktion der Menschen ausgehen. Man kann die Menschen durch das Bewußtsein, durch die Religion, durch was man sonst will, von den Tieren unterscheiden. Sie selbst fangen an, sich von den Tieren zu unterscheiden, sobald sie anfangen, ihre Lebensmittel *zu produzieren*, ein Schritt, der durch ihre körperliche Organisation bedingt ist. Indem die Menschen ihre Lebensmittel produzieren, produzieren sie indirekt ihr materielles Leben selbst.« (MEGA I,5, S. 10 = MEW 3, S. 20 f.)

Es ist sehr wichtig, daß man diesen grundsätzlichen Gedanken von Marx versteht: Der Mensch macht seine eigene Geschichte, er ist sein eigener Schöpfer. Wie er viele Jahre später im *Kapital* formulierte: »Und wäre sie (die Geschichte) nicht leichter zu liefern, da, wie Vico sagt, die Menschengeschichte sich dadurch von der Naturgeschichte unterscheidet, daß wir die eine gemacht und die andre nicht gemacht haben?« (MEW 23, S. 393, Anm. 89.) Der Mensch gebiert sich selbst im Prozeß der Geschichte. Der wesentlichste Faktor in diesem Prozeß der Selbstschöpfung der menschlichen Gattung liegt in ihrem Verhältnis zur Natur. Zu Beginn seiner Geschichte ist der Mensch blind an die Natur gebunden oder gekettet. Im Verlauf des Entwicklungsprozesses verwandelt er seine Beziehungen zur Natur und damit sich selbst.

Marx hat im *Kapital* noch mehr über diese Abhängigkeit von der Natur zu sagen: »Jene alten gesellschaftlichen Produktionsorganismen sind außerordentlich viel einfacher und durchsichtiger als der bürgerliche, aber sie beruhen entweder auf der Unreife des individuellen Menschen, der sich von der Nabelschnur des natürlichen Gattungszusammenhangs mit andren noch nicht losgerissen hat, oder auf unmittelbaren Herrschafts- und Knechtverhältnissen. Sie sind bedingt durch eine niedrige Entwicklungsstufe der Produktivkräfte der Arbeit und entsprechend befangene Verhältnisse der Menschen innerhalb ihres materiellen Lebenserzeugungsprozesses, daher zueinander und zur Natur. Diese wirkliche Befangenheit spiegelt sich ideell wider in den alten Natur- und Volksreligionen. Der religiöse Widerschein der wirklichen Welt kann überhaupt nur verschwinden, sobald die Verhältnisse des praktischen Werkeltagslebens den Menschen tagtäglich durchsichtig vernünftige Beziehungen zueinander und zur Natur darstellen. Die Gestalt des gesellschaftlichen Lebensprozesses, das heißt des materiellen Produktionsprozesses, streift nur ihren mystischen Nebelschleier ab, sobald sie als Produkt frei vergesellschafteter Menschen unter deren bewußter planmäßiger Kontrolle steht. Dazu ist jedoch eine materielle Grundlage der Gesellschaft erheischt oder eine Reihe materieller Existenzbedingungen, welche selbst wieder das naturwüchsige Produkt einer langen und qualvollen Entwicklungsgeschichte sind.« (MEW 23, S. 93 f.)

Bei dieser Feststellung erwähnt Marx ein Element, das eine zentrale Rolle in seiner Theorie spielt: *die Arbeit*. Die Arbeit ist der Faktor, der zwischen Mensch und Natur vermittelt; die Arbeit ist die Anstrengung des Menschen, seinen Metabolismus mit der Natur zu regulieren. Die Arbeit ist der Ausdruck des menschlichen Lebens, und durch Arbeit wird die Beziehung des Menschen zur Natur verwandelt, daher verwandelt sich der Mensch selbst durch Arbeit. Später wird noch mehr über seinen Begriff der Arbeit zu sagen sein.

Ich will diesen Abschnitt mit einem Marx-Zitat, geschrieben 1859, abschließen, das die vollständigste Formulierung des Begriffs des historischen Materialismus enthält:

»Das allgemeine Resultat, das sich mir ergab und, einmal gewonnen, meinen Studien zum Leitfaden diente, kann kurz so formuliert werden: In der gesellschaftlichen Produktion ihres Lebens gehen die Menschen bestimmte, notwendige, von ihrem Willen unabhängige Verhältnisse ein, Produktionsverhältnisse, die einer bestimmten Entwicklungsstufe ihrer materiellen Produktivkräfte entsprechen. Die Gesamtheit dieser Produktionsverhältnisse bilden die ökonomische Struktur der Gesellschaft, die reale Basis, worauf sich ein juristischer und politischer Überbau erhebt und welcher bestimmte gesellschaftliche Bewußtseinsformen entsprechen. Die Produktionsweise des materiellen Lebens bedingt den sozialen, politischen und geistigen Lebensprozeß überhaupt. Es ist nicht das Bewußtsein der Menschen, das ihr Sein, sondern umgekehrt ihr gesellschaftliches Sein, das ihr Bewußtsein bestimmt. Auf einer gewissen Stufe ihrer Entwicklung geraten die materiellen Produktivkräfte der Gesellschaft in Widerspruch mit den vorhandenen Produktionsverhältnissen oder, was nur ein juristischer Ausdruck dafür ist, mit den Eigentumsverhältnissen, innerhalb deren sie sich bisher bewegt hatten. Aus Entwicklungsformen der Produktivkräfte schlagen diese Verhältnisse in Fesseln derselben um. Es tritt dann eine Epoche sozialer Revolution ein. Mit der Veränderung der ökonomischen Grundlage wälzt sich der ganze ungeheure Überbau langsamer oder rascher um. In der Betrachtung solcher Umwälzungen muß man stets unterscheiden zwischen der materiellen, naturwissenschaftlich treu zu konstatierenden Umwälzung in den ökonomischen Produktionsbedingungen und den juristischen, politischen, religiösen, künstlerischen oder philosophischen, kurz, ideologischen Formen, worin sich die Menschen dieses Konflikts bewußt werden und ihn ausfechten. Sowenig man das, was ein Individuum ist, nach dem beurteilt, was es sich selbst dünkt, ebensowenig kann man eine solche Umwälzungsepoche aus ihrem Bewußtsein beurteilen, sondern muß vielmehr dieses Bewußtsein aus den Widersprüchen des materiellen Lebens, aus dem vorhandenen Konflikt zwischen gesellschaftlichen Produktivkräften und Produktionsverhältnissen erklären. Eine Gesellschaftsformation geht nie unter, bevor alle Produktivkräfte entwickelt sind, für die sie weit genug ist, und neue höhere Produktionsverhältnisse treten nie an die Stelle, bevor die materiellen Existenzbedingungen derselben im Schoß der alten Gesellschaft selbst ausgebrütet worden sind. Daher stellt sich die Menschheit immer nur Aufgaben, die sie lösen kann, denn genauer betrachtet wird sich stets finden, daß die Aufgabe selbst nur entspringt, wo die materiellen Bedingungen ihrer Lösung schon vorhanden oder wenigstens im Prozeß ihres Werdens begriffen sind. In großen Umrissen können asiatische, antike, feudale und moderne bürgerliche Produktionsweisen als progressive Epochen der ökonomischen Gesellschaftsformation bezeichnet werden. Die bürgerlichen Produktionsverhältnisse sind die letzte antagonistische Form des gesellschaftlichen Produktionsprozesses, antagonistisch nicht in dem Sinn von individuellem Antagonismus, sondern eines aus den gesellschaftlichen Lebensbedingungen der Individuen hervorwachsenden Antagonismus, aber die im Schoß der bürgerlichen Gesellschaft sich entwickelnden Produktivkräfte schaffen zugleich die materiellen Bedingungen zur Lösung dieses Antagonismus. Mit dieser Gesellschaftsformation schließt daher die Vorgeschichte der menschlichen Gesellschaft ab.« (MEW 13, S. 8 f.)

Es erscheint mir richtig, einige spezifische Begriffe dieser Theorie zu unterstreichen und herauszuarbeiten. Zunächst zu Marx' Begriff der historischen Entwicklung. Die Entwicklung ergibt sich aus dem Widerspruch zwischen den Produktivkräften (und anderen, objektiv gegebenen Bedingungen) und der bestehenden gesellschaftlichen Organisation. Wenn eine Produktionsweise oder gesellschaftliche Organisation die bestehenden Produktivkräfte eher hemmt als fördert, wird eine Gesellschaft bei Strafe des Untergangs sich solche Produktionsweisen wählen, die den neuen Produktivkräften entsprechen, und sie entwickeln. Die ganze Geschichte des Menschen ist durch seinen Kampf mit der Natur gekennzeichnet. An einem Punkt der Geschichte, so behauptet Marx und legt diesen Punkt in die nahe Zukunft, wird der Mensch die Produktivquellen der Natur in einem solchen Ausmaß entwikkelt haben, daß der Antagonismus zwischen Mensch und Natur schließlich gelöst werden kann. In diesem Moment wird »die Vorgeschichte des Menschen« zu einem Abschluß kommen, und die wahre menschliche Geschichte wird beginnen.

3 Das Problem von Bewußtsein, Gesellschaftsstruktur und Gebrauch von Gewalt

In dem eben zitierten Abschnitt ist ein Problem von höchster Bedeutung aufgeworfen worden, nämlich das Problem des menschlichen Bewußtseins. Die entscheidende Behauptung ist: »Es ist nicht das Bewußtsein der Menschen, das ihr Sein, sondern umgekehrt ihr gesellschaftliches Sein, das ihr Bewußtsein bestimmt.« (MEW 13, S. 9.) Marx hat eine vollständigere Darlegung im Hinblick auf das Problem des Bewußtseins in der *Deutschen Ideologie* gegeben:

»Die Tatsache ist also die: bestimmte Individuen, die auf bestimmte Weise produktiv tätig sind, gehen diese bestimmten gesellschaftlichen und politischen Verhältnisse ein. Die empirische Beobachtung muß in jedem einzelnen Fall den Zusammenhang der gesellschaftlichen und politischen Gliederung mit der Produktion empirisch und ohne alle Mystifikation und Spekulation aufweisen. Die gesellschaftliche Gliederung und der Staat gehen beständig aus dem Lebensprozeß bestimmter Individuen hervor; aber dieser Individuen, nicht wie sie in der eigenen oder fremden Vorstellung erscheinen mögen, sondern wie sie *wirklich* sind, das heißt wie sie wirken, materiell produzieren, also wie sie unter bestimmten materiellen und von ihrer Willkür unabhängigen Schranken, Voraussetzungen und Bedingungen tätig sind.

Die Produktion der Ideen, Vorstellungen, des Bewußtseins ist zunächst unmittelbar verflochten in die materielle Tätigkeit und den materiellen Verkehr der Menschen, Sprache des wirklichen Lebens. Das Vorstellen, Denken, der geistige Verkehr der Menschen erscheinen hier noch als direkter Ausfluß ihres materiellen Verhaltens. Von der geistigen Produktion, wie sie in der Sprache der Politik, der Gesetze, der Moral, der Religion, Metaphysik usw. eines Volkes sich darstellt, gilt dasselbe. Die Menschen sind die Produzenten ihrer Vorstellungen, Ideen etc., aber die wirklichen, wirkenden Menschen, wie sie bedingt sind durch eine bestimmte Entwicklung ihrer Produktivkräfte und des denselben entsprechenden Verkehrs bis zu seinen weitesten Formationen hinauf. Das Bewußtsein kann nie etwas anderes sein als das bewußte Sein, und das Sein der Menschen ist ihr wirklicher Lebensprozeß. Wenn in der ganzen Ideologie die Menschen und ihre Verhältnisse wie in einer *camera obscura* auf den Kopf gestellt erscheinen, so geht dies Phänomen ebensosehr aus ihrem historischen Lebensprozeß hervor, wie die Umdrehung der Gegenstände auf der Netzhaut aus ihrem unmittelbar physischen.« (MEGA I,5, S. 15 = MEW 3, S. 25 f.)

Es muß in erster Linie angemerkt werden, daß Marx, wie Spinoza und später Freud, glaubte, daß das meiste, was die Menschen bewußt denken, »falsches« Bewußtsein, also Ideologie und Rationalisierung ist und daß die wahren Haupttriebfedern seines

Handelns dem Menschen nicht bewußt sind. Nach Freud wurzeln sie im libidinösen Streben des Menschen, nach Marx in der gesamten gesellschaftlichen Organisation des Menschen, welche sein Bewußtsein in bestimmte Richtungen lenkt und ihm den Zugang zu bestimmten Tatsachen und Erfahrungen versperrt.[1]

Ich möchte hier betonen, daß diese Theorie nicht behauptet, daß Ideen oder Ideale nicht wirklich oder wirksam seien. Marx spricht von der Bewußtheit, nicht von Idealen. Gerade die Blindheit des bewußten Denkens des Menschen hindern ihn daran, seiner wahren Bedürfnisse und der in ihnen wurzelnden Ideale gewahr zu werden. Nur wenn das falsche Bewußtsein in richtiges Bewußtsein verwandelt wird, das heißt, nur wenn wir uns die Realität bewußt machen, anstatt sie durch Rationalisierungen und Fiktionen zu verzerren, können wir auch unsere wirklichen und wahren menschlichen Bedürfnisse erkennen.

Es muß auch gesagt werden, daß für Marx die Wissenschaft selbst und alle dem Menschen innewohnenden Fähigkeiten Teil der Produktivkräfte sind, die in Wechselwirkung mit den Kräften der Natur stehen. Marx war keinesfalls blind gegenüber der Macht und dem Einfluß von Ideen auf die menschliche Entwicklung, wie dies die populäre Auslegung seines Werks glauben macht. Marx wandte sich nicht gegen Ideen überhaupt, sondern gegen solche Ideen, die nicht in der menschlichen und gesellschaftlichen Realität wurzeln, die also nicht, um Hegels Ausdruck zu benützen, »eine wirkliche Möglichkeit« waren. Vor allem aber vergaß er nie, daß nicht nur die

---

1 Vgl. E. Fromm, 1960a, sowie die Feststellung von Marx: »Die Sprache ist so alt wie das Bewußtsein – die Sprache *ist* das praktische, auch fur andre Menschen existierende, also auch für mich selbst existierende wirkliche Bewußtsein, und die Sprache entsteht, wie das Bewußtsein, erst aus dem Bedürfnis, der Notdurft des Verkehrs mit andern Menschen. Wo ein Verhältnis existiert, da existiert es für mich, das Tier *›verhält‹* sich zu Nichts und überhaupt nicht. Für das Tier existiert sein Verhältnis zu andern nicht als Verhältnis. Das Bewußtsein ist also von vornherein schon ein gesellschaftliches Produkt und bleibt es, solange überhaupt Menschen existieren. Das Bewußtsein ist natürlich zuerst bloß Bewußtsein über die *nächste* sinnliche Umgebung und Bewußtsein des bornierten Zusammenhangs mit andern Personen und Dingen außer dem sich bewußt werdenden Individuum; es ist zu gleicher Zeit Bewußtsein der Natur, die den Menschen anfangs als eine durchaus fremde, allmächtige und unangreifbare Macht gegenübertritt, zu der sich die Menschen rein tierisch verhalten, von der sie sich imponieren lassen wie das Vieh; und also ein rein tierisches Bewußtsein der Natur (Naturreligion).« (MEGA, I,5, S. 20 = MEW 3, S. 30 f.)

Umstände den Menschen, sondern auch der Mensch die Umstände macht. Das folgende Zitat sollte klarmachen, wie irrtümlich es ist, Marx so zu interpretieren, als ob er, wie viele Philosophen der Aufklärung und viele Soziologen heutzutage, dem Menschen eine passive Rolle im historischen Prozeß gegeben, ihn als das passive Objekt der Umstände gesehen habe:

»Die materialistische Lehre von der Veränderung der Umstände und der Erziehung *vergißt, daß die Umstände von den Menschen verändert und der Erzieher selbst erzogen werden muß.* Sie muß daher die Gesellschaft in zwei Teile – von denen der eine über ihr (als gesamte Gesellschaft) erhaben ist – sondieren.

Das Zusammenfallen des Änderns der Umstände und der menschlichen Tätigkeit oder Selbstveränderung kann nur als *revolutionäre Praxis* gefaßt und rationell verstanden werden.[2]

Der Begriff der »revolutionären Praxis« führt uns zu einem der umstrittensten Begriffe in Marx' Philosophie, dem der *Gewalt.* Es ist merkwürdig, daß die westlichen Demokratien solche Entrüstung über eine Theorie empfinden, die behauptet, daß die Gesellschaft durch die gewaltsame politische Machtergreifung verändert werden kann. Der Gedanke der politischen Revolution mit Hilfe von Gewalt ist keinesfalls ein marxistischer Gedanke; es war vielmehr der Gedanke, der die bürgerliche Gesellschaft während der letzten dreihundert Jahre entscheidend bestimmt hat. Die westliche Demokratie ist die Tochter der großen englischen, französischen und amerikanischen Revolutionen; die russische Revolution des Februar 1917 und die deutsche Revolution von 1918 wurden vom Westen freudig begrüßt trotz der Tatsache, daß Gewalt gebraucht wurde. Offenbar hängt die Entrüstung über Gewaltanwendungen in der heutigen westlichen Welt davon ab, wer Gewalt anwendet und gegen wen. Jeder Krieg beruht selbstverständlich auf Gewalt, und selbst eine demokratische Regierung basiert auf dem Gewaltprinzip, das es der Majorität gestattet, gewaltsam gegen die Minorität vorzugehen, wenn dies die Aufrechterhaltung des Status quo verlangt. Nur von einem pazifisti-

---

2 MEGA I,5, S. 534 = MEW 3, S. 5 f. – Hervorhebung E. F. – Vgl. auch Engels' berühmten Brief an Mehring (vom 14. Juli 1893), in dem er feststellt, daß sie die formalen Aspekte der Beziehung zwischen der sozialökonomischen Struktur und der zu betrachtenden Ideologie betont hätten, und »dabei haben wir dann die formelle Seite über der inhaltlichen vernachlässigt: die Art und Weise, wie diese Vorstellungen etc. zustande kommen«.

schen Standpunkt aus ist Entrüstung über Gewaltanwendung glaubwürdig, das heißt aus der Überzeugung heraus, daß Gewalt entweder absolutes Unrecht ist oder daß sie, abgesehen vom Fall unmittelbarer Verteidigung, niemals zum Besseren führt.

Liegt so Marx' Gedanke einer gewaltsamen Revolution, von der er England und die Vereinigten Staaten ausnahm, durchaus in der bürgerlichen Tradition, so muß andererseits auch betont werden, daß Marx' Theorie von der Gewalt einen entscheidenden Fortschritt gegenüber der bürgerlichen Auffassung von Gewalt darstellt, ein Fortschritt, der in seiner ganzen Geschichtstheorie wurzelt.

Marx sah, daß die politische Gewalt nicht irgend etwas hervorbringen kann, das nicht schon im gesellschaftlichen und politischen Prozeß vorbereitet ist. Folglich kann die Gewalt, wenn sie überhaupt notwendig ist, nur sozusagen den letzten Anstoß zu einer Entwicklung geben, die im wesentlichen schon stattgefunden hat, aber sie kann niemals etwas wirklich Neues hervorbringen. Daher sagte er: »Die Gewalt ist der Geburtshelfer jeder alten Gesellschaft, die mit einer neuen schwanger geht.« (MEW 23, S. 779.) Daß Marx die traditionelle bürgerliche Auffassung überschritt, ist gerade eine seiner großen Einsichten – er glaubte eben *nicht* an die schöpferische Macht der Gewalt, an die Idee, daß die politische Gewalt von sich aus eine neue gesellschaftliche Ordnung hervorbringen könnte. Aus diesem Grunde konnte für Marx der Gewalt höchstens nur eine vorübergehende Bedeutung, aber niemals die Rolle eines ständigen Elements bei der Umwandlung der Gesellschaft zukommen.

4 Die Natur des Menschen

a) *Der Begriff der menschlichen Natur*

Marx glaubte nicht, wie viele unserer zeitgenössischen Soziologen und Psychologen, daß es so etwas wie die menschliche Natur nicht gibt, daß der Mensch bei seiner Geburt ein weißes Blatt Papier sei, auf das die Kultur ihren Text schreibe. Ganz im Gegensatz zu diesem soziologischen Relativismus ging Marx von dem Gedanken aus, daß der Mensch *als Mensch* eine erkennbare und feststellbare

Größe ist, daß der Mensch als Mensch nicht nur biologisch, anatomisch und physiologisch, sondern auch psychologisch definierbar sei.

Natürlich hat Marx nie geglaubt, daß die »menschliche Natur« gerade mit dem Menschentyp identisch sei, der zufällig die eigene Gesellschaft beherrscht. In seiner Argumentation gegen Bentham sagte Marx: »Wenn man z. B. wissen will, was ist einem Hunde nützlich?, so muß man die Hundenatur ergründen. Diese Natur selbst ist nicht aus dem ›Nützlichkeitsprinzip‹ zu konstruieren. Auf den Menschen angewandt, wenn man alle menschliche Tat, Bewegung, Verhältnisse usw. nach dem Nützlichkeitsprinzip beurteilen will, *handelt es sich erst um die menschliche Natur im allgemeinen und dann um die in jeder Epoche historisch modifizierte Menschennatur.*« (MEW 23, S. 637, Anm. 63. – Hervorhebung E. F.) Dieser Begriff der menschlichen Natur ist für Marx nicht – wie auch nicht für Hegel – eine Abstraktion. Er ist das menschliche *Wesen* – im Unterschied zu den verschiedenen Formen seiner historischen *Existenz*, und, wie Marx sagt: »Das menschliche Wesen ist kein dem einzelnen Individuum inwohnendes Abstraktum.« (MEGA I,5, S. 535 = MEW 3, S. 6.) Dieser Satz aus dem *Kapital*, vom alten Marx geschrieben, zeigt die Kontinuität seines Begriffs vom »menschlichen Wesen« auf, über den er ja als junger Mensch schon in den »Ökonomisch-philosophischen Manuskripten« geschrieben hatte. Er benützte später nicht mehr den Ausdruck »Wesen«, den er abstrakt und unhistorisch fand, aber er behielt eindeutig den Gedanken dieses Wesens in einer etwas historisch betonteren Version bei, in der Unterscheidung zwischen der »menschlichen Natur im allgemeinen« und der in jeder historischen Epoche »modifizierten Menschennatur«.

Entsprechend dieser Unterscheidung zwischen einer allgemeinen menschlichen Natur und der besonderen Ausprägung der Menschennatur in einer jeden Kultur unterscheidet Marx, wie wir schon oben erwähnt haben, zwei Typen menschlicher Triebe und Begierden: die *konstanten* oder feststehenden, wie Hunger und Geschlechtstrieb, die ein wesentlicher Teil der menschlichen Natur sind und die nur in ihrer Form und der Richtung, die sie in den verschiedenen Kulturen einschlagen, verändert werden können, und die *»relativen«* Triebe und Begierden, die nicht ein wesentlicher Teil der menschlichen Natur sind und von denen Marx sagt, daß ihr Entstehen in bestimmten Gesellschaftsstrukturen und bestimmten Bedingungen der Produktion und des Verkehrs begründet liegt. (Vgl. MEGA I,5, S. 596.) Als Beispiel gibt Marx die Bedürfnisse, die von der kapitalistischen Gesellschaftsstruktur produziert werden. »Das Bedürfnis des Geldes«, so schrieb er in den *Ökonomisch-philosophischen Manuskripten*, »ist daher das wahre, von der Nationalökonomie produzierte Bedürfnis und das einzige Bedürfnis, das sie produziert ... Subjektiv selbst erscheint dies so, teils daß die Ausdehnung der Produkte und der Bedürfnisse zum *erfinderischen* und stets *kalkulierenden* Sklaven unmenschlicher, raffinierter, unnatürlicher und *eingebildeter* Gelüste wird ...« (MEGA I,3, S. 127 = MEW Erg. I, S. 547.)

Für Marx ist der Mensch sozusagen das Rohmaterial, das als solches nicht verändert werden kann, ebenso wie die Struktur des Gehirns seit Beginn der Geschichte die gleiche geblieben ist. Jedoch *ändert* sich der Mensch tatsächlich im Lauf der Geschichte, er entwickelt sich, er transformiert sich, er ist das Produkt der Geschichte, und da *er* seine Geschichte macht, ist er sein eigenes Produkt. Geschichte ist die Geschichte der Selbstverwirklichung des Menschen, sie ist nichts anderes als die Selbsterschaffung des Menschen durch den Prozeß seiner Arbeit und seiner Produktion: »die *ganze sogenannte Weltgeschichte* ist nichts andres als die Erzeugung des Menschen durch die menschliche Arbeit, als das Werden der Natur für den Menschen, so hat er also den anschaulichen, unwiderstehlichen Beweis von *seiner Geburt* durch sich selbst, von seinem Entstehungsprozeß.« (MEGA I,3, S. 125 = MEW Erg. I, S. 546.)

b) *Die Tätigkeit des Menschen*

Marx' Menschenbild wurzelt im Denken Hegels. Hegel beginnt mit der Einsicht, daß Wesen und Erscheinung einander nicht dcken. Die Aufgabe des dialektischen Denkers ist daher, »den wesentlichen von dem erscheinenden Prozeß der Wirklichkeit zu unterscheiden und ihre Beziehung zu begreifen«. (H. Marcuse, 1941, S. 146; dt. S. 134 f.) Oder, anders formuliert, es ist das Problem des Verhältnisses von Wesen und Existenz. Im Prozeß der Existenz ist das Wesen verwirklicht, und gleichzeitig bedeutet existieren eine Rückkehr zum Wesen. »Die Welt ist so lange eine entfremdete und unwahre Welt, als der Mensch nicht ihre tote Objektivität zerstört und sich sein eigenes Leben ›hinter‹ der starren Form von Dingen und Gesetzen wiedererkennt. Wenn er schließlich zu diesem *Selbstbewußtsein* gelangt, so ist er nicht nur auf dem Weg zur Wahrheit über sich, sondern auch über seine Welt. Mit dem Wiedererkennen geht das Tun einher. Er wird versuchen, diese Wahrheit in die Tat umzusetzen und die Welt zu dem zu *machen*, was sie *wesentlich* ist, nämlich zur Erfüllung des menschlichen Selbstbewußtseins.« (A. a. O., S. 113; dt. S. 107.) Für Hegel ist die Erkenntnis nicht innerhalb der Subjekt-Objekt-Spaltung zu erlangen, in der das Objekt als etwas vom Denker Getrenntes und ihm Gegenüberstehendes begriffen wird. Um die Welt zu *begreifen*, muß der Mensch *sich die Welt aneignen*. Menschen und Gegenstände befinden sich in ständigem Übergang von einem So-Sein in ein anderes; daher gilt: »Ein Ding ist nur dann für sich, wenn es alle seine Bestimmtheiten gesetzt und zu Momenten seiner Selbstverwirklichung gemacht hat und so bei allem Wechsel stets zu sich zurückkehrt.« (A. a. O., S. 142; dt. S. 131; – vgl. auch G. W. F. Hegel, 1963, S. 398.) In diesem Prozeß wird »Insichgehen zum Wesen«. Dieses Wesen, die Einheit des Seins, die Identität innerhalb des Wechsels ist, laut Hegel, ein Prozeß, in dem alles sich an seinen inneren Widersprüchen abarbeitet und sich als ein Resultat entfaltet. (Vgl. H. Marcuse, 1941, S. 147; dt. S. 136.) »Das Wesen ist also ebensosehr historisch wie ontologisch. Die wesentlichen Möglichkeiten der Dinge verwirklichen sich in demselben umfassenden Prozeß, der ihre Existenz begründet. Das Wesen kann zu seiner Existenz ›gelangen‹, wenn die Möglichkeit der Dinge in den Bedingungen der Wirklichkeit und vermittels ihrer herangereift sind. Hegel beschreibt diesen Prozeß als den Übergang zur ›Wirklichkeit‹ im eigentlichen Sinne.« (A. a. O., S. 149; dt. S. 137 f.) Im Gegensatz zum Positivismus sind für Hegel Tatsachen »nur dann Tatsachen, wenn sie auf das bezogen sind, was noch keine Tatsache ist und sich dennoch in den gegebenen Tatsachen als reale Möglichkeit manifestiert. Anders gesagt, Tatsachen sind das, was sie sind, nur als Momente eines Prozesses, der über sie hinausführt, hin zu dem, was im Tatsächlichen noch nicht erfüllt ist.« (A. a. O., S. 152; dt. S. 140.)

Der Höhepunkt des ganzen Hegelschen Denkens ist die Vorstellung von den einem Gegenstand innewohnenden Möglichkeiten, von dem dialektischen Prozeß, in dem sie sich manifestieren, und der Gedanke, daß dieser Prozeß ein solcher der aktiven Bewegung dieser Möglichkeiten ist. Diese Betonung des aktiven Prozesses innerhalb des Menschen ist schon in dem ethischen System Spinozas zu finden. Spinoza teilte die Affekte ein in passive Affekte

(Leidenschaften), durch die der Mensch leidet und keine adäquate Idee von der Wirklichkeit erlangt, und in aktive Affekte (Handlungen: Edelmut und Seelenstärke), durch die der Mensch frei und produktiv ist. Goethe, der wie Hegel in vieler Hinsicht von Spinoza beeinflußt war, entwickelte den Gedanken der menschlichen Produktivität zu einem zentralen Moment seines philosophischen Denkens. Für ihn sind alle im Verfall und in der Auflösung begriffenen Epochen durch ihre ausgesprochene Subjektivität gekennzeichnet, während alle vorschreitenden Epochen versuchen, die Welt, wie sie ist, zwar durch ihre eigene Subjektivität, aber nicht getrennt von ihr, zu begreifen. (Vgl. Goethes Gespräch mit Eckermann am 29. 1. 1826.) Er nimmt als Beispiel den Dichter: »solange er bloß seine wenigen subjektiven Empfindungen ausspricht, ist er noch keiner zu nennen; aber sobald er *die Welt sich anzueignen und auszusprechen weiß,* ist er ein Poet. Und dann ist er unerschöpflich und kann immer neu sein, wogegen aber seine subjektive Natur ihr bißchen Inneres bald ausgesprochen hat und zuletzt in Manier zugrunde geht.« (A. a. O. – Hervorhebung E. F.) »Der Mensch«, sagt Goethe (1893, Band 75, S. 59), »kennt nur sich selbst insofern er die Welt kennt, die er nur in sich und sich nur in ihr gewahr wird. Jeder neue Gegenstand, wohl beschaut, schließt ein neues Organ in uns auf.« Goethe gab dem Gedanken der menschlichen Produktivität in seinem »Faust« einen dichterischen und sehr kraftvollen Ausdruck. Weder Besitz noch Macht, noch sinnliche Befriedigung, lehrt Faust, kann den Wunsch des Menschen nach Sinn in seinem Leben befriedigen; in all dem bleibt er von dem Ganzen der Welt getrennt und daher unglücklich. Nur wenn er produktiv tätig ist, kann der Mensch sein Leben sinnvoll machen und sich daran freuen, ohne sich doch gierig daran zu klammern. Er hat die Begierde des *Habenwollens* aufgegeben und ist vom *Sein* erfüllt; er ist erfüllt, weil er leer ist, er *ist* viel, weil er wenig *hat.* (Vgl. die Beschreibung der »produktiven Charakter-Orientierung« in E. Fromm, 1947a.)

Bei Hegel finden wir am tiefsten und systematischsten den Gedanken ausgedrückt, daß der produktive Mensch ganz *er selbst* ist, insofern er sich nicht passiv-rezeptiv verhält, sondern aktiv zur Welt in Beziehung tritt, sie produktiv ergreift und sich, als Individuum, aneignet.

Er drückt den Gedanken recht poetisch aus, indem er sagt, daß das Subjekt, das einen Inhalt zur Verwirklichung bringen möchte, dies tut, indem er sich aus der Nacht der Möglichkeit ins Tageslicht der Wirklichkeit übersetzt. Für Hegel ist die Entwicklung aller individuellen Kräfte, Fähigkeiten und Möglichkeiten nur durch ständige Tätigkeit möglich, nie durch bloße Kontemplation oder Rezeptivität. Für Spinoza, Goethe, Hegel wie auch für Marx ist der Mensch nur insoweit lebendig, als er produktiv ist, nur insoweit, als er die Welt außerhalb seiner selbst ergreift, indem er seine eigenen, spezifisch menschlichen Kräfte ausdrückt und sich die Welt mit ihrer Hilfe aneignet. Wenn ein Mensch nicht produktiv, wenn er rezeptiv und passiv ist, dann ist er nichts, ist er tot. Durch diesen produktiven Prozeß verwirklicht der Mensch sein eigenes Wesen, er kehrt zu seinem eigenen Wesen zurück, was in theologischer Sprache nichts anderes ist als die Rückkehr zu Gott.

Für Marx ist der Mensch durch das Prinzip der Bewegung charakterisiert, und es ist bezeichnend, daß er in Zusammenhang damit den großen Mystiker Jakob Böhme zitiert. Das Prinzip der Bewegung darf nicht mechanisch verstanden werden, sondern als Trieb, Lebensgeist, Spannkraft; die Leidenschaft ist für Marx »die wesentliche Fähigkeit des Menschen, die kraftvoll nach ihrem Gegenstand strebt«. (Vgl. H. Popitz, 1953, S. 127.)

Der Begriff der Produktivität im Gegensatz zu dem der Rezeptivität kann leichter verstanden werden, wenn wir lesen, wie Marx ihn auf das Phänomen der *Liebe* anwandte. »Setze den *Menschen* als *Menschen* und sein Verhältnis zur Welt als ein menschliches voraus, so kannst du Liebe nur gegen Liebe austauschen, Vertrauen nur gegen Vertrauen etc. Wenn du die Kunst genießen willst, mußt du ein künstlerisch gebildeter Mensch sein; wenn du Einfluß auf andre Menschen ausüben willst, mußt du ein wirklich anregend und fördernd auf andre Menschen wirkender Mensch sein. Jedes deiner Verhältnisse zum Menschen – und zu der Natur – muß eine *bestimmte,* dem Gegenstand deines Willens entsprechende *Äußrung* deines *wirklichen individuellen* Lebens sein. Wenn du liebst, ohne Gegenliebe hervorzurufen, das heißt, wenn dein Lieben als Lieben nicht die Gegenliebe produziert, wenn du durch deine *Lebensäußrung* als liebender Mensch dich nicht zum *geliebten* Menschen machst, so ist deine Liebe ohnmächtig, ein Unglück.« (MEGA I,3, S. 149 = MEW Erg. I, S. 567.) Marx betont auch ganz ausdrücklich die zentrale Bedeutung der Liebe zwischen Mann und Frau als die unmittelbare Beziehung zwischen zwei menschlichen Wesen. Marx polemisiert gegen einen rohen Kommunismus, der die Vergemeinschaftung aller geschlechtlichen Beziehungen vorschlägt, und schreibt (MEGA I,3, S. 113 = MEW Erg. I,

S. 535): »In dem Verhältnis zum *Weib*, als dem *Raub* und der Magd der gemeinschaftlichen Wollust, ist die unendliche Degradation ausgesprochen, in welcher der Mensch für sich selbst existiert, denn das Geheimnis dieses Verhältnisses hat seinen *unzweideutigen*, entschiednen, *offenbaren*, enthüllten Ausdruck in dem Verhältnis des *Mannes* zum *Weibe*, und in der Weise, wie das *unmittelbare*, *natürliche*, Gattungsverhältnis gefaßt wird. Das unmittelbare, natürliche, notwendige Verhältnis des Menschen zum Menschen ist das *Verhältnis* des *Mannes* zum *Weibe*. In diesem *natürlichen* Gattungsverhältnis ist das Verhältnis des Menschen zur Natur unmittelbar sein Verhältnis zum Menschen, wie das Verhältnis zum Menschen unmittelbar sein Verhältnis zur Natur, seine eigne *natürliche* Bestimmung ist. In diesem Verhältnis *erscheint* also *sinnlich*, auf ein anschaubares *Faktum* reduziert, inwieweit dem Menschen das menschliche Wesen zur Natur oder die Natur zum menschlichen Wesen des Menschen geworden ist. Aus diesem Verhältnis kann man also die ganze Bildungsstufe des Menschen beurteilen. Aus dem Charakter dieses Verhältnisses folgt, inwieweit der *Mensch* als *Gattungswesen*, als *Mensch* sich geworden ist und erfaßt hat; das Verhältnis des Mannes zum Weib ist das *natürlichste* Verhältnis des Menschen zum Menschen. In ihm zeigt sich also, inwieweit das *natürliche* Verhalten des Menschen *menschlich* oder inwieweit das *menschliche* Wesen ihm zum natürlichen Wesen, inwieweit seine *menschliche Natur* ihm zur *Natur* geworden ist. In diesem Verhältnis zeigt sich auch, inwieweit das *Bedürfnis* des Menschen zum *menschlichen* Bedürfnis, inwieweit ihm also der *andre* Mensch als Mensch zum Bedürfnis geworden ist, inwieweit er in seinem individuellsten Dasein zugleich Gemeinwesen ist.«

Für das Verständnis des Marxschen Begriffs der Tätigkeit ist es äußerst wichtig, seine Vorstellung über die Beziehung zwischen Subjekt und Objekt zu begreifen. Die Sinne des Menschen haben, soweit sie rohe tierische Sinne sind, nur eine begrenzte Bedeutung. »Für den ausgehungerten Menschen existiert nicht die menschliche Form der Speise, sondern nur ihr abstraktes Dasein als Speise; ebensogut könnte sie in rohester Form vorliegen, und es ist nicht zu sagen, wodurch sich diese Nahrungstätigkeit von der *tierischen* Nahrungstätigkeit unterscheide. Der sorgenvolle bedürftige Mensch hat keinen Sinn für das schönste Schauspiel . . .« (MEGA I,3, S. 120 = MEW Erg. I, S. 542.) Die Sinne, die der Mensch sozusagen von Natur aus hat, müssen erst von der äußeren Welt der Gegenstände geformt werden. Ein jeglicher Gegenstand kann nur die Bekräftigung einer meiner eigenen Fähigkeiten sein. »Denn nicht nur die 5 Sinne, sondern auch die sogenannten geistigen Sinne, die praktischen Sinne (Wille, Liebe etc.), mit einem Wort der *menschliche* Sinn, die Menschlichkeit der Sinne wird erst durch das Dasein *seines* Gegenstandes, durch die *vermenschlichte Natur.*« (MEGA I,3, S. 121 = MEW Erg. I, S. 541.) Für Marx bestätigen und verwirklichen die Gegenstände die Individualität des Menschen: »*Wie* sie ihm als seine werden, das hängt von der *Natur* des *Gegenstandes* und der Natur der *ihr* entsprechenden *Wesenskraft* ab; ... Die Eigentümlichkeit jeder Wesenskraft ist gerade ihr *eigentümliches Wesen*, also auch die eigentümliche Weise ihrer Vergegenständlichung, ihres *gegenständlich-wirklichen*, lebendigen *Seins.* Nicht nur im Denken, sondern mit *allen* Sinnen wird daher der Mensch in der gegenständlichen Welt bejaht.« (MEGA I,3, S. 119 f. = MEW Erg. I, S. 541.)

Indem er sich mittels seiner Kräfte mit der gegenständlichen Welt in Beziehung setzt, wird die Außenwelt für den Menschen wirklich, und in der Tat ist es die »Liebe«, die den Menschen erst wahrhaft an die Wirklichkeit der objektiven Welt außer ihm glauben lehrt. (Vgl. MEGA I,3, S. 191.) Subjekt und Objekt können nicht getrennt werden. »Das Auge ist zum *menschlichen* Auge geworden, wie sein *Gegenstand* zu einem gesellschaftlichen, *menschlichen*, vom Menschen für den Menschen herrührenden Gegenstand geworden ist. ... Sie [die Sinne] verhalten sich zu der *Sache* um der Sache willen, aber die Sache selbst ist ein *gegenständliches menschliches* Verhalten zu sich selbst und zum Menschen hin und umgekehrt. Das Bedürfnis oder der Genuß haben darum ihre *egoistische* Natur und die Natur ihre bloße *Nützlichkeit* verloren, indem der Nutzen zum *menschlichen* Nutzen geworden ist. (Ich kann mich praktisch nur menschlich zu der Sache verhalten, wenn die Sache sich zum Menschen menschlich verhält.)«[1]

---

1 MEGA, I,3, S. 119 = MEW Erg. I, S. 540. – Diese letzte Aussage entspricht beinah wörtlich dem gleichen Gedanken im Zen-Buddhismus wie einem Gedanken Goethes. Tatsächlich ist das Denken von Goethe, Hegel und Marx dem des Zen sehr eng verwandt. Sie haben die Idee gemeinsam, daß der Mensch die Subjekt-Objekt-Spaltung überwindet. Der Gegenstand ist ein Gegenstand, er hört jedoch auf, ein Gegenstand zu sein, und durch diese neue Haltung wird der Mensch eins mit dem Gegenstand, obgleich er selbst und der Gegenstand zwei bleiben. Der Mensch überwindet die Selbstentfremdung, indem er sich menschlich zu der gegenständlichen Welt in Beziehung setzt.

Marx schreibt: »Der *Kommunismus* als *positive* Aufhebung des *Privateigentums*[2] als *menschlicher Selbstentfremdung* und darum als wirkliche *Aneignung des menschlichen* Wesens durch und für den Menschen; darum als vollständige, bewußt und innerhalb des ganzen Reichtums der bisherigen Entwicklung gewordne Rückkehr des Menschen für sich als eines *gesellschaftlichen*, das heißt menschlichen Menschen. Dieser Kommunismus ist als vollendeter Naturalismus = Humanismus, als vollendeter Humanismus = Naturalismus, er ist die *wahrhafte* Auflösung des Widerstreits zwischen dem Menschen mit der Natur und mit dem Menschen, die wahre Auflösung des Streits zwischen Existenz und Wesen, zwischen Vergegenständlichung und Selbstbestätigung, zwischen Freiheit und Notwendigkeit, zwischen Individuum und Gattung. Er ist das aufgelöste Rätsel der Geschichte und weiß sich als diese Lösung.« (MEGA I,3, S. 114 = MEW Erg. I, S. 536.) Diese tätige Beziehung zu der gegenständlichen Welt nennt Marx das »produktive Leben« (MEGA I,3, S. 88 = MEW Erg. I, S. 516). »Es ist das Leben erzeugende Leben. In der Art der Lebenstätigkeit liegt der ganze Charakter einer species, ihr Gattungscharakter, und die freie bewußte Tätigkeit ist der Gattungscharakter des Menschen.« (A. a. O.) Unter dem »Gattungscharakter« versteht Marx das Wesen des Menschen, nämlich das, was allgemein menschlich ist und was im Verlauf des Geschichtsprozesses vom Menschen durch seine produktive Tätigkeit verwirklicht wird.

Von diesem Begriff der menschlichen Selbstverwirklichung aus gelangt Marx zu einer neuen Vorstellung von Reichtum und Armut, die sich von den entsprechenden Begriffen der Nationalökonomie unterscheidet. So sagt Marx: »Man sieht, wie an die Stelle des nationalökonomischen *Reichtums* und *Elendes* der *reiche Mensch* und das reiche *menschliche* Bedürfnis tritt. Der *reiche*

---

2 Unter dem Ausdruck »Privateigentum«, wie es hier und in anderen Aussagen verwendet wird, versteht Marx nie den Privatbesitz von Gebrauchsgegenständen (wie etwa ein Haus, ein Tisch etc.). Marx bezieht sich vielmehr auf das Eigentum der »besitzenden Klassen«, d. h. des Kapitalisten, der, da er die Produktionsmittel besitzt, das eigentumslose Individuum mieten kann, damit es für ihn arbeite, und zwar unter Bedingungen, die jenes zu akzeptieren gezwungen ist. Das »Privateigentum« bezieht sich bei Marx also immer auf das private *Eigentum innerhalb der kapitalistischen Klassengesellschaft* und ist daher eine *gesellschaftliche und geschichtliche Kategorie*; der Begriff bezieht sich nicht auf Gebrauchsgegenstände wie z. B. die innerhalb einer sozialistischen Gesellschaft.

Mensch ist zugleich der einer Totalität der menschlichen Lebensäußerung *bedürftige* Mensch. Der Mensch, in dem seine eigne Verwirklichung, als innere Notwendigkeit, als *Not* existiert. Nicht nur der *Reichtum,* auch die *Armut* des Menschen erhält gleichmäßig – unter Voraussetzung des Sozialismus – eine *menschliche* und daher gesellschaftliche Bedeutung. Sie ist das passive Band, welches dem Menschen den größten Reichtum, den *andren* Menschen, als Bedürfnis empfinden läßt. Die Herrschaft des gegenständlichen Wesens in mir, der sinnliche Ausbruch meiner Wesenstätigkeit ist die *Leidenschaft,* welche hier damit die *Tätigkeit* meines Wesens wird.«[3] Der gleiche Gedanke wurde einige Jahre früher von Marx so ausgedrückt: »Was ich wahrhaft liebe [er denkt hier gerade an die Pressefreiheit], dessen Existenz empfinde ich als eine notwendige, als eine, deren ich bedürftig bin, ohne die mein Wesen nicht erfülltes, nicht befriedigtes, nicht vollständiges Dasein haben kann.« (MEGA I,1, 1. Halbband, S. 184 = MEW 1, S. 33.)

»Wie durch die Bewegung des *Privateigentums* und seines Reichtums wie Elends – des materiellen und geistigen Reichtums und Elends – die werdende Gesellschaft zu dieser *Bildung* alles Material vorfindet, *so* produziert die *gewordne* Gesellschaft den Menschen in diesem ganzen Reichtum seines Wesens, den *reichen all- und tiefsinnigen* Menschen als ihre stete Wirklichkeit. – Man sieht, wie Subjektivismus und Objektivismus, Spiritualismus und Materialismus, Tätigkeit und Leiden erst im gesellschaftlichen Zustand ihren Gegensatz und damit ihr Dasein als solche Gegensätze verlieren; man sieht, wie die Lösung der *theoretischen* Gegensätze selbst *nur* auf eine *praktische Art,* nur durch die praktische Energie des Menschen möglich ist und ihre Lösung daher keineswegs nur eine Aufgabe der Erkenntnis, sondern eine *wirkliche* Lebensaufgabe ist, welche die *Philosophie* nicht lösen konnte, eben weil sie dieselbe als *nur* theoretische Aufgabe faßte.« (MEGA I,3, S. 121 = MEW Erg. I, S. 542.)

Diesem Begriff des reichen Menschen entspricht Marx' Ansicht über den Unterschied zwischen dem Sinn des *Habens* und dem Sinn des *Seins.* »Das Privateigentum hat uns so dumm und einseitig gemacht, daß ein Gegenstand erst der *unsrige* ist, wenn wir ihn

---

3 MEGA I,3, S. 123 f. = MEW Erg. I, S. 544. – Dieser dialektische Begriff des reichen Menschen als des anderer bedürftigen, armen Menschen, ist in vieler Hinsicht dem Begriff der Armut ähnlich, wie ihn Meister Eckhart in seiner Predigt »Gesegnet sind die Armen« (Meister Eckhart, 1977, S. 303-309) ausgedrückt hat.

haben, also das Kapital für uns existiert oder von uns unmittelbar besessen, gegessen, getrunken, an unserm Leib getragen, von uns bewohnt etc., kurz *gebraucht* wird. Obgleich das Privateigentum alle diese unmittelbaren Verwirklichungen des Besitzes selbst wieder nur als *Lebensmittel* faßt, und das Leben, zu dessen Mittel sie dienen, ist das *Leben* des *Privateigentums*, Arbeit und Kapitalisierung. An die Stelle *aller* physischen und geistigen Sinne ist daher die einfache Entfremdung *aller* dieser Sinne, der Sinn des *Habens* getreten. Auf diese absolute Armut mußte das menschliche Wesen reduziert werden, damit es seinen innern Reichtum aus sich heraus gebäre.« (MEGA I,3, S. 118 = MEW Erg. E, S. 540.)

Marx erkannte, daß die kapitalistische nationalökonomische Wissenschaft, »trotz ihres weltlichen und wollüstigen Aussehns eine wirkliche moralische Wissenschaft (ist), die allermenschlichste Wissenschaft. Die Selbstentsagung, die Entsagung des Lebens und aller menschlichen Bedürfnisse, ist ihr Hauptlehrsatz. Je weniger du ißt, trinkst, Bücher kaufst, in das Theater, auf den Ball, zum Wirtshaus gehst, denkst, liebst, theoretisierst, singst, malst, fichtst etc., um so mehr *sparst* du, um so größer wird dein *Schatz*, den weder Motten noch Staub fressen, dein *Kapital*. Je weniger du *bist*, je weniger du dein Leben äußerst, um so mehr *hast* du, um so größer ist dein *entäußertes* Leben, um so mehr speicherst du auf von deinem entfremdeten Wesen. Alles, was dir der Nationalökonom an Leben nimmt und an Menschheit, das alles ersetzt er dir in *Geld* und *Reichtum*, und alles das, was du nicht kannst, das kann dein Geld: Es kann essen, trinken, auf den Ball, ins Theater gehn, es weiß sich die Kunst, die Gelehrsamkeit, die historischen Seltenheiten, die politische Macht, es kann reisen, es *kann* dir das alles aneignen; es kann das alles kaufen; es ist das wahre *Vermögen*. Aber es, was all dies ist, es *mag* nichts als sich selbst schaffen, sich selbst kaufen, denn alles andre ist ja sein Knecht, und wenn ich den Herrn habe, habe ich den Knecht und brauche ich seinen Knecht nicht. Alle Leidenschaften und alle Tätigkeit muß also untergehn in der *Habsucht*. Der Arbeiter darf nur soviel haben, daß er leben will, und darf nur leben wollen, um zu haben.« (MEGA I,3, S. 130 = MEW Erg. I, S. 549 f.)

Die Produktion nützlicher Dinge in der Gesellschaft ist für Marx nicht das oberste Ziel, nicht Selbstzweck. Man vergißt leicht, sagt er, »daß die Produktion von zu viel Nützlichem zu viel *unnütze* Population produziert« (MEGA I,3, S. 130 = MEW Erg. I, S. 550). Die Gegensätze zwischen Verschwendung und Sparsamkeit, Luxus und Enthaltsamkeit, Reichtum und Armut sind nur scheinbar, sind äquivalent. Es ist heutzutage besonders wichtig, diese Haltung von Marx zu verstehen, da beide, sowohl die Kommunisten wie die meisten der sozialistischen Parteien (mit einigen bemerkenswerten Ausnahmen wie die indischen, burmesischen und eine Reihe europäischer und amerikanischer Sozialisten), das allen kapitalistischen Systemen zugrunde liegende Prinzip akzeptiert haben, das Prinzip nämlich, daß maximale Produktion und maximaler Konsum die unbestreitbaren Ziele der Gesellschaft seien. Man darf natürlich nicht das Ziel, die abgründige, menschenunwürdige Armut zu überwinden, mit dem Ziel eines unbegrenzt wachsenden Verbrauchs verwechseln, das sowohl für den Kapitalismus wie für den Chruschtschowismus zum obersten Wert geworden ist. Marx' Haltung war ganz eindeutig für einen Sieg über die Armut und ebenso eindeutig gegen den Konsum als oberstes Ziel gerichtet.

Unabhängigkeit und *Freiheit* beruhen für Marx auf dem Akt der Selbsterschaffung. »Ein Wesen gilt sich erst als selbständiges, sobald es auf eignen Füßen steht, und es steht erst auf eignen Füßen, sobald es sein *Dasein* sich selbst verdankt. Ein Mensch, der von der Gnade eines andern lebt, betrachtet sich als ein abhängiges Wesen. Ich lebe aber vollständig von der Gnade eines andern, wenn ich ihm nicht nur die Unterhaltung meines Lebens verdanke, sondern wenn er noch außerdem mein *Leben geschaffen* hat, wenn er der *Quell* meines Lebens ist, und mein Leben hat notwendig einen solchen Grund außer sich, wenn es nicht meine eigne Schöpfung ist.« (MEGA I,3, S. 124 = MEW Erg. I, S. 544 f.) Oder, wie Marx sagt, der Mensch ist nur frei, wenn er seine Individualität »als ein totaler Mensch« bestätigt in jedem »seiner *menschlichen* Verhältnisse zur Welt, Sehn, Hören, Riechen, Schmecken, Fühlen, Denken, Anschauen, Empfinden, Wollen, Tätigsein, Lieben, kurz, alle Organe seiner Individualität« (MEW Erg. I, S. 539), wenn er nicht nur frei *von* etwas, sondern auch frei *zu* etwas ist.

Das Ziel des Sozialismus war für Marx die Emanzipation des Menschen, und die Emanzipation des Menschen war dasselbe wie seine Selbstverwirklichung innerhalb des Prozesses eines produktiven Bezogenseins und Einssein von Mensch und Natur. Das Ziel des Sozialismus war für ihn die Entwicklung der individuellen Persönlichkeit. Was Marx von einem System wie dem Sowjetkommunismus gehalten haben würde, drückte er sehr klar in einem Urteil über das, was er den »rohen Kommunismus« nannte, aus;

ein Urteil, welches sich auf verschiedene kommunistische Ideen und Praktiken seiner Zeit bezog. Dieser rohe Kommunismus »zeigt ... sich in doppelter Gestalt: einmal ist die Herrschaft des *sachlichen* Eigentums so groß ihm gegenüber, daß er *alles* vernichten will, was nicht fähig ist, als *Privateigentum* von allen besessen zu werden; er will auf *gewaltsame* Weise von Talent etc. abstrahieren. Der physische unmittelbare *Besitz* gilt ihm als einziger Zweck des Lebens und Daseins; die Bestimmung des *Arbeiters* wird nicht aufgehoben, sondern auf alle Menschen ausgedehnt; das Verhältnis des Privateigentums bleibt das Verhältnis der Gemeinschaft zur Sachenwelt; endlich spricht sich diese Bewegung, dem Privateigentum das allgemeine Privateigentum entgegenzustellen, in der tierischen Form aus, daß der *Ehe* (welche allerdings eine *Form des exklusiven Privateigentums* ist) die *Weibergemeinschaft*[4], wo also das Weib zu einem *gemeinschaftlichen* und *gemeinen* Eigentum wird, entgegengestellt wird. Man darf sagen, daß dieser Gedanke der *Weibergemeinschaft* das *ausgesprochne Geheimnis* dieses noch ganz rohen und gedankenlosen Kommunismus ist. Wie das Weib aus der Ehe in die allgemeine Prostitution, so tritt die ganze Welt des Reichtums, das heißt des gegenständlichen Wesens des Menschen, aus dem Verhältnis der exklusiven Ehe mit dem Privateigentümer in das Verhältnis der universellen Prostitution mit der Gemeinschaft. Dieser Kommunismus – indem er die *Persönlichkeit* des Menschen überall negiert – ist eben nur der konsequente Ausdruck des Privateigentums, welches diese Negation ist. Der allgemeine und als Macht sich konstituierende *Neid* ist nur die versteckte Form, in welcher die *Habsucht* sich herstellt und nur auf eine *andre* Weise sich befriedigt. Der Gedanke jedes Privateigentums als eines solchen ist *wenigstens* gegen das *reichere* Privateigentum als Neid und Nivellierungssucht gekehrt, so daß diese sogar das Wesen der Konkurrenz ausmachen. Der rohe Kommunismus ist nur die Vollendung dieses Neides und dieser Nivellierung von dem *vorgestellten* Minimum aus. Er hat ein *bestimmtes begrenztes* Maß. Wie wenig diese Aufhebung des Privateigentums eine wirkliche Aneignung ist, beweist eben die abstrakte Negation der ganzen Welt der Bildung und der Zivilisation, die Rückkehr zur *unnatürlichen* Einfachheit des *armen*, rohen und bedürfnislosen

4 Marx bezieht sich hier auf die unter gewissen exzentrischen kommunistischen Denkern seiner Zeit verbreitete Überlegung, daß, wenn alles Gemeinbesitz ist, die Frauen dies auch sein sollten.

Menschen, der nicht über das Privateigentum hinaus, sondern noch nicht einmal bei demselben angelangt ist. Die Gemeinschaft ist nur eine Gemeinschaft der *Arbeit* und die Gleichheit des *Salairs*, den das gemeinschaftliche Kapital, die *Gemeinschaft* als der allgemeine Kapitalist, auszahlt. Beide Seiten des Verhältnisses sind in eine *vorgestellte* Allgemeinheit erhoben, die *Arbeit* als die Bestimmung, in welcher jeder gesetzt ist, das *Kapital* als die anerkannte Allgemeinheit und Macht der Gemeinschaft.« (MEGA I,3, S. 111 = MEW Erg. I, S. 534 f.)

Marx' ganze Auffassung der Selbstverwirklichung des Menschen kann nur in Verbindung mit seinem Begriff der Arbeit voll verstanden werden. Vor allen Dingen waren für Marx Arbeit und Kapital nicht lediglich ökonomische Kategorien. Sie waren für ihn vielmehr anthropologische Kategorien, die von seiner humanistischen Wertung her bestimmt waren. Das aufgehäufte Kapital repräsentiert die Vergangenheit; die Arbeit auf der anderen Seite ist, oder sollte doch, vorausgesetzt, daß sie frei ist, der Ausdruck des Lebens sein. »In der bürgerlichen Gesellschaft«, so sagt Marx im *Kommunistischen Manifest*, »herrscht also die Vergangenheit über die Gegenwart, in der kommunistischen die Gegenwart über die Vergangenheit. In der bürgerlichen Gesellschaft ist das Kapital selbständig und persönlich, während das tätige Individuum unselbständig und unpersönlich ist.« (MEGA I,6, S. 540 = MEW 4, S. 476.) Hierin folgt Marx dem Gedanken Hegels, der Arbeit als den »Akt der Selbsterschaffung des Menschen« verstand. Arbeit war für Marx eine Tätigkeit und keine Ware. Er nannte ursprünglich das Wirken des Menschen »Tätigkeit«, nicht Arbeit, und sprach von der »Aufhebung der Arbeit« als dem Ziel des Sozialismus. Später, als er zwischen freier und entfremdeter Arbeit unterschied, benützte er den Begriff der »Befreiung der Arbeit«.

»Die Arbeit ist zunächst ein Prozeß zwischen Mensch und Natur, ein Prozeß, worin der Mensch seinen Stoffwechsel mit der Natur durch seine eigne Tat vermittelt, regelt und kontrolliert. Er tritt dem Naturstoff selbst als eine Naturmacht gegenüber. Die seiner Leiblichkeit angehörigen Naturkräfte, Arme und Beine, Kopf und Hand, setzt er in Bewegung, um sich den Naturstoff in einer für sein eignes Leben brauchbaren Form anzueignen. Indem er durch diese Bewegung auf die Natur außer ihm wirkt und sie verändert, verändert er zugleich seine eigne Natur. Er entwickelt die in ihr schlummernden Potenzen und unterwirft das Spiel ihrer Kräfte seiner eignen Botmäßigkeit. Wir haben es hier nicht mit den ersten tierartigen instinktmäßigen Formen der Arbeit zu tun. Dem Zustand, worin der Arbeiter als Verkäufer seiner eignen Arbeitskraft auf dem Warenmarkt auftritt, ist in urzeitlichen Hintergrund der Zustand entrückt, worin die menschliche Arbeit ihre erste instinktartige Form noch nicht abgestreift hatte. Wir unterstellen die Arbeit in einer Form, worin sie dem Menschen ausschließlich angehört. Eine Spinne verrichtet ihre Operationen, die denen des Webers ähneln, und eine Biene beschämt durch den Bau ihrer Wachszellen manchen menschlichen Baumeister. Was aber von vornherein den schlechtesten Baumeister vor der besten Biene auszeichnet, ist, daß er die Zelle in seinem Kopf gebaut hat, bevor er sie in Wachs baut. Am Ende des Arbeitsprozesses kommt ein Resultat heraus, das beim Beginn desselben schon in der Vorstellung des Arbeiters, also schon ideell vorhanden war. Nicht daß er nur eine Formveränderung des Natürlichen bewirkt; er verwirklicht im Natürlichen zugleich seinen Zweck, den er weiß, der die Art und Weise seines Tuns als Gesetz bestimmt und dem er seinen Willen unterordnen muß. Und diese Unterordnung ist kein vereinzelter Akt. Außer der Anstrengung der Organe, die arbeiten, ist der zweckmäßige Wille, der sich als Aufmerksamkeit äußert, für die ganze Dauer der Arbeit erheischt, und um so mehr, je weniger sie durch den eignen Inhalt und die Art und Weise ihrer Ausführung den Arbeiter mit sich fortreißt, je weniger er sie daher als Spiel seiner eignen körperlichen und geistigen Kräfte genießt.« (MEW 23, S. 192 f.)

In der Arbeit drückt der Mensch sich selbst aus, sie ist der Ausdruck seiner individuellen physischen und geistigen Kräfte. In diesem Prozeß echter Tätigkeit entwickelt sich der Mensch, er wird er selbst. Die Arbeit ist nicht nur ein Mittel zum Zweck – dem Produkt – sondern sie ist Selbstzweck, sie ist der sinnvolle Ausdruck der menschlichen Energie. Daher macht Arbeit Freude. Die entscheidende Kritik des Kapitalismus durch Marx trifft nicht die ungerechte Verteilung des Reichtums, sondern die Verkehrung der Arbeit in erzwungene, entfremdete, sinnlose Arbeit, daher die Verwandlung des Menschen in eine »verkrüppelte Monstrosität«. Marx' Begriff der Arbeit, als der Ausdruck der Individualität des Menschen, ist in seiner Vision der vollständigen Aufhebung der lebenslänglichen Unterwerfung eines Menschen unter eine Tätigkeit bündig ausgedrückt. Da das Ziel der menschlichen Entwicklung das der Entwicklung des totalen, universalen Menschen ist, muß der Mensch von dem verkrüppelnden Einfluß der

Spezialisierung befreit werden. In allen vorangegangenen Gesellschaften, so schreibt Marx, war der Mensch ein »Jäger, Fischer oder Hirt oder kritischer Kritiker, und muß es bleiben, wenn er nicht die Mittel zum Leben verlieren will – während in der kommunistischen Gesellschaft, wo jeder nicht einen ausschließlichen Kreis der Tätigkeit hat, sondern sich in jedem beliebigen Zweige ausbilden kann, die Gesellschaft die allgemeine Produktion regelt und mir eben dadurch möglich macht, heute dies, morgen jenes zu tun, morgens zu jagen, nachmittags zu fischen, abends Viehzucht zu treiben, nach dem Essen zu kritisieren, wie ich gerade Lust habe; ohne je Jäger, Fischer, Hirt oder Kritiker zu werden.« (MEGA I,5, S. 22 = MEW 3, S. 33.)

Es gibt kein größeres Mißverständnis und keine größere Fehldarstellung von Marx als die, die implizit oder explizit im Denken der sowjetischen Kommunisten, der reformistischen Sozialisten und der kapitalistischen Gegner des Sozialismus gleichermaßen zu finden sind, denn sie nehmen alle an, daß Marx nur die ökonomische Besserstellung der Arbeiterklasse erstrebte und daß er das Privateigentum aufheben wollte, damit der Arbeiter das besitzen würde, was die Kapitalisten jetzt haben. In Wahrheit würde Marx die Situation eines Arbeiters in einer russischen »sozialistischen« Fabrik, einer britischen verstaatlichten Fabrik oder einer amerikanischen Fabrik, wie zum Beispiel General Motors, als im wesentlichen gleich erscheinen. Dies drückt Marx sehr klar in folgenden Sätzen aus:

»Eine gewaltsame *Erhöhung* des *Arbeitslohns* (von allen andren Schwierigkeiten abgesehen, abgesehn davon, daß sie als eine Anomalie auch nur gewaltsam aufrechtzuerhalten wäre) wäre also nichts als eine *bessere Salairierung der Sklaven* und hätte weder dem Arbeiter noch der Arbeit ihre menschliche Bestimmung und Würde erobert.

Ja selbst die *Gleichheit der Salaire*, wie sie Proudhon fordert, verwandelt nur das Verhältnis des jetzigen Arbeiters zu seiner Arbeit in das Verhältnis aller Menschen zur Arbeit. Die Gesellschaft wird dann als abstrakter Kapitalist gefaßt.« (MEGA I,3, S. 92 = MEW Erg. I, S. 520 f.)

Das zentrale Thema von Marx ist also die Verwandlung der entfremdeten, sinnlosen Arbeit in produktive, freie Arbeit, nicht die bessere Entlohnung der entfremdeten Arbeit durch einen privaten oder »abstrakten« Staatskapitalismus.

5 Die Entfremdung

Die Vorstellung des tätigen, produktiven Menschen, der die gegenständliche Welt mit seinen Kräften ergreift und sich aneignet, kann ohne den Begriff der *Negation der Produktivität,* der *Entfremdung,* nicht umfassend verstanden werden. Für Marx ist die Geschichte der Menschheit eine Geschichte der wachsenden Entwicklung des Menschen *und* gleichzeitig seiner wachsenden Entfremdung. Marx' Sozialismus bedeutet die Befreiung von der Entfremdung, die Rückkehr des Menschen zu sich selbst, seine Selbstverwirklichung.

Entfremdung (oder Entäußerung) bedeutet für Marx, daß der Mensch sich selbst in seiner Aneignung der Welt nicht als Urheber erfährt, sondern daß die Welt (die Natur, die anderen, und er selbst) ihm fremd bleiben. Sie stehen als Gegenstände über ihm und ihm gegenüber, obgleich sie von ihm selbst geschaffen sein können. Entfremdung heißt, die Welt und sich selbst wesentlich passiv, rezeptiv, in der Trennung von Subjekt und Objekt zu erfahren.

Die ganze Vorstellung der Entfremdung fand im westlichen Denken ihren ersten Ausdruck in der alttestamentlichen Auffassung des Götzendienstes.[1] Das Wesentliche dessen, was die Propheten Götzendienst nennen, ist nicht, daß viele Götter anstatt eines einzigen verehrt werden, sondern daß die Götzen der eignen menschlichen Hände Werk sind – sie sind Dinge, und der Mensch kniet nieder und betet Dinge an, betet an, was er selbst geschaffen hat. Indem er das tut, verwandelt er sich selbst in ein Ding. Er überträgt die Attribute seines eigenen Lebens auf die von ihm selbst geschaffenen Dinge, und anstatt sich selbst als die erschaffende Person zu erfahren, tritt er zu sich selbst nur durch die Anbetung des Götzenbildes in Beziehung. Er ist seinen eigenen Lebenskräften, dem Reichtum seiner eigenen Möglichkeiten entfremdet worden, und er tritt nur indirekt zu sich selbst in Beziehung: durch Unterwerfung unter das in den Götzenbildern erstarrte Leben.[2]

1 Den Zusammenhang von Entfremdung und Götzendienst betont auch P. Tillich, 1953, S. 14. In P. Tillich, 1952, weist Tillich nach, daß der Begriff der Entfremdung substantiell auch im Denken von Augustinus zu finden sei. K. Löwith, 1969, S. 377-382, hat aufgezeigt, daß Marx nicht die Götter, sondern die Götzen bekämpft.

2 Dies ist nebenbei auch die Psychologie des Fanatikers. Er ist leer, tot, niedergedrückt; aber um diesen Zustand der Depression und inneren

Die Leblosigkeit und Leere des Götzenbildes ist im Alten Testament ausgedrückt: »Sie haben Augen und sehen nicht, sie haben Ohren und hören nicht ...« (Ps 115, 5 f.) Je mehr der Mensch seine eigenen Kräfte auf das Götzenbild überträgt, um so ärmer und um so abhängiger wird er selbst von den Götzen, so daß sie ihn nur einen kleinen Teil dessen, was ursprünglich sein eigen war, zurückgewinnen lassen. Die Götzen können eine gottähnliche Figur, der Staat, die Kirche, eine Person, Besitz sein. Götzendienst wechselt die Gegenstände seiner Anbetung, er ist keinesfalls nur unter den Formen zu finden, bei denen der Götze eine sogenannte religiöse Bedeutung hat. Götzendienst ist immer die Anbetung von etwas, in das der Mensch seine eigenen schöpferischen Kräfte gesteckt hat und dem er sich nun unterwirft, anstatt sich selbst in seinem Schöpfungsakt zu erleben. Unter den vielen Formen der Entfremdung ist die häufigste die Entfremdung in der Sprache. Wenn ich ein Gefühl mit einem Wort ausdrücke, wenn ich zum Beispiel sage »ich liebe dich«, dann soll dies Wort den Hinweis auf eine Realität bedeuten, die in mir vorhanden ist, soll die Kraft meines Liebens anzeigen. Das *Wort* »Liebe« ist als Symbol der *Tatsache* Liebe gemeint, aber sobald es ausgesprochen ist, neigt es dazu, ein Eigenleben anzunehmen, es wird zu einer Realität. Ich bilde mir ein, daß das Aussprechen eines Wortes gleichbedeutend mit dem Erleben ist, und bald sage ich das Wort und fühle nichts, außer dem *Gedanken* »Liebe«, den das Wort ausdrückt. Die Entfremdung der Sprache zeigt die ganze Komplexität der Entfremdung. Sprache ist eine der kostbarsten menschlichen Leistungen; es wäre ein verrückter Gedanke, nicht zu sprechen, um die Entfremdung zu vermeiden. Man muß sich jedoch immer der Gefahr des gesprochenen Wortes bewußt sein, der Drohung, daß es sich selbst an die Stelle der lebendigen Erfahrung setzt. Dasselbe gilt auch für andere Leistungen des Menschen: für Ideen, für die Kunst, für jegliche Art von menschengeschaffenen Dingen. Sie sind die Schöpfungen des Menschen, sie sind wertvolle Hilfen für das

---

Erstarrung zu kompensieren, wählt er einen Götzen, sei es der Staat, eine Partei, eine Idee, die Kirche oder Gott. Er verabsolutiert diesen Götzen und unterwirft sich absolut. Indem er dies tut, gewinnt sein Leben Sinn, und er gewinnt in dieser Unterwerfung unter den gewählten Götzen seelischen Auftrieb. Dieser Auftrieb, diese Erregung jedoch, stammt nicht von Freude an einer produktiven Beziehung; es ist eine intensive, aber kalte Erregung, die auf innerer Starre gründet, oder, wenn man es symbolisch ausdrücken will, sie ist »brennendes Eis«.

Leben, und doch ist jede von ihnen zugleich eine Falle, indem sie nämlich dazu verführen, das Leben selbst mit Dingen zu verwechseln, die Erfahrung mit künstlich Geschaffenem, das Gefühl mit Selbstaufgabe und Unterwerfung.

Die Denker des achtzehnten und neunzehnten Jahrhunderts kritisierten ihre Epoche wegen der wachsenden Erstarrung, Leere und Leblosigkeit. Der gleiche Gedanke der Produktivität, der sowohl bei Spinoza als auch bei Hegel und Marx im Zentrum steht, war der Eckstein im Denken Goethes: »Die Gottheit aber ist wirksam im Lebendigen, aber nicht im Toten; sie ist im Werdenden und sich Verwandelnden, aber nicht im Gewordenen und Erstarrten. Deshalb hat auch die Vernunft in ihrer Tendenz zum Göttlichen es nur mit dem Werdenden, Lebendigen zu tun; der Verstand mit dem Gewordenen, Erstarrten, daß er es nutze.« (Goethes Gespräch mit Eckermann am 13. 2. 1829.)

Bei Schiller und Fichte finden wir eine ähnliche Kritik, und dann bei Hegel und bei Marx, der die allgemeine Feststellung trifft, daß in seiner Zeit die Wahrheit ohne Leidenschaft und die Leidenschaft ohne Wahrheit sei. (Vgl. MEW 8.)

Die ganze existentialistische Philosophie ist im wesentlichen von Kierkegaard an, wie Paul Tillich formuliert, »eine über hundert Jahre Bewegung der Rebellion gegen die Entmenschlichung des Menschen in der industriellen Gesellschaft« (P. Tillich, 1953). Tatsächlich bedeutet der Begriff der Entfremdung in nicht-theistischer Sprache das Äquivalent von dem, was in theistischer Sprache »Sünde« genannt würde: der Verzicht des Menschen auf sich selbst, auf Gott in ihm.

Hegel war es, der den Begriff der Entfremdung prägte. Für ihn war die menschliche Geschichte zugleich die Geschichte der Entfremdung des Menschen. In der *Philosphie der Geschichte* schrieb er, daß das, wonach der Geist wirklich strebe, die Verwirklichung seiner Vorstellung sei, aber indem er das tue, verberge er dies Ziel vor seiner eigenen Vision und sei in dieser Entfremdung von seinem eigenen Wesen stolz und zufrieden. (Vgl. G.W.F. Hegel, 1928.) Für Marx wie für Hegel basiert der Begriff der Entfremdung auf der Unterscheidung zwischen Existenz und Wesen, auf der Tatsache, daß die menschliche Existenz ihrem Wesen entfremdet ist, daß der Mensch in Wirklichkeit nicht das ist, was er potentiell ist, oder, anders ausgedrückt, daß er *nicht ist, was er sein sollte, und daß er sein sollte, was er sein könnte.*

Für Marx drückt sich der Prozeß der Entfremdung in der Arbeit und der Arbeitsteilung aus. Arbeit ist für ihn die tätige Bezogenheit des Menschen zur Natur, die Erschaffung einer neuen Welt einschließlich der Erschaffung des Menschen selbst. (Natürlich ist für Marx intellektuelle Tätigkeit, wie künstlerische oder körperliche Betätigung, Arbeit.) Aber mit der Entwicklung des Privateigentums und der Arbeitsteilung verliert die Arbeit den Charakter, ein Ausdruck der menschlichen Kräfte zu sein. Die Arbeit und ihre Produkte nehmen ein vom Menschen, seinem Wollen und seinem Planen getrenntes Sein an. »Der Gegenstand, den die Arbeit produziert, ihr Produkt, tritt ihr als ein *fremdes Wesen*, als eine von dem Produzenten *unabhängige Macht* gegenüber. Das Produkt der Arbeit ist die Arbeit, die sich in einem Gegenstand fixiert, sachlich gemacht hat, es ist die *Vergegenständlichung* der Arbeit.« (MEGA I,3, S. 83 = MEW Erg. I, S. 511 f.) Die Arbeit ist entfremdet, weil sie aufgehört hat, ein Teil der Natur des Arbeiters zu sein und »er sich daher in seiner Arbeit nicht bejaht, sondern verneint, nicht wohl, sondern unglücklich fühlt, keine freie physische und geistige Energie entwickelt, sondern seine Physis abkasteit und seinen Geist ruiniert. Der Arbeiter fühlt sich daher erst außer der Arbeit bei sich und in der Arbeit außer sich.« (MEGA I,3, S. 85 = MEW Erg. I, S. 514 f.) Daher wird im Akt der Produktion das Verhältnis des Arbeiters zu seiner eigenen Tätigkeit »als einer fremden, ihm nicht angehörigen, die Tätigkeit als Leiden, die Kraft als Ohnmacht, die Zeugung als Entmannung« erfahren (MEGA I,3, S. 86 = MEW Erg. I, S. 515). Während der Mensch so sich selbst entfremdet ist, wird zugleich das Produkt der Arbeit zu einem »fremden und über ihn mächtigen Gegenstand. Dies Verhältnis ist zugleich das Verhältnis zur sinnlichen Außenwelt, zu den Naturgegenständen als einer fremden ihm feindlich gegenüberstehenden Welt.« (A. a. O.) Marx betont zwei Punkte: 1. im Arbeitsprozeß und besonders in der Arbeit unter den Bedingungen des Kapitalismus, ist der Mensch seinen eigenen schöpferischen Kräften entfremdet, und 2. die *Gegenstände* seiner Arbeit werden ihm fremde Wesen und beherrschen ihn schließlich, sie werden von dem Produzenten unabhängige Mächte. So sagt Marx, daß »der Arbeiter für den Produktionsprozeß, nicht der Produktionsprozeß für den Arbeiter da ist« (MEW 23, S. 514).

Selbst unter Sozialisten gibt es in diesem Punkt ein weitverbreitetes Mißverständnis über Marx. Man glaubt, daß Marx hauptsächlich von der *ökonomischen* Ausbeutung der Arbeiter sprach und von der Tatsache, daß sein Anteil am Produkt nicht so groß sei, wie es sein sollte, oder daß das Produkt ihm anstatt dem Kapitalisten gehören sollte. Aber wie ich schon vorher sagte, wäre der Staat als Kapitalist, wie in der Sowjetunion, Marx nicht willkommener gewesen als der Privatkapitalist. Auch die Gleichheit des Einkommens interessierte ihn nicht primär. Was ihn interessiert, ist die Befreiung des Menschen von einer Form der Arbeit, die seine Individualität zerstört, die ihn in ein Ding verwandelt und ihn zum Sklaven der Dinge macht. Ebenso wie Kierkegaard ging es auch Marx um die Erlösung des Individuums. Seine Kritik der kapitalistischen Gesellschaft richtete sich nicht gegen die Art, in der sie die Einkommen verteilt, sondern gegen ihre Produktionsweise, ihre Zerstörung der Individualität und ihre Versklavung des Menschen – nicht durch den Kapitalisten, sondern die Versklavung des Menschen, also des Arbeiters *und* des Kapitalisten – durch Dinge und Umstände, die sie selbst machen.

Marx geht noch weiter: In der nichtentfremdeten Arbeit verwirklicht sich der Mensch nicht nur als Individuum, sondern zugleich als Gattungswesen. Für Marx wie für Hegel und viele andere Denker der Aufklärung verkörpert jedes Individuum die Gattung, das heißt die Menschheit als Ganze, die Universalität des Menschen: die Entwicklung des Menschen führt für sie zur Entfaltung seines uneingeschränkten Menschseins. Indem sich der Mensch im Arbeitsprozeß »nicht nur wie im Bewußtsein intellektuell, sondern werktätig, wirklich verdoppelt, und sich selbst daher in einer von ihm geschaffenen Welt anschaut. Indem daher die entfremdete Arbeit dem Menschen den Gegenstand seiner Produktion entreißt, entreißt sie ihm sein *Gattungsleben*, seine wirkliche Gattungsgegenständlichkeit, und verwandelt seinen Vorzug vor dem Tier in den Nachteil, daß sein unorganischer Leib, die Natur, ihm entzogen wird. Ebenso indem die entfremdete Arbeit die Selbsttätigkeit, die freie Tätigkeit, zum Mittel herabsetzt, macht sie das Gattungsleben des Menschen zum Mittel seiner physischen Existenz. Das Bewußtsein, welches der Mensch von seiner Gattung hat, verwandelt sich durch die Entfremdung also dahin, daß das Gattungsleben ihm zum Mittel wird.« (MEGA I,3, S. 89 = MEW Erg. I, S. 517.)

Marx nahm an, daß die Entfremdung der Arbeit, obgleich sie die ganze Geschichte hindurch existiert, ihren Höhepunkt in der kapitalistischen Gesellschaft erreicht und daß die Arbeiterklasse die am meisten entfremdete Klasse ist. Dieser Gedanke setzt voraus, daß der Arbeiter, da er keinen Anteil an der Bestimmung der

Arbeit hat, indem er eben als Teil der Maschine, die er bedient, »verwendet« wird, sich in seiner Abhängigkeit vom Kapital in ein Ding verwandelt. Daher folgt für Marx, daß »die Emanzipation der Gesellschaft vom Privateigentum etc., von der Knechtschaft, in der *politischen* Form der *Arbeiteremanzipation* sich ausspricht, nicht als wenn es sich nur um ihre Emanzipation handelte, sondern weil in ihrer Emanzipation die allgemein menschliche enthalten ist, diese ist aber darin enthalten, weil die ganze menschliche Knechtschaft in dem Verhältnis des Arbeiters zur Produktion involviert ist, und alle Knechtschaftsverhältnisse nur Modifikationen und Konsequenzen dieses Verhältnisses sind.« (MEGA I,3, S. 92 = MEW Erg. I, S. 521.)

Wiederum muß betont werden, daß Marx' Ziel nicht auf die Befreiung der Arbeiterklasse begrenzt ist, sondern sich auf die Befreiung des menschlichen Wesens durch die Wiederherstellung der nichtentfremdeten und daher freien Tätigkeit aller Menschen richtet, auf eine Gesellschaft, die den Menschen und nicht die Herstellung von Dingen zum Zweck hat und in der der Mensch aufhört, eine verkrüppelte Mißgeburt zu sein und ein voll entwickeltes menschliches Wesen wird. (Vgl. MEW 23, S. 380-390.) Marx' Vorstellung über das entäußerte Produkt der Arbeit ist in einem der ganz wesentlichen Punkte im *Kapital* enthalten, nämlich in dem Begriff vom »Fetischcharakter der Ware«. Die kapitalistische Produktionsweise verwandelt die Beziehungen zwischen den Individuen selbst in Qualitäten von Dingen, sie vergegenständlicht diese Beziehungen, und diese Verwandlung begründet die Natur der Ware in der kapitalistischen Produktion. »Es kann nicht anders sein in einer Produktionsweise, worin der Arbeiter für die Verwertungsbedürfnisse vorhandner Werte, statt umgekehrt der gegenständliche Reichtum für die Entwicklungsbedürfnisse des Arbeiters da ist. Wie der Mensch in der Religion vom Machwerk seines eignen Kopfes, so wird er in der kapitalistischen Produktion vom Machwerk seiner eignen Hand beherrscht.« (MEW 23, S. 649.) »Die Maschine bequemt sich der *Schwäche* des Menschen, um den *schwachen* Menschen zur Maschine zu machen.« (MEGA I,3, S. 129 = MEW Erg. I, S. 5.)

Die Entfremdung der Arbeit in der menschlichen Produktion ist viel größer als zur Zeit des Handwerks und der Manufaktur. »In Manufaktur und Handwerk bedient sich der Arbeiter des Werkzeugs, in der Fabrik dient er der Maschine. Dort geht von ihm die Bewegung des Arbeitsmittels aus, dessen Bewegung er hier zu folgen hat. In der Manufaktur bilden die Arbeiter Glieder eines lebendigen Mechanismus. In der Fabrik existiert ein toter Mechanismus unabhängig von ihnen, und sie werden ihm als lebendige Anhängsel einverleibt.« (MEW 23, S. 445.) Für das Verständnis von Marx ist es von äußerster Wichtigkeit, sich klarzumachen, wie sehr der Begriff der Entfremdung der Brennpunkt im Denken des jungen Marx, der die *Ökonomisch-philosophischen Manuskripte*, und des älteren Marx, der *Das Kapital* schrieb, war und blieb. Neben den bereits gegebenen Beispielen sollten die folgenden Passagen, eine aus den *Manuskripten*, die andere aus dem *Kapital*, diese Kontinuität absolut deutlich machen:

»Dies Faktum drückt weiter nichts aus als: Der Gegenstand, den die Arbeit produziert, ihr Produkt, tritt ihr als ein *fremdes Wesen*, als eine von den Produzenten *unabhängige Macht* gegenüber. Das Produkt der Arbeit ist die Arbeit, die sich in einem Gegenstand fixiert, sachlich gemacht hat, es ist die *Vergegenständlichung* der Arbeit. Die Verwirklichung der Arbeit ist ihre Vergegenständlichung. Diese Verwirklichung der Arbeit erscheint in dem national-ökonomischen Zustand als *Entwirklichung* des Arbeiters, die Vergegenständlichung als *Verlust und Knechtschaft des Gegenstandes*, die Aneignung als *Entfremdung*, als *Entäußerung*.« (MEGA I,3, S. 83 = MEW Erg. I, S. 511 f.)

Und im *Kapital* schrieb Marx: »Innerhalb des kapitalistischen Systems vollziehn sich alle Methoden zur Steigerung der gesellschaftlichen Produktivkraft der Arbeit auf Kosten des individuellen Arbeiters; alle Mittel zur Entwicklung der Produktion schlagen um in Beherrschungs- und Exploitationsmittel des Produzenten, verstümmeln den Arbeiter in einen Teilmenschen, entwürdigen ihn zum Anhängsel der Maschine, vernichten mit der Qual seiner Arbeit ihren Inhalt, entfremden ihm die geistigen Potenzen des Arbeitsprozesses im selben Maße, worin letzterem die Wissenschaft als selbständige Potenz einverleibt wird ...« (MEW 23, S. 674.)

Wiederum wurde die Rolle des Privateigentums (natürlich nicht im Sinn des Eigentums an Gebrauchsgütern, sondern als Kapital, das sich Arbeit mietet) schon klar vom jungen Marx in seiner entfremdenden Funktion gesehen: »Das *Privateigentum*«, schrieb er, »ist also das Produkt, das Resultat, die notwendige Konsequenz der *entäußerten Arbeit*, des äußerlichen Verhältnisses des Arbeiters zu der Natur und zu sich selbst. Das *Privateigentum* ergibt sich also durch Analyse aus dem Begriff der *entäußerten Arbeit*, das ist des *entäußerten Menschen*, der entfremdeten Arbeit, des entfremdeten Lebens, des *entfremdeten Menschen.*« (MEGA I,3, S. 91 = MEW Erg. I, S. 520.)

Nicht nur die Welt der Gegenstände wird zum Herrscher über den Menschen, auch die *gesellschaftlichen und politischen Umstände*, die er hervorbringt, unterwerfen ihn. »Dieses Sichfestsetzen der sozialen Tätigkeit, diese Konsolidation unsres eignen Produkts zu einer sachlichen Gewalt über uns, die unsrer Kontrolle entwächst, unsre Erwartungen durchkreuzt, unsre Berechnungen zunichte macht, ist eines der Hauptmomente in der bisherigen geschichtlichen Entwicklung . . .« (MEGA I,5, S. 22 = MEW 3, S. 33.) Der entfremdete Mensch, der glaubt, daß er der Herr der Natur geworden sei, ist zum Sklaven der Dinge und Umstände geworden, das machtlose Anhängsel einer Welt, die zugleich der erstarrte Ausdruck seiner eigenen Kräfte ist.

Für Marx ist die Entfremdung innerhalb des Arbeitsprozesses, die Entfremdung vom Produkt der Arbeit und von den Umständen, untrennbar verbunden mit der Entfremdung von sich selbst, vom Mitmenschen und von der Natur. »Eine unmittelbare Konsequenz davon, daß der Mensch dem Produkt seiner Arbeit, seiner Lebenstätigkeit, seinem Gattungswesen entfremdet ist, ist die *Entfremdung des Menschen* von dem *Menschen.* Wenn der Mensch sich selbst gegenübersteht, so steht ihm der *andre* Mensch gegenüber. Was von dem Verhältnis des Menschen zu seiner Arbeit, zum Produkt seiner Arbeit und zu sich selbst, das gilt von dem Verhältnis des Menschen zum andren Menschen, wie zu der Arbeit und dem Gegenstand der Arbeit des andren Menschen. Überhaupt, der Satz, daß der Mensch seinem Gattungswesen entfremdet ist, heißt, daß ein Mensch dem andern, wie jeder von ihnen dem menschlichen Wesen entfremdet ist.« (MEGA I,3, S. 89 = MEW Erg. I, S. 517 f.) Der entfremdete Mensch ist nicht nur dem andern Menschen entfremdet; er ist dem Wesen des Menschseins, seinem »Gattungswesen« sowohl in seinen natürlichen wie seinen geistigen Eigenschaften entfremdet. Diese Entfremdung vom menschlichen Wesen führt zu einem existentiellen Egoismus, den Marx als die Verwandlung des menschlichen Wesens »zum *Mittel* seiner *individuellen Existenz*« (a. a. O.) beschreibt. »Sie [die entfremdete Arbeit] entfremdet dem Menschen seinen eigenen Leib, wie die Natur außer ihm, wie sein geistiges Wesen, sein *menschliches* Wesen.« (A. a. O.)

Marx' Gedanken berühren hier das Kantsche Prinzip, daß der

Mensch immer Selbstzweck sein muß, und nie ein Mittel zum Zweck sein darf. Aber er erweitert dieses Prinzip, indem er feststellt, daß das menschliche Wesen nie zum Mittel der individuellen Existenz werden darf. Der Gegensatz zwischen der Ansicht von Marx und dem kommunistischen Totalitarismus könnte kaum schärfer ausgedrückt werden. Das Menschsein des Menschen, sagt Marx, darf nicht einmal ein *Mittel* seiner individuellen Existenz werden; wieviel weniger könnte es als ein Mittel des Staates, der Klasse oder der Nation betrachtet werden.

Die Entfremdung führt zur Pervertierung aller Werte. Indem der Mensch die Wirtschaft und ihre Werte – den *Erwerb*, die Arbeit und die Sparsamkeit, die Nüchternheit« (MEGA I,3, S. 131 = MEW Erg. I, S. 551) – zum höchsten Ziel des Lebens macht, versäumt er, die wahrhaft moralischen Werte zu entwickeln, den »Reichtum an gutem Gewissen, an Tugend etc., aber wie kann ich tugendhaft sein, wenn ich nichts bin, wie ein gutes Gewissen haben, wenn ich nichts weiß?« (A. a. O.) Im Zustand der Entfremdung ist jede Sphäre des Lebens, die Ökonomie und die Moral, unabhängig von der anderen, »jede [fixiert] einen besondren Kreis der entfremdeten Wesenstätigkeit, jede [verhält] sich entfremdet zu der andren Entfremdung«. (MEGA I,3, S. 132 = MEW Erg. I, S. 551.)

Marx erkannte, was aus den menschlichen Bedürfnissen in einer entfremdeten Welt wird, und er sah tatsächlich mit erstaunlicher Klarheit die Vollendung dieses Prozesses voraus, so wie sie erst heutzutage sichtbar geworden ist. Während in sozialistischer Sicht die Hauptbedeutung der »*Reichheit* der menschlichen Bedürfnisse, und daher sowohl eine(r) *neue(n) Weise der Produktion* als auch ein(em) neue(n) *Gegenstand* der Produktion«, einer »neue(n) Bestätigung der *menschlichen* Wesenskraft und neue(n) Bereicherung des *menschlichen Wesens*« (MEGA I,3, S. 127 = MEW Erg. I, S. 546) zugemessen werden sollte, sind in der kapitalistischen Welt die Bedürfnisse nicht der Ausdruck der latenten menschlichen Kräfte, das heißt, sie sind nicht *menschliche* Bedürfnisse; im Kapitalismus spekuliert »jeder Mensch darauf, dem andern ein *neues* Bedürfnis zu schaffen, um ihn zu einem neuen Opfer zu zwingen, um ihn in eine neue Abhängigkeit zu versetzen und ihn zu einer neuen Weise des *Genusses* und damit des ökonomischen Ruins zu verleiten. Jeder sucht eine *fremde* Wesenskraft über den andern zu schaffen, um darin die Befriedigung seines eignen eigennützigen Bedürfnisses zu finden. Mit der Masse der Gegenstände wächst daher das Reich der fremden Wesen, denen der Mensch unterjocht ist, und jedes neue Produkt ist eine neue *Potenz* des wechselseitigen Betrugs und der wechselseitigen Ausplünderung. Der Mensch wird um so ärmer als Mensch, er bedarf um so mehr des *Geldes*, um sich des feindlichen Wesens zu bemächtigen, und die Macht seines *Geldes* fällt gerade in umgekehrtem Verhältnis als die Masse der Produktion, das heißt seine Bedürftigkeit wächst, wie die *Macht* des Geldes zunimmt. – Das Bedürfnis des Geldes ist daher das wahre, von der Nationalökonomie produzierte Bedürfnis und das einzige Bedürfnis, das sie produziert. – Die *Quantität* des Geldes wird immer mehr seine einzige *mächtige* Eigenschaft; wie es alles Wesen auf seine Abstraktion reduziert, so reduziert es sich in seiner eignen Bewegung als *quantitatives* Wesen. Die *Maßlosigkeit* und *Unmäßigkeit* wird sein wahres Maß. – Subjektiv selbst erscheint dies so, teils daß die Ausdehnung der Produkte und der Bedürfnisse zum *erfinderischen* und stets *kalkulierenden* Sklaven unmenschlicher, raffinierter, unnatürlicher und *eingebildeter* Gelüste wird – das Privateigentum weiß das rohe Bedürfnis nicht zum *menschlichen* Bedürfnis zu machen; sein *Idealismus* ist die *Einbildung*, die *Willkür*, die *Laune*, und ein Eunuche schmeichelt nicht niederträchtiger seinem Despoten und sucht durch keine infameren Mittel seine abgestumpfte Genußfähigkeit zu irritieren, um sich selbst eine Gunst zu erschleichen, wie der Industrieeunuche, der Produzent, um sich Silberpfennige zu erschleichen, aus der Tasche des christlich geliebten Nachbarn die Goldvögel herauszulocken – (jedes Produkt ist ein Köder, womit man das Wesen des andern, sein Geld, an sich locken will, jedes wirkliche oder mögliche Bedürfnis ist eine Schwachheit, die die Fliege an die Leimstange heranführen wird – allgemeine Ausbeutung des gemeinschaftlichen menschlichen Wesens, wie jede Unvollkommenheit des Menschen ein Band mit dem Himmel ist, eine Seite, wo sein Herz dem Priester zugänglich; jede Not ist eine Gelegenheit, um unter dem liebenswürdigsten Schein zum Nachbarn zu treten und ihm zu sagen: Lieber Freund, ich gebe dir, was dir nötig ist, aber du kennst die conditio sine qua non; du weißt, mit welcher Tinte du dich mir zu verschreiben hast; ich prelle dich, indem ich dir einen Genuß verschaffe) –, sich seinen verworfensten Einfällen fügt, den Kuppler zwischen ihm und seinem Bedürfnis spielt, krankhafte Gelüste in ihm erregt, jede Schwachheit ihm ablauert, um dann das Handgeld für diesen Liebesdienst zu verlangen.« (MEGA I,3, S. 127 = MEW Erg. I, S. 546-548) Der Mensch, der auf diese Weise seinen entfremdeten Bedürfnissen unterworfen ist, ist »ein ebenso *geistig* wie körperlich *entmenschtes* Wesen ... die *selbstbewußte* und *selbsttätige* Ware« (MEGA I,3, S. 98 = MEW Erg. I, S. 524). Dieser Waren-Mensch kennt nur eine Art, sich selbst zur äußeren Welt in Beziehung zu setzen: indem er sie hat und indem er sie konsumiert (gebraucht). Je entfremdeter er ist, desto mehr begründet der Sinn des Habens und Benützens seine Beziehung zur Welt. »Je weniger du *bist*, je weniger du dein Leben äußerst, um so mehr *hast* du, um so größer ist dein *entäußertes* Leben, um so mehr speicherst du auf von deinem entfremdeten Wesen.« (MEGA I,3, S. 130 = MEW Erg. I, S. 549.)

Nur eine Korrektur hat die Geschichte an Marx' Vorstellung der Entfremdung vorgenommen: Marx glaubte, daß die Arbeiterklasse die am meisten entfremdete Klasse sei, daß daher die Befreiung von der Entfremdung notwendig mit der Befreiung der Arbeiterklasse beginnen würde. Marx sah nicht das Ausmaß voraus, in dem die Entfremdung zum Schicksal der großen Mehrzahl der Menschen werden sollte, insbesondere ahnte er nichts von dem immer größer werdenden Teil der Bevölkerung, der Symbole und Menschen statt Maschinen manipuliert. Wenn irgendwer, dann sind der Angestellte, der Vertreter, der Manager heutzutage sogar noch entfremdeter als der Facharbeiter. Das Wirken des letzteren ist noch abhängig vom Ausdruck gewisser persönlicher Eigenschaften wie Geschicklichkeit, Zuverlässigkeit usw. und er ist nicht gezwungen, seine »Persönlichkeit«, sein Lächeln, seine Meinungen im Vertrag mit zu verkaufen; die Leute, die Symbole manipulieren, werden hingegen nicht nur wegen ihrer Geschicklichkeit gemietet, sondern wegen all dieser persönlichen Eigenschaften, die sie zu »attraktiven Persönlichkeitstypen« machen, die leicht zu behandeln und zu manipulieren sind. Sie sind die wahren »Organisationsmenschen« – viel mehr als die Facharbeiter –, und ihr Ideal ist ihr Betrieb. Was jedoch den Konsum angeht, gibt es keinen Unterschied zwischen den Handarbeitern und den Angehörigen der Bürokratie. Sie sind alle nur von seiner Sehnsucht beherrscht: nach immer neuen Dingen, sie zu besitzen und zu benützen. Sie sind die passiven Empfänger, die Konsumenten, geschwächt und gefesselt von eben jenen Dingen, die ihre künstlichen Bedürfnisse befriedigen. Sie stehen in keiner produktiven Beziehung zur Welt, ergreifen sie nicht in ihrer vollen Wirklichkeit, ein Prozeß in dem sie mit ihr eins würden; sie beten vielmehr Dinge an und die Maschinen, die Dinge produzieren – und in dieser entfremdeten Welt fühlen sie sich verlassen und als Fremde. Obgleich Marx die Rolle der Bürokratie unterschätzt hat, könnte seine allgemeine Charakterisierung trotzdem heute geschrieben worden sein: »Die Produktion produziert den Menschen nicht nur als eine *Ware*, die *Menschenware*, den Menschen in der Bestimmung der *Ware*, sie produziert ihn, dieser Bestimmung entsprechend, als ein ebenso *geistig* wie körperlich *entmenschtes* Wesen – Immoralität, Mißgeburt, Hebeismus der Arbeiter und der Kapitalisten. Ihr Produkt ist die *selbstbewußte* und *selbsttätige Ware* . . . die *Menschenware.*« (MEGA I,3, S. 98 = MEW Erg. I, S. 524.)

Bis zu welchem Ausmaß die von uns selbst gemachten Dinge und Umstände zu unseren eignen Herren würden, konnte Marx schwerlich voraussehen; jedoch kann nichts die Wahrheit seiner Prophezeiungen deutlicher beweisen als die Tatsache, daß die ganze menschliche Rasse heute der Gefangene der Kernwaffen ist, die sie selbst hervorgebracht hat, und der Gefangene politischer Institutionen, die ebenso ihre Schöpfung sind. Eine eingeschüchterte Menschheit wartet heute ängstlich darauf, ob sie vor der Macht der Dinge, die sie hervorgebracht hat, und vor dem blinden Handeln der von ihr ernannten Bürokratien gerettet wird.

6 Der Marxsche Sozialismus

Marx' Vorstellung des Sozialismus folgt aus seinem Menschenbild. Es ist wohl inzwischen genügend klargestellt worden, daß entsprechend dieser Vorstellung der Sozialismus *nicht* eine Gesellschaft reglementierter, automatisierter Individuen ist. Eine solche Gesellschaft wäre auch dann nicht sozialistisch, wenn die Menschen alle das gleiche Einkommen hätten und gut ernährt und gut angezogen wären. Der Sozialismus stellt keine Gesellschaft dar, in der das Individuum dem Staat, der Maschine, der Bürokratie unterworfen ist. Selbst wenn der Staat als »abstrakter Kapitalist« der Arbeitgeber wäre, selbst wenn »das gesamte gesellschaftliche Kapital vereinigt wäre in der Hand, sei es eines einzelnen Kapitalisten, sei es einer einzigen Kapitalgesellschaft« (MEW 23, S. 656), dann wäre das kein Sozialismus. Tatsächlich sagt Marx ganz klar in den *Ökonomisch-philosophischen Manuskripten*, daß der Kommunismus als solcher nicht das Ziel der menschlichen Entwicklung sei. Was aber ist dann das Ziel?

Ganz klar ist das Ziel des Sozialismus der *Mensch*. Er soll eine Produktionsweise und eine Organisation der Gesellschaft schaffen, in der der Mensch die Entfremdung von seinem Produkt, seiner Arbeit, seinem Mitmenschen, sich selbst und der Natur überwinden kann, in der er zu sich selbst zurückfinden und die Welt mit seinen eigenen Kräften ergreifen kann, um auf diese Weise mit ihr eins zu werden. Der Sozialismus war für Marx, wie etwa Paul Tillich formulierte, »eine Widerstandsbewegung gegen die Zerstörung der Liebe in der gesellschaftlichen Wirklichkeit«. (P. Tillich, 1952, S. 6.)

Mit großer Deutlichkeit hat Marx das Ziel des Sozialismus am Ende des dritten Bandes des *Kapital* ausgedrückt: »Das Reich der Freiheit beginnt in der Tat erst da, wo das Arbeiten, das durch Not und äußere Zweckmäßigkeit bestimmt ist, aufhört; es liegt also der Natur der Sache nach jenseits der Sphäre der eigentlichen materiellen Produktion. Wie der Wilde mit der Natur ringen muß, um seine Bedürfnisse zu befriedigen, um sein Leben zu erhalten und zu reproduzieren, so muß es der Zivilisierte, und er muß es in allen Gesellschaftsformen und unter allen möglichen Produktionsweisen. Mit seiner Entwicklung erweitert sich dies Reich der Naturnotwendigkeit, weil die Bedürfnisse; aber zugleich erweitern sich die Produktivkräfte, die diese befriedigen. Die Freiheit in diesem Gebiet kann nur darin bestehen, daß der *vergesellschaftete Mensch, die assoziierten Produzenten, diesen ihren Stoffwechsel mit der Natur rationell regeln, unter ihre gemeinschaftliche Kontrolle bringen, statt von ihm als von einer blinden Macht beherrscht zu werden;* ihn mit dem geringsten Kraftaufwand und unter den ihrer menschlichen Natur würdigsten und adäquatesten Bedingungen vollziehen. *Aber es bleibt dies immer ein Reich der Notwendigkeit.* Jenseits desselben beginnt die menschliche Kraftentwicklung, die sich als Selbstzweck gilt, das wahre Reich der Freiheit, das aber nur auf jenem Reich der Notwendigkeit als seiner Basis aufblühen kann.« (MEW 25, S. 828. – Hervorhebung E. F.)

Marx drückt hier alle wesentlichen Elemente des Sozialismus aus. Erstens, daß der Mensch in assoziierter, nicht in Wettbewerbsform produziert, was bedeutet, daß er die Produktion unter seine Kontrolle bringt, anstatt von ihr als einer blinden Macht beherrscht zu werden. Dies schließt ganz eindeutig die Vorstellung eines Sozialismus aus, in dem der Mensch von einer Bürokratie manipuliert wird, selbst wenn diese Bürokratie die ganze staatliche Wirtschaft beherrscht statt nur einen großen Industriebetrieb. Es bedeutet, daß der einzelne aktiv an der Planung und Ausführung der Pläne teilhat; es bedeutet, kurz gesagt, die Verwirklichung der politischen und wirtschaftlichen Demokratie. Marx erwartet, daß durch diese neue, nichtentfremdete Gesellschaft der Mensch unabhängig würde, auf seinen eigenen Füßen stünde und nicht länger durch die entfremdeten Formen der Produktion und des Verbrauchs verkrüppelt würde; daß er wahrhaftig der Herr und Schöpfer seines Lebens würde und daher beginnen könnte, das *Leben* zu seiner Hauptbeschäftigung zu machen anstelle der Produktion von *Mitteln* für das Leben. Sozialismus als solcher bedeutete für Marx nie die Erfüllung des Lebens, sondern war vielmehr die *Bedingung* einer solchen Erfüllung. Wenn der Mensch eine rationale, nicht-entfremdete Form der Gesellschaft aufgebaut hat, dann wird er die Chance haben, mit dem zu beginnen, was das Ziel des Lebens ist: »die menschliche Kraftentwicklung, die sich als Selbstzweck gilt, das wahre Reich der Freiheit« (a. a. O.). Marx, der Mann, der jedes Jahr alle Werke von Äschylos und Shakespeare las, der in seinem Inneren die größten Werke des menschlichen Denkens lebendig machte, wäre nie im Traum darauf verfallen, daß seine Idee des Sozialismus einmal so gedeutet würde, als ob sie den wohlgenährten, wohlgekleideten »Arbeiter«-oder»Wohlfahrts«-Staat zum Ziele habe. Der Mensch hat nach Ansicht von Marx im Lauf der Geschichte eine Kultur hervorgebracht, die sich anzueignen er die Freiheit haben wird, wenn er erst von den Fesseln, nicht nur der ökonomischen Armut, sondern auch der geistigen Verarmung, die durch die Entfremdung verursacht ist, befreit ist. Marx' Vision ruht in seinem Glauben an den Menschen, an die ihm innewohnenden und wirklichen Möglichkeiten, die sich in der Geschichte entwickelt haben. Er betrachtete den Sozialismus als die *Bedingung* der menschlichen Freiheit und Schöpferkraft, nicht als das Ziel des Lebens selbst.

Für Marx ist der Sozialismus (oder Kommunismus) weder eine Flucht oder Abstraktion von der wirklichen Welt, die die Menschen durch die Vergegenständlichung ihrer Fähigkeiten geschaffen haben, noch ist er ihr Verlust. Er ist nicht eine verarmte Rückkehr zu unnatürlicher, primitiver Einfachheit. Er ist vielmehr das erste, wirkliche Sichtbarwerden, die echte Aktualisierung der menschlichen Natur als etwas Wirklichem. Sozialismus ist für Marx eine Gesellschaft, die die Verwirklichung des menschlichen Wesens durch Überwindung seiner Entfremdung gestattet. Er ist nicht weniger als die Schaffung der Bedingungen für den wahrhaft freien, vernünftigen, tätigen und unabhängigen Menschen; er ist die Erfüllung des prophetischen Ziels: der Vernichtung der Götzenbilder.

Daß Marx als ein Feind der Freiheit angesehen werden konnte, wurde nur durch den phantastischen Betrug Stalins ermöglicht, der vorgab, im Namen von Marx zu sprechen, verbunden mit der ebenso phantastischen Unkenntnis über Marx, die in der westlichen Welt herrscht. Für Marx war die Freiheit das Ziel des Sozialismus, aber Freiheit in einem viel radikaleren Sinn, als dies sich die bestehende Demokratie vorstellt – Freiheit im Sinn der Unabhängigkeit, die darauf beruht, daß der Mensch auf seinen eigenen Füßen steht, seine eigenen Kräfte nützt und sich selbst zur Welt produktiv in Beziehung setzt. Nach Marx ist die Freiheit so sehr das Wesen des Menschen, daß sie sich selbst in ihren Feinden verwirklicht. Kein Mensch kämpft gegen die Freiheit, sondern höchstens gegen die Freiheit der anderen. Jegliche Art von Freiheit gab es daher immer, nur zu einer Zeit als ein besonderes Privileg, und zu anderer Zeit als ein universales Recht. (Vgl. das Marx-Zitat in R. Dunayevskaya, 1958, S. 19.)

Der Sozialismus ist für Marx eine Gesellschaft, die den menschlichen Bedürfnissen dient. Aber, so werden viele einwenden, tut dies nicht gerade der moderne Kapitalismus? Sind nicht unsere großen Wirtschaftsverbände höchst begierig, den Bedürfnissen des Menschen zu dienen? Und sind nicht die großen Reklamegesellschaften Spähtrupps, die mit großen Anstrengungen, Statistiken und »Motivanalysen« herauszufinden versuchen, welches die menschlichen Bedürfnisse sind? Tatsächlich kann man die Konzeption des Sozialismus nur verstehen, wenn man sich Marx' Unterscheidung zwischen den *wahren* Bedürfnissen des Menschen und den synthetischen, *künstlich* hervorgerufenen Bedürfnissen klarmacht.

Wie aus dem ganzen Begriff des Menschen folgt, wurzeln seine *wirklichen Bedürfnisse* in seiner Natur; diese Unterscheidung zwischen den wirklichen und den falschen Bedürfnissen ist nur auf der Basis eines Bildes von der Menschennatur und den wahren menschlichen Bedürfnissen, die in dieser Natur wurzeln, möglich. Die wahren Bedürfnisse des Menschen sind jene, deren Befriedigung notwendig ist, wenn der Mensch sich als menschliches Wesen verwirklichen will. Oder wie Marx sagt: »Was ich wahrhaft liebe, dessen Existenz empfinde ich als eine notwendige, als eine, deren ich bedürftig bin, ohne die mein Wesen nicht erfülltes, nicht befriedigtes, nicht vollständiges Dasein haben kann.« (MEGA I,1, 1. Halbband, S. 184 = MEW 1, S. 33.) Nur auf der Grundlage eines besonderen Begriffs der menschlichen Natur kann Marx die Unterscheidung zwischen den wahren und falschen Bedürfnissen des Menschen treffen. Ganz subjektiv werden die falschen Bedürfnisse als ebenso dringend und wirklich erfahren wie die wahren Bedürfnisse, und von einem rein subjektiven Standpunkt aus gibt es kein Kriterium für diese Unterscheidung. (In moderner Terminologie könnte man zwischen neurotischen und rationalen [gesunden] Bedürfnissen unterscheiden. (Vgl. E. Fromm, 1947a.) Häufig ist sich der Mensch nur seiner falschen Bedürfnisse bewußt und unbewußt seiner wirklichen. Die Aufgabe des Gesellschaftsanalytikers ist es gerade, den Menschen aufzuwecken, so daß er der illusorischen falschen Bedürfnisse und der Realität seiner wirklichen Bedürfnisse gewahr wird. Das wichtigste Ziel des Sozialismus ist für Marx die Erkenntnis und die Verwirklichung der wahren menschlichen Bedürfnisse, was nur möglich sein wird, wenn die Produktion dem Menschen dient und das Kapital aufhört, die falschen Bedürfnisse des Menschen hervorzubringen und auszubeuten.

Die Marxsche Auffassung vom Sozialismus ist, wie alle existentialistische Philosophie, ein Protest gegen die Entfremdung des Menschen. Wenn, wie Aldous Huxley (1946, S. 109; dt. S. 135) sagt, »unsere gegenwärtigen Einrichtungen auf wirtschaftlichem, sozialem und internationalem Gebiet . . . in weitem Maße auf einer organisierten Lieblosigkeit« basieren, dann ist der Sozialismus von Marx ein Protest gegen eben diese Lieblosigkeit, gegen die Ausbeutung des Menschen durch den Menschen, und gegen seine ausbeuterische Haltung gegenüber der Natur, die Vergeudung unserer natürlichen Reichtümer auf Kosten der Mehrzahl der heutigen Menschen und, mehr noch, der künftigen Generationen. Der nichtentfremdete Mensch, der, wie wir zeigten, das Ziel des Sozialismus ist, ist der Mensch, der nicht die Natur »beherrscht«, sondern der eins mit ihr wird, der den Gegenständen gegenüber lebendig und empfänglich ist, so daß die Gegenstände für ihn lebendig werden.

Bedeutet all dies nicht, daß Marx' Sozialismus die Verwirklichung der tiefsten religiösen Impulse ist, die allen großen humanistischen Religionen der Vergangenheit gemein sind? Tatsächlich ist dies der Fall, die Einsicht vorausgesetzt, daß Marx, wie Hegel und wie viele andere, seine Sorge um die menschliche Seele nicht in theistischer, sondern in philosophischer Sprache ausdrückt.

Marx kämpfte eben deshalb gegen die Religion, weil sie entfremdet ist und nicht die wahren Bedürfnisse des Menschen befriedigt.

Marx' Kampf gegen Gott ist in Wahrheit ein Kampf gegen den Götzen, genannt Gott. Schon als junger Mann schrieb er als das Motto seiner Dissertation: »Nicht die sind gottlos, die die Götter der Masse verachten, sondern diejenigen, die die Meinung der Masse den Göttern zuschreiben.« (Vgl. MEW Erg. I.) Der Atheismus von Marx ist die fortschrittlichste Form einer rationalen Mystik. Marx steht Meister Eckhart oder dem Zen-Buddhismus näher als die meisten anderen Kämpfer für Gott und Religion, die ihn der »Gottlosigkeit« anklagen.

Es ist kaum möglich, über Marx' Stellung zur Religion zu sprechen, ohne die Verbindung zwischen seinem Sozialismus und seiner Geschichtsphilosophie einerseits und der messianischen Hoffnungen der alttestamentlichen Propheten und den geistigen Wurzeln des Humanismus im griechischen und römischen Denken andererseits zu erwähnen. In der Tat ist die messianische Hoffnung ein einzigartiger Zug des abendländischen Denkens. Die Propheten des Alten Testaments sind nicht nur, wie Lao-tse oder Buddha, *geistige* Führer, sondern auch *politische*. Sie zeigen dem Menschen eine Vision, wie er sein sollte, und konfrontieren ihn mit den Alternativen, zwischen denen er wählen muß. Die meisten der Propheten des Alten Testaments teilen die Idee, daß die Geschichte eine Bedeutung hat, daß der Mensch sich im Laufe des Geschichtsprozesses vervollkommne und daß er schließlich eine soziale Ordnung des Friedens und der Gerechtigkeit hervorbringt. Frieden und Gerechtigkeit bedeuten für die Propheten jedoch nicht die Abwesenheit von Krieg und die Abwesenheit von Ungerechtigkeit. Frieden und Gerechtigkeit sind Vorstellungen des alttestamentlichen Menschenbildes, dem zufolge der Mensch, ehe er das Bewußtsein seiner selbst erlangt hat, das heißt ehe er menschlich geworden ist, in Einheit mit der Natur lebt (Adam und Eva im Paradies). Der erste Akt der Freiheit, die die Fähigkeit ist, »nein« zu sagen, öffnet ihm die Augen, und er sieht sich als einen Fremden in der Welt, bedrängt von Konflikten mit der Natur, von Konflikten zwischen Mensch und Mensch und zwischen Mann und Frau. Der Geschichtsprozeß ist der Prozeß, durch den der Mensch seine spezifisch menschlichen Eigenschaften entwickelt, seine Kräfte der Liebe und des Verstehens; und wenn er einmal sein volles Menschsein erreicht hat, kann er zu der verlorenen Einheit mit sich und der Welt zurückkehren. Diese neue Einheit ist jedoch von der vorbewußten, die bestanden hatte, ehe die Geschichte begann, verschieden. Es ist das Einswerden des Menschen mit sich selbst, mit der Natur und mit seinem Mitmenschen, die auf der Tatsache beruht, daß der Mensch sich selbst im Geschichtsprozeß geboren hat. Im Denken des Alten Testaments enthüllt sich Gott in der Geschichte (»der Gott Abrahams, der Gott Isaaks, der Gott Jakobs«), und innerhalb der *Geschichte*, nicht in einem Zustand, der die Geschichte *transzendiert*, liegt das Heil des Menschen. Dies bedeutet, daß die geistigen Ziele des Menschen mit der Verwandlung der Gesellschaft untrennbar verbunden sind; die Politik ist grundsätzlich vom Reich der moralischen Werte und von der menschlichen Selbstverwirklichung untrennbar.

Verwandte Gedanken entstanden im griechischen (hellenistischen) und römischen Denken. Von Zeno, dem Begründer der stoischen Philosophie, bis zu Seneca und Cicero übten die Vorstellungen des Naturrechts und der Gleichheit der Menschen einen mächtigen Einfluß auf die Zeit aus und sind, zusammen mit der prophetischen Tradition, die Grundlagen des christlichen Denkens.

Obgleich das Christentum, besonders seit Paulus, dazu neigte, den historischen Heilsgedanken in den »der anderen Welt«, also einen rein geistigen zu verwandeln, und obgleich die Kirche der Ersatz für die »gerechte Gesellschaft« wurde, so war diese Verwandlung doch keineswegs vollständig. Die frühen Kirchenväter äußern eine sehr radikale Kritik am bestehenden Staat; das christliche Denken des späten Mittelalters kritisiert die weltliche Autorität und den Staat vom Standpunkt des göttlichen *und* des Naturrechts aus. Dieser Standpunkt betont, daß die Gesellschaft und der Staat nicht von geistigen Werten getrennt werden dürfen, die in der Offenbarung und der Vernunft wurzeln (*intellectus* in der scholastischen Bedeutung des Worts). Darüber hinaus finden wir die messianische Idee sogar in noch radikaleren Formen in den christlichen Sekten vor der Reformation, und in dem Denken vieler christlicher Gruppen nach der Reformation, bis zu den Quäkern in unserer Zeit.

Die Hauptströmung des messianischen Denkens nach der Reformation jedoch drückte sich nicht mehr in religiösen, sondern in philosophischen, historischen und sozialen Vorstellungen aus. Indirekt ausgedrückt findet es sich in den großen Utopien der Renaissance, bei denen die neue Welt nicht in einer fernen Zukunft, sondern an einem fernen Ort liegt. Es drückt sich aus in den Philosophen der Aufklärung und im Denken der französischen und englischen Revolution. Seine letzte und vollkommenste Form fand es in Marx' Begriff des Sozialismus. Welchen direkten Einfluß das alttestamentliche Denken auch auf ihn, durch Sozialisten wie Moses Hess, gehabt haben mag, es besteht kein Zweifel, daß ihn die prophetische messianische Tradition indirekt durch die Gedanken der Aufklärungsphilosophen und besonders durch die von Spinoza, Goethe und Hegel stammenden Gedankengänge beeinflußt hat. Dem prophetischen christlichen Denken des dreizehnten Jahrhunderts, der Aufklärung des achtzehnten Jahrhunderts (vgl. C. L. Becker, 1932; A. Passerin d'Entrèves, 1939; H. Baron, 1936; H. Laski, 1936) und dem Sozialismus des neunzehnten Jahrhunderts ist der Gedanke gemeinsam, daß der Staat (die Gesellschaft) und die geistigen Werte nicht voneinander getrennt werden können: Politik und moralische Werte sind untrennbar. Diese Idee wurde von den weltlichen Entwürfen der Renaissance (Machiavelli) und wiederum vom Säkularismus des modernen Staats angegriffen. Es scheint so, als ob der Mensch des Westens, wenn immer er unter den Einfluß gigantischer materieller Eroberungen geriet, sich schrankenlos den neuen Kräften, die er erlangt hatte, hingab und, trunken von seiner neuen Macht, *sich selbst* vergaß. Die Elite dieser Gesellschaften war besessen vom Wunsch nach Macht, Luxus und Menschenmanipulation, und die Massen folgten ihnen. So war es in der Renaissance mit ihren neuen Wissenschaften, den Entdeckungsreisen, den blühenden Stadtstaaten Norditaliens; so war es wieder bei der explosiven Entwicklung der ersten und der gegenwärtigen zweiten industriellen Revolution.

Diese Entwicklung aber wurde kompliziert durch die Gegenwart eines anderen Faktors. Wenn der Staat oder die Gesellschaft dazu bestimmt sind, der Verwirklichung gewisser geistiger Werte zu dienen, besteht die Gefahr, daß eine oberste Autorität dem Menschen befieht – und ihn zu einem bestimmten Denken und Verhalten zwingt. Die Verkörperung bestimmter objektiv gültiger Werte im sozialen Leben tendiert dazu, autoritäre Formen und Verfassungen hervorzubringen. Die geistige Autorität des Mittelalters war die katholische Kirche, gegen die der Protestantismus kämpfte, indem er zuerst größere Freiheit für das Individuum versprach, nur um dann den fürstlichen Staat zum unangefochtenen und willkürlichen Herrscher über und Seele des Menschen zu machen. Die Rebellion gegen die fürstliche Autorität wiederum vollzog sich im Namen der Nation, und eine Zeitlang sah es so aus, als würde der Nationalstaat die Freiheit repräsentieren. Bald aber widmete sich der Nationalstaat mit aller Intensität dem Schutz der materiellen Interessen der Kapitalbesitzer, was eine Ausbeutung der Mehrheit der Bevölkerung zur Folge hatte. Bestimmte Gesellschaftsklassen protestierten gegen diese neue Form autoritäter Herrschaft und bestanden auf der Freiheit des einzelnen gegenüber der Einmischung der weltlichen Autorität. Diese Forderung des Liberalismus, die dazu neigte, die »Freiheit von« zu schützen, führte andererseits zu dem Verlangen, daß Staat und Gesellschaft nicht versuchen dürften, die »Freiheit zu etwas« zu verwirklichen, das heißt der Liberalismus mußte nicht nur auf der Trennung von Staat und Kirche bestehen, er mußte ebenso leugnen, daß es die Aufgabe des Staates sei, bei der Verwirklichung bestimmter geistiger und moralischer Werte zu helfen; diese Werte, so nahm man an, waren ganz und gar eine Sache des einzelnen.

Der Sozialismus (in seiner marxistischen und in anderen Formen) kehrte vollständig zu dem Gedanken der »guten Gesellschaft« als der Voraussetzung der Verwirklichung der geistigen Bedürfnisse des Menschen zurück. Er war, sowohl was den Staat als auch was die Kirche anbelangt, anti-autoritär, daher zielte er auf das schließliche Verschwinden des Staates und auf die Errichtung einer Gesellschaft, die aus freiwillig zusammenarbeitenden Individuen bestehen sollte. Sein Ziel war der Umbau der Gesellschaft in der Art, daß sie zur Grundlage der wahren Rückkehr des Menschen zu sich selbst würde, in ihr sollte es keine autoritären Kräfte geben, die den menschlichen Geist beschränkten und verarmen ließen.

So sind also die marxistische und andere Formen des Sozialismus die Erben des prophetischen Messianismus, des christlich-chiliastischen Sektentums, des Thomismus des dreizehnten Jahrhunderts, des Renaissance-Utopismus und der Aufklärung des achtzehnten Jahrhunderts. (Vgl. hierzu E. Fromm, 1962a.) Er ist die Synthese der prophetisch-christlichen Idee von der Gesellschaft als der Ebene, auf der sich die geistige Verwirklichung des Menschen vollzieht, und der Idee der individuellen Freiheit. Er ist ein Gegner der Kirche, weil sie dem Verstand Beschränkungen auferlegt, und ein Gegner des Liberalismus, weil dieser Gesellschaft und moralische Werte trennt. Er ist auch ein Gegner des Stalinismus und des Chruschtschowismus sowohl wegen ihrer autoritären Struktur als auch wegen ihrer Vernachlässigung menschlicher Werte.

Sozialismus* ist die Aufhebung der menschlichen Selbstentfremdung, die Rückkehr des Menschen zu einem wirklichen menschlichen Wesen. Er »ist die *wahrhafte* Auflösung des Widerstreits zwischen dem Menschen mit der Natur und mit dem Menschen, die wahre Auflösung des Streits zwischen Existenz und Wesen, zwischen Vergegenständlichung und Selbstbetätigung, zwischen Freiheit und Notwendigkeit, zwischen Individuum und Gattung. Er ist das aufgelöste Rätsel der Geschichte und weiß sich als diese Lösung.«[1] Für Marx bedeutete Sozialismus die gesellschaftliche Ordnung, die die Rückkehr des Menschen zu sich selbst gestattet, die Identität zwischen Existenz und Wesen, die Überwindung der Getrenntheit und des Antagonismus zwischen Subjekt und Objekt, die Vermenschlichung der Natur; er bedeutete eine Welt, in der der Mensch nicht mehr ein Fremder unter Fremden, sondern in seiner Welt, wo er zu Hause ist.

7 Die Kontinuität des Marxschen Denkens

Unsere Darstellung von Marx' Begriff der menschlichen Natur, der Entfremdung, Tätigkeit etc., wären ganz einseitig und, zugegebenermaßen, irreführend, wenn diejenigen recht hätten, die behaupten, daß die in den *Ökonomisch-philosophischen Manuskripten* enthaltenen Ideen des »jungen Marx« vom älteren und reifen Marx als die Reste einer idealistischen, mit Hegels Schule verbundenen Vergangenheit, aufgegeben worden seien. Wenn diese Behauptung richtig wäre, so könnte man dennoch den jungen Marx dem alten vorziehen und sich bemühen, den Sozialismus lieber mit dem ersteren als dem letzteren in Verbindung zu bringen. Glücklicherweise ist es jedoch nicht nötig, Marx in zwei Teile aufzuspalten. Tatsächlich erfuhren die grundlegenden anthropologischen Vorstellungen von Marx, wie er sie in den *Ökonomisch-philosophischen Manuskripten* ausdrückte, und die im *Kapital* formulierten Gedanken des älteren Marx keinen grundsätzlichen Wandel. Marx widerrief also nicht seine frühere Position, wie die Verfechter der oben erwähnten These behaupten.

Zunächst muß man die Frage stellen, wer denn diejenigen sind,

1 MEGA I,3, S. 114 = MEW Erg. I, S. 536. – Der Gedanke der Verbindung zwischen messianischem Prophetismus und Marx' Sozialismus ist von verschiedenen Autoren betont worden. Vgl. etwa K. Löwith, 1953; P. Tillich, 1952 und 1953; G. Lukács, 1923, der Marx einen eschatologischen Denker nennt; sowie die Darstellungen von Alfred Weber, J. A. Schumpeter und anderer Autoren, die in I. Fetscher, 1954 ff. zitiert werden.

die behaupten im »jungen« und im »alten Marx« unvereinbare Gegensätze in den Anschauungen über den Menschen entdeckt zu haben. Diese Ansicht wird hauptsächlich von den russischen Kommunisten vertreten; sie können auch schwerlich etwas anderes tun, da sowohl ihr Denken wie auch ihr politisches und soziales System in jeder Beziehung im Widerspruch zu Marx' Humanismus steht. In ihrem System ist der Mensch der Diener des Staates und der Produktion und nicht das höchste Ziel aller gesellschaftlichen Ordnung. Das Ziel von Marx, die Entwicklung der Individualität der menschlichen Persönlichkeit, wird im Sowjetsystem sogar in noch größerem Maß negiert als im gegenwärtigen Kapitalismus. Der Materialismus der Kommunisten steht dem mechanistischen Materialismus der Bourgeoisie des neunzehnten Jahrhunderts, gegen den Marx kämpfte, viel näher als Marx' historischem Materialismus.

Die Kommunistische Partei der Sowjetunion drückte diese Ansicht zuerst aus, als sie Georg Lukács, der als erster Marx' Humanismus neu belebte, zu einem »Bekenntnis« seiner Irrtümer zwang, als er 1934 vor den Nationalsozialisten nach Rußland geflohen war. Ähnlich mußte Ernst Bloch, der in seinem glänzenden Buch *Das Prinzip Hoffnung* (1959) den Marxschen Humanismus betont, scharfe Angriffe von kommunistischen Parteischreibern einstecken trotz der Tatsache, daß in seinem Buch eine Reihe lobender Bemerkungen über den sowjetischen Kommunismus stehen. Außer den kommunistischen Schriftstellern hat auch Daniel Bell kürzlich die gleiche Position eingenommen, indem er sagt, daß die auf den *Ökonomisch-philosophischen Manuskripten* basierende Ansicht über Marx' Humanismus »nicht der historische Marx ist«. »Obgleich einem eine solche Betrachtungsweise sympathisch sein mag«, sagt Bell, »so bedeutet es nur eine weitere Mythenbildung, wenn man diese Auffassung als Marx' Zentralthema deutet.« (D. Bell, 1959.)

Es ist allerdings richtig, daß die klassischen Marxinterpreten, ob sie Reformisten, wie Bernstein, oder orthodoxe Marxisten, wie Kautsky, Plechanow, Lenin oder Bucharin, waren, Marx nicht als einen interpretierten, dessen Denken um den humanistischen Existentialismus zentriert ist. Zwei Tatsachen vor allem erklären dieses Phänomen. Erstens die Tatsache, daß die *Ökonomisch-philosophischen Manuskripte* erst 1932 publiziert wurden und bis dahin selbst in der Manuskriptform unbekannt waren; weiter die Tatsache, daß die *Deutsche Ideologie* erst 1932 ungekürzt erschien, wobei die erste, gekürzte, Publikation auch erst 1926 herausgebracht wurde. (D. Rjazanov, 1928) Natürlich trug dies eine Menge zu der entstellten und einseitigen Interpretation der Marxschen Gedanken durch die oben genannten Schriftsteller bei. Der Umstand aber, daß diese Marxschriften bis zu den frühen zwanziger bzw. dreißiger Jahren mehr oder weniger unbekannt waren, ist in keiner Weise eine ausreichende Erklärung für die Vernachlässigung des marxistischen Humanismus in der »klassischen« Interpretation, da *Das Kapital* und andere veröffentlichte Schriften von Marx, wie zum Beispiel die *Kritik der Hegelschen Rechtsphilosophie* (1844 publiziert) genügend Grundlage geboten hätten, sich Marx' Humanismus zu vergegenwärtigen. Eine einleuchtendere Erklärung liegt darin, daß das philosophische Denken in der Zeit vor Marx' Tod bis zu den zwanziger Jahren von positivistisch-mechanistischen Gedankengängen beherrscht war, die Denker wie Lenin und Bucharin beeinflußten. Ebenso darf man nicht vergessen, daß, wie Marx selbst, die klassischen Marxisten allergisch gegen Begriffe waren, die nach Idealismus und Religion schmeckten, weil sie sich klar genug darüber waren, daß diese Begriffe weithin dazu benützt wurden, die grundlegende ökonomische und gesellschaftliche Realität zu verschleiern.

Marx' Abneigung gegen die idealistische *Terminologie* ist um so verständlicher, als er in der spirituellen, wenngleich nicht-theistischen Tradition tief verwurzelt war, einer Tradition, die sich nicht nur von Spinoza und Goethe zu Hegel erstreckt, sondern die auch auf den prophetischen Messianismus zurückgeht. Solche Ideen waren sehr deutlich in Sozialisten wie Saint-Simon und Moses Hess lebendig, und sie bildeten sicherlich einen großen Teil des sozialistischen Denkens des neunzehnten Jahrhunderts und selbst des Denkens der führenden Sozialisten bis hin zum Ersten Weltkrieg (so wie etwa Jean Jaurès).

Die humanistische Geistestradition, in der Marx noch lebte und die beinahe von dem mechanistisch-materialistischen Geist des erfolgreichen Industrialismus ertränkt wurde, belebte sich, wenn auch nur in begrenztem Umfang bei einzelnen Denkern am Ende des Ersten Weltkrieges und in größerem Maß während und nach dem Zweiten Weltkrieg von neuem. Die Dehumanisierung des Menschen, wie sie in den Greueln des stalinistischen und des Hitlerregimes, in der Brutalität des blinden Mordens während des Krieges offenbar wurde, und ebenso die wachsende Entmenschlichung, die der neue anschaffungswütige Konsum- und Organisationsmensch bewerkstelligt hat, führten zu dieser neuen Betonung humanistischer Ideen. Mit anderen Worten, der von Marx, Kierkegaard und Nietzsche ausgedrückte Protest gegen die Entfremdung, der dann angesichts des augenscheinlichen Erfolgs des kapitalistischen Industrialismus verstummte, erhob nach dem menschlichen Bankrott des herrschenden Systems wieder seine Stimme und führte zu einer Neubewertung von Marx, die sich auf den *ganzen* Marx und seine humanistische Philosophie gründet. Ich habe schon die kommunistischen Schriftsteller erwähnt, die sich bei diesem humanistischen Revisionismus hervorgetan haben. Ich sollte hier ebenso die jugoslawischen Kommunisten nennen, die, obgleich sie meines Wissens nie die philosophische Frage der Entfremdung behandelt haben, nachdrücklich, als ihren Haupteinwand gegen den russischen Kommunismus, auf ihr Interesse am Individuum gegenüber der Staatsmaschinerie hingewiesen und ein System der Dezentralisierung und der individuellen Initiative entwickelt haben, das in radikalem Gegensatz zum russischen Ideal der Zentralisation und totaler Bürokratisierung steht.

In Polen, Ostdeutschland und Ungarn war die politische Opposition gegen die Russen eng mit den Vertretern des humanistischen Sozialismus verbunden. In Frankreich, Westdeutschland und in kleinerem Umfang in England ist eine lebhafte Diskussion über Marx im Gange, die auf einer gründlichen Kenntnis und Einsicht seiner Gedanken basiert. Von der deutschen Literatur erwähne ich nur die weitgehend von protestantischen Theologen geschriebenen Schriften der *Marxismusstudien* (I. Fetscher, 1954 ff.); die französische Literatur ist sogar noch größer und sowohl von Katholiken (vor allem vgl. J. Y. Calvez, 1956) wie von marxistischen und nicht-marxistischen Philosophen geschrieben.[1]

Das Wiedererwachen des marxistischen Humanismus hat in der englischsprechenden Welt an der Tatsache gekrankt, daß die *Ökonomisch-philosophischen Manuskripte* erst kürzlich ins Englische übersetzt wurden. Trotzdem teilen Wissenschaftler wie T. B. Bottomore und andere die Gedanken über den marxistischen Humanismus, wie er von den oben erwähnten Schriftstellern vertreten wird. In den Vereinigten Staaten ist die wichtigste Arbeit, die ein Verständnis des Marxschen Humanismus erschlossen hat, Her-

1 Ich erwähne nur die Arbeiten von H. Lefèbvre, Navill, Goldmann und von A. Kojève, J.-P. Sartre, M. Merleau-Ponty. Vgl. die ausgezeichnete Schrift von I. Fetscher *Der Marxismus im Spiegel der Französischen Philosophie* in Marxismusstudien, Band I (I. Fetscher, 1954).

bert Marcuses *Reason and Revolution* (1941); Raya Dunayevskayas *Marxism and Freedom* mit einem Vorwort von H. Marcuse (1958) ist ebenfalls ein wichtiger Beitrag zum marxistisch-humanistischen Denken.

Der Hinweis auf die Tatsache, daß die russischen Kommunisten gezwungen waren, einen Bruch zwischen dem jungen und dem älteren Marx zu behaupten, und die Aufzählung der Namen gründlicher und ernsthafter Autoren, die diese russische Position anfechten, sind natürlich noch kein Beweis, daß die Russen (und D. Bell) unrecht haben. Der Versuch, die russische Position so vollständig zu widerlegen, wie das wünschenswert wäre, würde die Grenzen dieser Arbeit sprengen. Ich will trotzdem versuchen, dem Leser aufzuzeigen, warum die russische Position unhaltbar ist.

Es gibt einige Tatsachen, die, oberflächlich betrachtet, scheinbar die kommunistische Einstellung unterstützen. In der *Deutschen Ideologie* benützten Marx und Engels nicht mehr die Begriffe »Gattung« und »menschliches Wesen«, die in den *Ökonomisch-philosophischen Manuskripten* verwendet sind. Außerdem sagte Marx später (im Vorwort zur *Kritik der Politischen Ökonomie*, MEW 13, S. 10), daß er und Engels beschlossen, »den Gegensatz unserer Ansicht gegen die ideologische der deutschen Philosophie gemeinschaftlich auszuarbeiten, in der Tat mit unserm ehemaligen philosophischen Gewissen abzurechnen.«[2] Es ist behauptet worden, daß diese »Abrechnung« mit ihrem ehemaligen philosophischen Gewissen bedeute, daß Marx und Engels ihre grundlegenden, in den *Ökonomisch-philosophischen Manuskripten* ausgedrückten Ideen verlassen hätten. Aber selbst ein oberflächliches Studium der *Deutschen Ideologie* enthüllt, daß dies nicht zutrifft. Obwohl die *Deutsche Ideologie* bestimmte Begriffe, wie etwa »menschliches Wesen« usw., nicht benützt, führt sie dennoch den wichtigsten Gedanken der *Ökonomisch-philosophischen Manuskripte*, ganz besonders die Auffassung über die *Entfremdung*, weiter.

In der *Deutschen Ideologie* wird die Entfremdung als Ergebnis der Arbeitsteilung erklärt, mit welcher »zugleich der Widerspruch zwischen dem Interesse des einzelnen Individuums oder der einzel-

---

2 Als äußere Umstände die Veröffentlichung dieser Arbeit (der *Deutschen Ideologie*) unmöglich machten, »überließen wir das Manuskript der nagenden Kritik der Mäuse um so williger, als wir unseren Hauptzweck erreicht hatten – Selbstverständigung«. Aus dem Vorwort *Zur Kritik der politischen Ökonomie* von Karl Marx (MEW 13, S. 10).

nen Familie und dem gemeinschaftlichen Interesse aller Individuen, die miteinander verkehren, gegeben« ist. (MEGA I,5, S. 22 = MEW 3, S. 32 f.) Im gleichen Abschnitt wird, wie in den *Ökonomisch-philosophischen Manuskripten*, der Begriff der Entfremdung mit den folgenden Worten definiert: »die eigne Tat des Menschen [wird] ihm zu einer fremden, gegenüberstehenden Macht, die ihn unterjocht, statt daß er sie beherrscht« (MEGA I,5, S. 22 = MEW 3, S. 33). Auch hier finden wir die Definition der Entfremdung bezogen auf die schon oben zitierten Bedingungen: »Dieses Sichfestsetzen der sozialen Tätigkeit, diese Konsolidation unsres eignen Produkts zu einer sachlichen Gewalt über uns, die unsrer Kontrolle entwächst, unsre Erwartungen durchkreuzt, unsre Berechnungen zunichte macht, ist eines der Hauptmomente in der bisherigen geschichtlichen Entwicklung.« (A. a. O.)[3]

Vierzehn Jahre später benützte Marx in seiner Polemik gegen Adam Smith (1857-58) die gleichen angeblich »idealistischen« Argumente, die er in den *Ökonomisch-philosophischen Manuskripten* gebraucht hatte, indem er nachwies, daß die Notwendigkeit zu arbeiten keineswegs schon in sich eine Beschränkung der Freiheit bildet (vorausgesetzt daß die Arbeit nicht entfremdet ist). Marx sprach von der »Selbstverwirklichung einer Person« und »daher der wahren Freiheit« (vgl. Th. Ramm, 1957). Schließlich ist der gleiche Gedanke, daß nämlich das Ziel der menschlichen Entwicklung die Entfaltung des Menschen sei, die Erschaffung des »reichen« Menschen, der den Widerspruch zwischen sich und der Natur überwunden und die wahre Freiheit erlangt hat, an vielen Stellen des vom reifen und alten Marx geschriebenen *Kapital* ausgedrückt. Wie schon oben zitiert, schrieb Marx im dritten Band des *Kapital*: »Jenseits [des Reichs der Notwendigkeit] *beginnt die menschliche Kraftentwicklung, die sich als Selbstzweck gilt, das wahre Reich der Freiheit, das aber nur auf jenem Reich der Notwendigkeit als seiner Basis aufblühen kann.* Die Verkürzung des Arbeitstags ist die Grundbedingung.« (MEW 25, S. 828. – Hervorhebung E. F.)

In anderen Abschnitten des *Kapital* spricht er davon, daß das »total entwickelte menschliche Individuum« (MEW 23, S. 512), die

3 Es ist bezeichnend, daß Marx Engels' Ausdruck »Selbstbetätigung« in »Tätigkeit« verbesserte, soweit ihn Engels auf die bisherige Geschichte bezog. Dies zeigt, wie wichtig es Marx war, den Begriff »Selbstbetätigung« einer nicht-entfremdeten Gesellschaft vorzubehalten. (Vgl. MEGA I,5, S. 61 = MEW 3, S. 67 f.)

volle Entwicklung der menschlichen Rasse geschaffen werden müsse, er spricht von der Notwendigkeit des Menschen, sich selbst zu entwickeln, und von dem »Teilmenschen« als dem Resultat des Entfremdungsprozesses (MEW 23, S. 674).

Da D. Bell einer der wenigen amerikanischen Autoren ist, die sich für Marx' Entfremdungsbegriff interessieren, möchte ich darlegen, warum seine Stellung, die im Effekt die gleiche ist wie die der russischen Kommunisten, wenn auch aus genau den entgegengesetzten Gründen, unhaltbar ist. Bells Hauptthese ist, daß die Marxinterpretation vom Standpunkt der obenzitierten humanistischen Autoren eine neue Mythologisierung sei. Er behauptet, daß »Marx den Gedanken der Entfremdung, als vom ökonomischen System getrennt, verworfen und dadurch einen Weg versperrt hat, der uns eine breitere, brauchbarere Analyse der Gesellschaft und Persönlichkeit gegeben haben würde als der marxistische Dogmatismus, der die Oberhand gewonnen hat« (D. Bell, 1959).

Dieses Urteil ist ebenso zweideutig wie irrtümlich. Es klingt, als ob Marx in seinen späteren Schriften den Gedanken der Entfremdung in seiner menschlichen Bedeutung verworfen und ihn in eine »rein ökonomische Kategorie«, wie Bell später sagt, verwandelt habe. Marx hat nie den Entfremdungsgedanken in seiner humanen Bedeutung verworfen, aber er hat behauptet, daß er *nicht vom konkreten und wirklichen Lebensprozeß* des entfremdeten Individuums getrennt werden könne. Dies ist etwas ganz anderes, als sich den Strohmann »der alte Marx« auszudenken, der den Begriff der menschlichen Entfremdung des »jungen Marx« verwirft. Bell mußte diesem Irrtum anheimfallen, da er das ganze Klischee der konventionellen Marxinterpretation übernimmt. Er sagt: »Für Marx sind die einzige gesellschaftliche Wirklichkeit nicht der Mensch, auch nicht das Individuum, sondern die ökonomischen *Menschenklassen*. Die Individuen und ihre Motive zählen ihm gleich null. Die einzige Form des Bewußtseins, die in Aktion umgesetzt werden kann – und die Geschichte, Vergangenheit, Gegenwart und Zukunft erklärt –, ist für Marx das Klassenbewußtsein.« (A. a. O.) In dem Bemühen, zu zeigen, daß Marx nicht am Individuum, sondern nur an der Masse interessiert war (ebenso wie er sich angeblich nicht für menschliche, sondern nur noch für ökonomische Faktoren interessierte), sieht Bell nicht – oder erwähnt es nicht – daß Marx den Kapitalismus eben deswegen kritisierte, weil er die individuelle Persönlichkeit zerstört. (Aus dem gleichen Grunde kritisierte er übrigens auch den »rohen

Kommunismus«.) Bell sieht nicht, daß die Feststellung, die Geschichte könne nur durch Klassenbewußtsein erklärt werden, eine Tatsachenfeststellung bezüglich der bisherigen Geschichte ist und nicht der Ausdruck von Marx' Mißachtung des einzelnen.

Einen für den Beweis seiner These entscheidend wichtigen Marx-Text zitiert Bell unglücklicherweise falsch. Er sagt von Marx: »Aber indem man sagt, daß das menschliche Wesen nicht ›dem einzelnen Individuum innewohnt‹ (wie dies Marx in der sechsten These über Feuerbach tut) sondern nur *Klassen*, führt man eine neue Person, eine neue Abstraktion ein.«

Was sagt Marx nun *tatsächlich* in der sechsten These über Feuerbach? »Feuerbach löst das religiöse Wesen in das *menschliche* Wesen auf. *Aber das menschliche Wesen ist kein dem einzelnen Individuum inwohnendes Abstraktum.* In seiner Wirklichkeit ist es das *ensemble* der gesellschaftlichen Verhältnisse. Feuerbach, der auf die Kritik dieses wirklichen Wesens nicht eingeht, ist daher gezwungen: 1. von dem geschichtlichen Verlauf zu abstrahieren und das religiöse Gemüt für sich zu fixieren, und ein abstrakt – *isoliert* – menschliches Individuum vorauszusetzen. 2. das Wesen kann daher nur als ›Gattung‹, als innere, stumme, die vielen Individuen *natürlich* verbindende Allgemeinheit gefaßt werden.« (MEGA I,5, S. 535 = MEW 3, S. 6. – Hervorhebung E. F.) Marx sagt nicht, wie Bell zitiert, daß es keine dem einzelnen Individuum innewohnende menschliche Natur gäbe, sondern etwas ganz anderes, nämlich daß »das menschliche Wesen kein dem einzelnen Individuum inwohnendes Abstraktum« sei. Dies ist der wesentliche Unterscheidungspunkt von Marx' »Materialismus« gegenüber Hegels Idealismus. Marx hat nie seinen Begriff der »menschlichen Natur« aufgegeben (wie wir durch ein Zitat aus dem *Kapital* belegt haben), aber diese Natur ist nicht eine rein biologische, sie ist auch keine abstrakte, sondern eine, die nur historisch verstanden werden kann, da sie sich in der Geschichte entfaltet. Die Natur des Menschen kann aus seinen vielen Äußerungen (und Entstellungen) in der Geschichte abgeleitet werden; man kann sie aber nicht als *solche* sehen, als eine statistisch existierende Wesenheit »hinter« oder »über« jedem einzelnen Menschen, sondern als dasjenige im Menschen, was als eine Möglichkeit existiert und sich im Lauf der Geschichte entfaltet und verändert.

Zu all dem kommt noch hinzu, daß Bell den Begriff der Entfremdung nicht richtig verstanden hat. Er definiert ihn als »die radikale Trennung in ein *Subjekt*, das sich bemüht, sein eigenes Schicksal zu beherrschen, und in ein *Objekt*, das von anderen manipuliert wird« (D. Bell, 1959). Wie aus meiner Argumentation sowie aus den Arbeiten anderer, höchst ernsthafter Autoren, die sich mit dem Begriff der Entfremdung beschäftigen, hervorgeht, ist dies eine vollständig inadäquate und irreführende Definition. Sie ist tatsächlich genauso inadäquat wie Bells Behauptung, daß der Zen-Buddhismus (wie andere »moderne Stammes- und Gemeinschaftsphilosophien« der »Reintegration«) auf den »Verlust des Selbstsinnes« ziele und daher letztlich antihuman sei, da sie (die Philosophen der Reintegration, einschließlich Zen) anti-individuell seien. Es ist hier nicht der Ort, diese Klischees zu widerlegen, man kann nur eine etwas sorgfältigere und unvoreingenommenere Lektüre der Texte sowohl von Marx wie der Zen-Buddhisten anregen.

Um die Erörterung dieses angeblichen Unterschieds zwischen dem jungen und dem reifen Marx zusammenzufassen: Es ist wahr, daß Marx (wie auch Engels) im Laufe seines Lebens einige seiner Ideen und Begriffe änderte. Er wurde abgeneigter, Begriffe zu benützen, die dem Hegelschen Idealismus zu nahe standen, seine Sprache wurde weniger enthusiastisch und eschatologisch, wahrscheinlich war er auch in seinen späteren Lebensjahren entmutigter als 1844. Aber trotz bestimmter Wandlungen in seinen Vorstellungen, seinen Stimmungen, seiner Sprache, wurde das Herzstück der vom jungen Marx entwickelten Philosophie nie abgewandelt, und es ist unmöglich, seinen in späteren Jahren entwickelten Begriff des Sozialismus und seine Kritik des Kapitalismus anders zu verstehen als auf der Grundlage des Menschenbildes, das er in seinen Frühschriften entwickelte.

8 Marx als Mensch

Das Mißverständnis und die falsche Auslegung des Marxschen Werks finden ihresgleichen nur in der Fehldeutung seiner Persönlichkeit. Ebenso wie es bei seinen Theorien der Fall ist, folgt auch die Entstellung seiner Persönlichkeit einem Klischee, das von Journalisten, Politikern und sogar Sozialwissenschaftlern, die es eigentlich besser wissen müßten, wiedergekäut wird. Er wird als »einsamer« Mensch beschrieben, abgesondert von seinen Mitmenschen, aggressiv, arrogant, autoritär. Jeder, der nur die geringste Ahnung von Marx' Leben hat, wird Mühe haben dem beizupflichten, da es kaum mit dem Bild von Marx als Gatten, Vater und Freund zu vereinbaren ist.

Es gibt wohl sehr wenig Ehen in der Welt, die eine solche menschliche Erfüllung waren wie die von Karl und Jenny Marx. Er, der Sohn eines jüdischen Rechtsanwalts, verliebte sich als Jüngling in Jenny von Westphalen, die Tochter einer preußischen Adelsfamilie, die Abkömmling einer der ältesten schottischen Familien war. Als sie heirateten, war er vierundzwanzig Jahre alt, und er überlebte sie nur um etwas mehr als ein Jahr. Dies war eine Ehe, in der, trotz der Verschiedenartigkeit des gesellschaftlichen Hintergrundes, trotz eines Lebens in beständiger Armut und Krankheit, unerschütterlicher Liebe und gemeinsames Glück herrschte, eine Ehe, die nur möglich ist bei zwei Menschen mit außerordentlicher Liebesfähigkeit und einer tiefen Liebe zueinander.

Seine jüngste Tochter Eleanor beschreibt das Verhältnis zwischen ihren Eltern in einem Brief, der sich auf einen Tag kurz vor dem Tod ihrer Mutter, etwa ein Jahr vor dem Tod des Vaters, bezieht. »Mohr« (Marx' Spitzname), so schreibt sie, »überwand noch einmal die Krankheit. Nie werde ich den Morgen vergessen, an welchem er sich stark genug fühlte, in Mütterchens Stube zu gehen. Sie waren zusammen wieder jung – sie ein liebendes Mädchen und er ein liebender Jüngling, die zusammen ins Leben eintreten – und nicht ein von Krankheit zerrütteter alter Mann und eine sterbende alte Frau, die fürs Leben von einander Abschied nehmen.« (K. Marx, 1934, S. 170 f.)

Marx' Verhältnis zu seinen Kindern war ebenso frei von jeder Spur von Herrschsucht und ebenso voll produktiver Liebe wie das zu seiner Frau. Man braucht nur Eleanors Beschreibung seiner Spaziergänge mit den Kindern zu lesen, auf denen er ihnen Geschichten erzählte, Geschichten, die nach Meilen abgemessen waren, nicht nach Kapiteln. »Erzähle uns noch eine Meile«, bettelten die Mädchen. »Er las den ganzen Homer vor, das Nibelungenlied, Gudrun, Don Quichote und Tausendundeine Nacht. Shakespeare war unsere Hausbibel; mit sechs Jahren kannte ich schon ganze Szenen aus Shakespeare auswendig.« (A. a. O., S. 114.)

Seine Freundschaft mit Friedrich Engels ist vielleicht sogar noch eindrucksvoller als seine Ehe und sein Verhältnis zu den Kindern. Engels war selbst ein Mann von außerordentlichen menschlichen und intellektuellen Qualitäten. Er anerkannte und bewunderte immer Marx' überlegene Begabung. Sein ganzes Leben widmete er dem Werk von Marx und zögerte doch nie, auch seinen eigenen Beitrag zu machen, den er nicht unterschätzte. Es hat kaum je irgendeine Reiberei oder Konkurrenzgefühle in dieser Freundschaft gegeben, sondern eine Verbundenheit, die in einer so tiefen Liebe zueinander wurzelte, wie man sie überhaupt zwischen zwei Männern finden kann.

Marx *war* der produktive, nicht-entfremdete, unabhängige Mensch, den seine Arbeiten als den Menschen einer neuen Gesellschaft entworfen hatten. Er war produktiv auf die ganze Welt, die Menschen und Ideen bezogen: er *war*, was er *dachte*. Marx, der Mann, der jedes Jahr Äschylos und Shakespeare in der Originalsprache las und der während der traurigsten Zeit seines Lebens, der Krankheitszeit seiner Frau, sich in die Mathematik stürzte und Differentialrechnung studierte, war durch und durch Humanist. Nichts war ihm herrlicher als der Mensch, und er drückte dieses Gefühl in einem häufig wiederholten Zitat von Hegel aus: »Selbst der verbrecherische Gedanke eines Bösewichts ist großartiger und erhabener als die Wunder des Himmels.« Seine Antworten auf die Fragefolge, die ihm seine Tochter Laura stellte, enthüllen eine Menge über diesen Mann: als Elend galt ihm Unterwerfung; das Laster, das er am meisten verabscheute, war Servilität; und seine Lieblingsmaximen waren: »Nichts Menschliches ist mir fremd« und »Man muß an allem zweifeln«.

Warum hielt man diesen Mann für arrogant, einsam und autoritär? Abgesehen von Verleumdungsmotiven gibt es einige Gründe für dieses Mißverständnis. Erstens hatte Marx (wie Engels), speziell beim Schreiben einen sarkastischen Stil, und er kämpfte mit großer Aggressivität. Aber, was schwerer wiegt, er war absolut unfähig, Heuchelei und Irrefuhrung zu tolerieren, denn er war von tiefstem Ernst in allem, was die Probleme der menschlichen Existenz anging. Er war unfähig, unehrliche Rationalisierungen oder verbogene Urteile über wichtige Dinge höflich und mit einem Lächeln zu akzeptieren. Er war unfähig zu jeder Art von Unaufrichtigkeit, mochte es persönliche Beziehungen oder Ideen angehen. Da die meisten Menschen lieber in Fiktionen statt in Realitäten denken und es vorziehen, sich selbst und andere über die dem individuellen und [83] gesellschaftlichen Leben zugrunde liegenden Tatsachen zu täuschen und zu belügen, mußten sie in der Tat Marx als arrogant und kalt betrachten; aber dieses Urteil sagt mehr über sie aus als über Marx.

Sollte die Welt zu der Tradition des Humanismus zurückkehren und die Entartung der westlichen Kultur sowohl in ihrer sowjetischen wie ihrer kapitalistischen Form überwinden, wird sie entdekken, daß Marx weder ein Fanatiker noch ein Opportunist war, sondern daß er die Blüte der westlichen Humanität darstellt, daß er ein Mensch mit einem kompromißlosen Wahrheitssinn war, der zum ureigentlichen Wesen der Ralität durchstieß und sich nie von der trügerischen Oberfläche täuschen ließ; daß er voll unerschütterlichen Muts und unantastbarer Integrität war; voller Sorge um den Menschen und seine Zukunft, selbstlos, und nur wenig eitel oder machthungrig, immer wach, immer anregend, und allem, was er anfaßte, Leben einflößend. Er repräsentiert die westliche Tradition in ihren besten Zügen: ihren Glauben an die Vernunft und den menschlichen Fortschritt. Er repräsentiert wahrhaft eben jenes Menschenbild, das der Mittelpunkt seines Denkens war. Den Menschen, der viel *ist*, und wenig *hat*, den Menschen, der reich ist, weil er seines Mitmenschen bedarf.

II

Auszüge aus den Frühschriften von Karl Marx

Anmerkung zu den Texten

Die folgenden Auszüge sollen eine Vorstellung des philosophischen Ausgangspunkts von Marx, seines Menschenbildes, vermitteln. Sie sind dem Teil seines Werkes entnommen, das man heute als seine Frühschriften zusammenfaßt. Bei den »Ökonomisch-philosophischen Manuskripten« handelt es sich um Notizen, die Marx in Paris 1844 niederschrieb und die weder von ihm noch von Engels je für den Druck redigiert wurden. Den hier abgedruckten Texten liegt die historisch-kritische Gesamtausgabe der Werke von Karl Marx und Friedrich Engels (MEGA) zugrunde, die im Auftrag des Marx-Engels-Instituts in Moskau, von D. Rjazanov bearbeitet, 1932 vom Marx-Engels-Verlag in Berlin herausgegeben wurde. Die in den »Ökonomisch-philosophischen Manuskripten« in Klammern gesetzten römischen Zahlen bezeichnen die Manuskriptpaginierung. Unklare Stellen, die in der MEGA dem Wortlaut des Marxschen Textes entsprechend wiedergegeben sind, haben wir durch die Landshutsche Fassung (Karl Marx: »Die Frühschriften«, herausgegeben von Siegfried Landshut, Stuttgart 1953) ersetzt bzw. ergänzt. T. B. Bottomore, London School of Economics, verdanken wir Zitatennachweise zu den »Ökonomisch-philosophischen Manuskripten«.

Die Auszüge aus den »Ökonomisch-philosophischen Manuskripten«, der »Deutschen Ideologie« und »Zur Kritik der Hegelschen Rechtsphilosophie« sind der Ersten Abteilung der MEGA, Bd. 1 erster Halbband bzw. Bd. 3 bzw. Bd. 5 entnommen. Das Vorwort »Zur Kritik der politischen Ökonomie« und die Notizen von Eleanor Marx stammen aus »Karl Marx, eine Sammlung von Erinnerungen und Aufsätzen«, herausgegeben vom Marx-Engels-Institut in Moskau, Ring-Verlag, Zürich 1934. Paul Lafargues Erinnerungen an Marx wie auch Jenny Marx' Brief an Joseph Weydemeyer sind in der »Neuen Zeit«, herausgegeben von Kautsky, Stuttgart 1891 bzw. 1907, erschienen. Die Rede von Friedrich Engels am Grabe von Marx wurde einer Broschüre des Marx-Engels-Instituts in Moskau zum 50. Todestag von Marx entnommen, die im Hoym-Verlag Berlin am 14. März 1933 erschien.

R. M. I. / C. B. H.

1

Auszüge aus den »Ökonomisch-philosophischen Manuskripten«

Vorrede

Ich habe schon in den deutsch-französischen Jahrbüchern die Kritik der Rechts- und Staatswissenschaft unter der Form einer Kritik der *Hegelschen* Rechtsphilosophie angekündigt. Bei der Ausarbeitung zum Druck zeigte sich die Vermengung der nur gegen die Spekulation gerichteten Kritik mit der Kritik der verschiednen Materien selbst durchaus unangemessen, die Entwicklung hemmend, das Verständnis erschwerend. Überdem hätte der Reichtum und die Verschiedenartigkeit der zu behandelnden Gegenstände nur auf eine ganz aphoristische Weise die Zusammendrängung in *eine* Schrift erlaubt, wie ihrerseits eine solche aphoristische Darstellung den *Schein* eines willkürlichen Systematisierens erzeugt hätte. Ich werde daher in verschiednen selbständigen Broschüren die Kritik des Rechts, der Moral, Politik etc. auf einander folgen lassen und schließlich in einer besondren Arbeit wieder den Zusammenhang des Ganzen, das Verhältnis der einzelnen Teile, wie endlich die Kritik der spekulativen Bearbeitung jenes Materials zu geben versuchen. Man findet aus diesem Grunde in der vorliegenden Schrift den Zusammenhang der Nationalökonomie mit Staat, Recht, Moral, bürgerlichem Leben etc. grade nur so weit berührt, als die Nationalökonomie selbst ex professo diese Gegenstände berührt.

Dem mit der Nationalökonomie vertrauten Leser habe ich nicht erst zu versichern, daß meine Resultate, durch eine ganz empirische, auf ein gewissenhaftes kritisches Studium der Nationalökonomie gegründete Analyse gewonnen worden sind.

Es versteht sich von selbst, daß ich außer den französischen und englischen Sozialisten auch deutsche sozialistische Arbeiten benutzt habe. Die inhaltsvollen und *originalen* deutschen Arbeiten für diese Wissenschaft reduzieren sich indes – außer Weitlings Schriften – auf die in den 21 Bogen gelieferten Aufsätze von *Heß* und *Engels' »Umrisse zur Kritik der Nationalökonomie« in den deutsch-französischen Jahrbüchern*, wo ich ebenfalls die ersten Elemente der vorliegenden Arbeit in ganz allgemeiner Weise angedeutet habe.

Von *Feuerbach* datiert erst die *positive* humanistische und naturalistische Kritik. Je geräuschloser, desto sichrer, tiefer, umfangsreicher und nachhaltiger ist die Wirkung der *Feuerbachischen* Schriften, die einzigen Schriften seit Hegels Phänomenologie und Logik, worin eine wirkliche theoretische Revolution enthalten ist.

Das Schlußkapitel der vorliegenden Schrift, die Auseinandersetzung mit der *Hegelschen Dialektik* und Philosophie überhaupt, hielt ich für durchaus notwendig im Gegensatz zu den *kritischen Theologen* unsrer Zeit, da eine solche Arbeit nicht vollbracht worden ist – eine notwendige *Ungründlichkeit,* da selbst der *kritische* Theologe *Theologe* bleibt, also entweder von bestimmten Voraussetzungen der Philosophie als einer Autorität ausgehn muß, oder wenn ihm im Prozeß der Kritik und durch fremde Entdeckungen Zweifel an den philosophischen Voraussetzungen entstanden sind, sie feiger und ungerechtfertigter Weise verläßt, von ihnen *abstrahiert,* seine Knechtschaft unter dieselben und den Ärger über diese Knechtschaft nur mehr in negativer, bewußtloser und sophistischer Weise kundtut.

Genau angesehn ist die *theologische Kritik* – so sehr sie im Beginn der Bewegung ein wirkliches Moment des Fortschritts war – in letzter Instanz nichts anders als die zur *theologischen Karikatur* verzerrte Spitze und Konsequenz der alten *philosophischen* und namentlich *Hegelschen Transzendenz.* Diese interessante Gerechtigkeit der Geschichte, welche die Theologie, von jeher der faule Fleck der Philosophie, nun auch dazu bestimmt, die negative Auflösung der Philosophie – das heißt ihren Verfaulungsprozeß – an sich darzustellen, – diese historische Nemesis werde ich bei andrer Gelegenheit ausführlich nachweisen. –

I. Manuskript

Die entfremdete Arbeit

[XXII] Wir sind ausgegangen von den Voraussetzungen der Nationalökonomie. Wir haben ihre Sprache und ihre Gesetze akzeptiert. Wir unterstellten das Privateigentum, die Trennung von Arbeit, Kapital und Erde, ebenso von Arbeitslohn, Profit des Kapitals und Grundrente, wie die Teilung der Arbeit, die Konkurrenz, den Begriff des Tauschwertes etc. Aus der Nationalökonomie selbst, mit ihren eignen Worten, haben wir gezeigt, daß der Arbeiter zur Ware und zur elendsten Ware herabsinkt, daß das Elend des Arbeiters im umgekehrten Verhältnis zur Macht und zur Größe seiner Produktion steht, daß das notwendige Resultat der Konkurrenz die Akkumulation des Kapitals in wenigen Händen, also die fürchterlichere Wiederherstellung des Monopols ist, daß endlich der Unterschied von Kapitalist und Grundrentner, wie von Ackerbauer und Manufakturarbeiter verschwindet und die ganze Gesellschaft in die beiden Klassen der *Eigentümer* und eigentumslosen *Arbeiter* zerfallen muß.

Die Nationalökonomie geht vom Faktum des Privateigentums aus. Sie erklärt uns dasselbe nicht. Sie faßt den *materiellen* Prozeß des Privateigentums, den es in der Wirklichkeit durchmacht in allgemeine, abstrakte Formeln, die ihr dann als Gesetze gelten. Sie *begreift* diese Gesetze nicht, das heißt sie weist nicht nach, wie sie aus dem Wesen des Privateigentums hervorgehn. Die Nationalökonomie gibt uns keinen Aufschluß über den Grund der Teilung von Arbeit und Kapital, von Kapital und Erde. Wenn sie zum Beispiel das Verhältnis des Arbeitslohns zum Profit des Kapitals bestimmt, so gilt ihr als letzter Grund das Interesse der Kapitalisten; das heißt sie unterstellt, was sie entwickeln soll. Ebenso kömmt überall die Konkurrenz hinein. Sie wird aus äußeren Umständen erklärt. Inwiefern diese äußeren, scheinbar zufälligen Umstände nur der Ausdruck einer notwendigen Entwicklung sind, darüber lehrt uns die Nationalökonomie nichts. Wir haben gesehn, wie ihr der Austausch selbst als ein zufälliges Faktum erscheint. Die einzigen Räder, die die Nationalökonomie in Bewegung setzt, sind die *Habsucht* und der *Krieg unter den Habsüchtigen, die Konkurrenz.*

Eben weil die Nationalökonomie den Zusammenhang der Bewegung nicht begreift, darum konnte sich zum Beispiel die Lehre von der Konkurrenz der Lehre vom Monopol, die Lehre von der Gewerbfreiheit der Lehre von der Korporation, die Lehre von der Teilung des Grundbesitzes der Lehre vom großen Grundeigentum wieder entgegenstellen, denn Konkurrenz, Gewerbfreiheit, Teilung des Grundbesitzes waren nur als zufällige, absichtliche, gewaltsame, nicht als notwendige, unvermeidliche, natürliche Konsequenzen des Monopols, der Korporation und des Feudaleigentums entwickelt und begriffen.

Wir haben also jetzt den wesentlichen Zusammenhang zwischen dem Privateigentum, der Habsucht, der Trennung von Arbeit, Kapital und Grundeigentum, von Austausch und Konkurrenz, von Wert und Entwertung der Menschen, von Monopol und Konkurrenz etc., von dieser ganzen Entfremdung mit dem *Geld*system zu begreifen.

Versetzen wir uns nicht wie der Nationalökonom, wenn er erklären will, in einen erdichteten Urzustand. Ein solcher Urzustand erklärt nichts. Er schiebt bloß die Frage in eine graue, nebelhafte Ferne. Er unterstellt in der Form der Tatsache, des Ereignisses, was er deduzieren soll, nämlich das notwendige Verhältnis zwischen zwei Dingen, zum Beispiel zwischen Teilung der Arbeit und Austausch. So erklärt die Theologie den Ursprung des Bösen durch den Sündenfall, das heißt er unterstellt ihn als Faktum, in der Form der Geschichte, was er erklären soll.

Wir gehn von einem nationalökonomischen, *gegenwärtigen* Faktum aus.

Der Arbeiter wird um so ärmer, je mehr Reichtum er produziert, je mehr seine Produktion an Macht und Umfang zunimmt. Der Arbeiter wird eine um so wohlfeilere Ware, je mehr Waren er schafft. Mit der *Verwertung* der Sachenwelt nimmt die *Entwertung* der Menschenwelt in direktem Verhältnis zu. Die Arbeit produziert nicht nur Waren; sie produziert sich selbst und den Arbeiter als eine *Ware*, und zwar in dem Verhältnis, in welchem sie überhaupt Waren produziert.

Dies Faktum drückt nichts weiter aus als: Der Gegenstand, den die Arbeit produziert, ihr Produkt, tritt ihr als ein *fremdes Wesen*, als eine von dem Produzenten *unabhängige Macht* gegenüber. Das Produkt der Arbeit ist die Arbeit, die sich in einem Gegenstand fixiert, sachlich gemacht hat, es ist die *Vergegenständlichung* der Arbeit. Die Verwirklichung der Arbeit ist ihre Vergegenständlichung. Diese Verwirklichung der Arbeit erscheint in dem nationalökonomischen Zustand als *Entwirklichung* des Arbeiters, die Vergegenständlichung als *Verlust und Knechtschaft des Gegenstandes*, die Aneignung als *Entfremdung*, als *Entäußerung*.

Die Verwirklichung der Arbeit erscheint so sehr als Entwirklichung, daß der Arbeiter bis zum Hungertod entwirklicht wird. Die Vergegenständlichung erscheint so sehr als Verlust des Gegenstandes, daß der Arbeiter der notwendigsten Gegenstände nicht nur des Lebens, sondern auch der Arbeitsgegenstände, beraubt ist. Ja, die Arbeit selbst wird zu einem Gegenstand, dessen er nur mit der größten Anstrengung und mit den unregelmäßigsten Unterbrechungen sich bemächtigen kann. Die Aneignung des Gegenstandes erscheint so sehr als Entfremdung, daß, je mehr Gegenstände der Arbeiter produziert, er um so weniger besitzen kann und um so mehr unter die Herrschaft seines Produkts, des Kapitals, gerät.

In der Bestimmung, daß der Arbeiter zum *Produkt seiner Arbeit* als einem *fremden* Gegenstand sich verhält, liegen alle diese Konsequenzen. Denn es ist nach dieser Voraussetzung klar: Je mehr der Arbeiter sich ausarbeitet, um so mächtiger wird die fremde, gegenständliche Welt, die er sich gegenüber schafft, um so ärmer wird er selbst, seine innre Welt, um so weniger gehört ihm zu eigen. Es ist ebenso in der Religion. Je mehr mehr der Mensch in Gott setzt, je weniger behält er in sich selbst. Der Arbeiter legt sein Leben in den Gegenstand; aber nun gehört es nicht mehr ihm, sondern dem Gegenstand. Je größer also diese Tätigkeit, um so gegenstandsloser ist der Arbeiter. Was das Produkt seiner Arbeit ist, ist er nicht. Je größer also dies Produkt, je weniger ist er selbst. Die *Entäußerung* des Arbeiters in seinem Produkt hat die Bedeutung, nicht nur, daß seine Arbeit zu einem Gegenstand, zu einer *äußern* Existenz wird, sondern daß sie *außer ihm*, unabhängig, fremd von ihm existiert und eine selbständige Macht ihm gegenüber wird, daß das Leben, was er dem Gegenstand verliehn hat, ihm feindlich und fremd gegenübertritt.

[XXIII] Betrachten wir nun näher die Vergegenständlichung, die Produktion des Arbeiters und in ihr die *Entfremdung*, den *Verlust* des Gegenstandes, seines Produkts.

Der Arbeiter kann nichts schaffen ohne die *Natur*, ohne die *sinnliche Außenwelt*. Sie ist der Stoff, an welchem sich seine Arbeit verwirklicht, in welchem sie tätig ist, aus welchem und mittelst welchem sie produziert.

Wie aber die Natur das *Lebensmittel* der Arbeit darbietet, in dem Sinn, daß die Arbeit nicht *leben* kann ohne Gegenstände, an denen sie ausgeübt wird, so bietet sie andrerseits auch die *Lebensmittel* in dem engern Sinn dar, nämlich die Mittel der physischen Subsistenz des *Arbeiters* selbst.

Je mehr also der Arbeiter sich die Außenwelt, die sinnliche Natur, durch seine Arbeit *aneignet*, um so mehr entzieht er sich *Lebensmittel* nach der doppelten Seite hin, erstens, daß immer mehr die sinnliche Außenwelt aufhört, ein seiner Arbeit angehöriger Gegenstand, ein *Lebensmittel* seiner Arbeit zu sein; zweitens, daß sie immer mehr aufhört, *Lebensmittel* im unmittelbaren Sinn, Mittel für die physische Subsistenz des Arbeiters zu sein.

Nach dieser doppelten Seite hin wird der Arbeiter also ein Knecht seines Gegenstandes, erstens, daß er einen *Gegenstand der Arbeit,* das heißt daß er *Arbeit* erhält, und zweitens, daß er *Subsistenzmittel* erhält. Erstens also, daß er als *Arbeiter,* und zweitens, daß er als *physisches Subjekt* existieren kann. Die Spitze dieser Knechtschaft ist, daß er nur mehr als *Arbeiter* sich als *physisches Subjekt* erhalten kann und nur mehr als *physisches Subjekt* Arbeiter ist.

(Die Entfremdung des Arbeiters in seinem Gegenstand drückt sich nach nationalökonomischen Gesetzen so aus, daß, je mehr der Arbeiter produziert, er um so weniger zu konsumieren hat, daß, je mehr Werte er schafft, er um so wertloser, um so unwürdiger wird, daß, je geformter sein Produkt, um so mißförmiger der Arbeiter, daß, je zivilisierter sein Gegenstand, um so barbarischer der Arbeiter, daß, um so mächtiger die Arbeit, um so ohnmächtiger der Arbeiter wird, daß, je geistreicher die Arbeit, um so mehr geistloser und Naturknecht der Arbeiter wurde.)

Die Nationalökonomie verbirgt die Entfremdung in dem Wesen der Arbeit dadurch, daß sie nicht das unmittelbare Verhältnis zwischen dem Arbeiter (der Arbeit) *und der Produktion betrachtet.* Allerdings, die Arbeit produziert Wunderwerke für die Reichen, aber sie produziert Entblößung für den Arbeiter. Sie produziert Paläste, aber Höhlen für den Arbeiter. Sie produziert Schönheit, aber Verkrüppelung für den Arbeiter. Sie ersetzt die Arbeit durch Maschinen, aber sie wirft einen Teil der Arbeiter zu einer barbarischen Arbeit zurück und macht den andern Teil zur Maschine. Sie produziert Geist, aber sie produziert Blödsinn, Kretinismus für den Arbeiter.

Das unmittelbare Verhältnis der Arbeit zu ihren Produkten ist das Verhältnis des Arbeiters zu den Gegenständen seiner Produktion. Das Verhältnis des Vermögenden zu den Gegenständen der Produktion und zu ihr selbst ist nur eine *Konsequenz* dieses ersten Verhältnisses. Und bestätigt es. Wir werden diese andre Seite später betrachten.

Wenn wir also fragen: welches ist das wesentliche Verhältnis der Arbeit, so fragen wir nach dem Verhältnis des *Arbeiters* zur Produktion.

Wir haben bisher die Entfremdung, die Entäußerung des Arbeiters nur nach der einen Seite hin betrachtet, nämlich sein *Verhältnis zu den Produkten seiner Arbeit.* Aber die Entfremdung zeigt sich nicht nur im Resultat, sondern im *Akt der Produktion,* innerhalb der *produzierenden Tätigkeit* selbst. Wie würde der Arbeiter dem Produkt seiner Tätigkeit fremd gegenübertreten können, wenn er im Akt der Produktion selbst sich nicht selbst entfremdete: Das Produkt ist ja nur das Resumé der Tätigkeit, der Produktion. Wenn also das Produkt der Arbeit die Entäußerung ist, so muß die Produktion selbst die tätige Entäußerung, die Entäußerung der Tätigkeit, die Tätigkeit der Entäußerung sein. In der Entfremdung des Gegenstandes der Arbeit resumiert sich nur die Entfremdung, die Entäußerung in der Tätigkeit der Arbeit selbst.

Worin besteht nun die Entäußerung der Arbeit?

Erstens, daß die Arbeit dem Arbeiter *äußerlich* ist, das heißt nicht zu seinem Wesen gehört, daß er sich daher in seiner Arbeit nicht bejaht, sondern verneint, nicht wohl, sondern unglücklich fühlt, keine freie physische und geistige Energie entwickelt, sondern seine Physis abkasteit und seinen Geist ruiniert. Der Arbeiter fühlt sich daher erst außer der Arbeit bei sich und in der Arbeit außer sich. Zu Hause ist er, wenn er nicht arbeitet, und wenn er arbeitet, ist er nicht zu Haus. Seine Arbeit ist daher nicht freiwillig, sondern gezwungen, *Zwangsarbeit.* Sie ist daher nicht die Befriedigung eines Bedürfnisses, sondern sie ist nur ein *Mittel,* um die Bedürfnisse außer ihr zu befriedigen. Ihre Fremdheit tritt darin rein hervor, daß, sobald kein physischer oder sonstiger Zwang existiert, die Arbeit als eine Pest geflohen wird. Die äußerliche Arbeit, die Arbeit, in welcher der Mensch sich entäußert, ist eine Arbeit der Selbstaufopferung, der Kasteiung. Endlich erscheint die Äußerlichkeit der Arbeit für den Arbeiter darin, daß sie nicht sein eigen, sondern eines andern ist, daß sie ihm nicht gehört, daß er in ihr nicht sich selbst, sondern einem andern angehört. Wie in der Religion die Selbsttätigkeit der menschlichen Phantasie, des menschlichen Hirns und des menschlichen Herzens unabhängig vom Individuum, das heißt als eine fremde, göttliche oder teuflische Tätigkeit auf es wirkt, so ist die Tätigkeit des Arbeiters nicht seine Selbsttätigkeit. Sie gehört einem andren, sie ist der Verlust seiner selbst.

Es kömmt daher zum Resultat, daß der Mensch (der Arbeiter) nur mehr in seinen tierischen Funktionen, Essen, Trinken und Zeugen, höchstens noch Wohnung, Schmuck etc., sich als freitätig fühlt, und in seinen menschlichen Funktionen nur mehr als Tier. Das Tierische wird das Menschliche und das Menschliche das Tierische.

Essen, Trinken und Zeugen etc. sind zwar auch echt menschliche Funktionen. In der Abstraktion aber, die sie von dem übrigen Umkreis menschlicher Tätigkeit trennt und zu letzten und alleinigen Endzwecken macht, sind sie tierisch.

Wir haben den Akt der Entfremdung der praktischen menschlichen Tätigkeit, die Arbeit, nach zwei Seiten hin betrachtet. 1. Das Verhältnis des Arbeiters zum *Produkt der Arbeit* als fremden und über ihn mächtigen Gegenstand. Dies Verhältnis ist zugleich das Verhältnis zur sinnlichen Außenwelt, zu den Naturgegenständen als einer fremden ihm feindlich gegenüberstehenden Welt. 2. Das Verhältnis der Arbeit zum *Akt der Produktion* innerhalb der *Arbeit*. Dies Verhältnis ist das Verhältnis des Arbeiters zu seiner eignen Tätigkeit als einer fremden, ihm nicht angehörigen, die Tätigkeit als Leiden, die Kraft als Ohnmacht, die Zeugung als Entmannung, die *eigne* physische und geistige Energie des Arbeiters, sein persönliches Leben – denn was ist Leben anderes als Tätigkeit – als eine wider ihn selbst gewendete, von ihm unabhängige, ihm nicht gehörige Tätigkeit. Die *Selbstentfremdung*, wie oben die Entfremdung der *Sache*.

[XXIV] Wir haben nun noch eine dritte Bestimmung der *entfremdeten Arbeit* aus den beiden bisherigen zu ziehn.

Der Mensch ist ein Gattungswesen, nicht nur indem er praktisch und theoretisch die Gattung, sowohl seine eigne als die der übrigen Dinge zu seinem Gegenstand macht, sondern – und dies ist nur ein andrer Ausdruck für dieselbe Sache – sondern auch indem er sich zu sich selbst als der gegenwärtigen, lebendigen Gattung verhält, indem er sich zu sich als einem *universellen*, darum freien Wesen verhält.

Das Gattungsleben, sowohl beim Menschen als beim Tier, besteht physisch einmal darin, daß der Mensch (wie das Tier) von der unorganischen Natur lebt, und um so universeller der Mensch als das Tier, um so universeller ist der Bereich der unorganischen Natur, von der er lebt. Wie Pflanzen, Tiere, Steine, Luft, Licht etc. theoretisch einen Teil des menschlichen Bewußtseins, teils als Gegenstände der Naturwissenschaft, teils als Gegenstände der Kunst bilden – seine geistige unorganische Natur, geistige Lebensmittel, die er erst zubereiten muß zum Genuß und zur Verdauung –, so bilden sie auch praktisch einen Teil des menschlichen

Lebens und der menschlichen Tätigkeit. Physisch lebt der Mensch nur von diesen Naturprodukten, mögen sie nun in der Form der Nahrung, Heizung, Kleidung, Wohnung etc. erscheinen. Die Universalität des Menschen erscheint praktisch eben in der Universalität, die die ganze Natur zu seinem *unorganischen* Körper macht, sowohl insofern sie 1. ein unmittelbares Lebensmittel, als inwiefern sie 2. die Materie, der Gegenstand und das Werkzeug seiner Lebenstätigkeit ist. Die Natur ist der *unorganische Leib* des Menschen, nämlich die Natur, so weit sie nicht selbst menschlicher Körper ist. Der Mensch *lebt* von der Natur, heißt: die Natur ist sein *Leib*, mit dem er in beständigem Progreß bleiben muß, um nicht zu sterben. Daß das physische und geistige Leben des Menschen mit der Natur zusammenhängt, hat keinen andren Sinn, als daß die Natur mit sich selbst zusammenhängt, denn der Mensch ist ein Teil der Natur.

Indem die entfremdete Arbeit dem Menschen 1. die Natur entfremdet, 2. sich selbst, seine eigne tätige Funktion, seine Lebenstätigkeit, so entfremdet sie dem Menschen die *Gattung;* sie macht ihm das *Gattungsleben* zum Mittel des individuellen Lebens. Erstens entfremdet sie das Gattungsleben und das individuelle Leben und zweitens macht sie das letztere in seiner Abstraktion zum Zweck des ersten, ebenfalls in seiner abstrakten und entfremdeten Form.

Denn erstens erscheint dem Menschen die Arbeit, die *Lebenstätigkeit*, das *produktive Leben* selbst nur als ein *Mittel* zur Befriedigung eines Bedürfnisses, des Bedürfnisses der Erhaltung der physischen Existenz. Das produktive Leben ist aber das Gattungsleben. Es ist das Leben erzeugende Leben. In der Art der Lebenstätigkeit liegt der ganze Charakter einer species, ihr Gattungscharakter, und die freie bewußte Tätigkeit ist der Gattungscharakter des Menschen. Das Leben selbst erscheint nur als *Lebensmittel.*

Das Tier ist unmittelbar eins mit seiner Lebenstätigkeit. Es unterscheidet sich nicht von ihr. Es ist *sie.* Der Mensch macht seine Lebenstätigkeit selbst zum Gegenstand seines Wollens und seines Bewußtseins. Er hat bewußte Lebenstätigkeit. Es ist nicht eine Bestimmtheit, mit der er unmittelbar zusammenfließt. Die bewußte Lebenstätigkeit unterscheidet den Menschen unmittelbar von der tierischen Lebenstätigkeit. Eben nur dadurch ist er ein Gattungswesen. Oder er ist nur ein bewußtes Wesen, das heißt sein eignes Leben ist ihm Gegenstand, eben weil er ein Gattungswesen ist. Nur darum ist seine Tätigkeit freie Tätigkeit. Die entfremdete Arbeit kehrt das Verhältnis dahin um, daß der Mensch eben, weil er ein bewußtes Wesen ist, seine Lebenstätigkeit, sein *Wesen* nur zu einem Mittel für seine *Existenz* macht.

Das praktische Erzeugen einer *gegenständlichen Welt,* die *Bearbeitung* der unorganischen Natur ist die Bewährung des Menschen als eines bewußten Gattungswesens, das heißt eines Wesens, das sich zu der Gattung als seinem eignen Wesen oder zu sich als Gattungswesen verhält. Zwar produziert auch das Tier. Es baut sich ein Nest, Wohnungen, wie die Biene, Biber, Ameise etc. Allein es produziert nur, was es unmittelbar für sich oder sein Junges bedarf; es produziert einseitig, während der Mensch universell produziert; es produziert nur unter der Herrschaft des unmittelbaren physischen Bedürfnisses, während der Mensch selbst frei vom physischen Bedürfnis produziert und erst wahrhaft produziert in der Freiheit von demselben; es produziert nur sich selbst, während der Mensch die ganze Natur reproduziert; sein Produkt gehört unmittelbar zu seinem physischen Leib, während der Mensch frei seinem Produkt gegenübertritt. Das Tier formiert nur nach dem Maß und dem Bedürfnis der species, der es angehört, während der Mensch nach dem Maß jeder species zu produzieren weiß und überall das inhärente Maß dem Gegenstand anzulegen weiß; der Mensch formiert daher auch nach den Gesetzen der Schönheit.

Eben in der Bearbeitung der gegenständlichen Welt bewährt sich der Mensch daher erst wirklich als ein *Gattungswesen.* Diese Produktion ist sein werktätiges Gattungsleben. Durch sie erscheint die Natur als *sein Werk* und seine Wirklichkeit. Der Gegenstand der Arbeit ist daher die *Vergegenständlichung des Gattungslebens des Menschen:* indem er sich nicht nur wie im Bewußtsein intellektuell, sondern werktätig, wirklich verdoppelt, und sich selbst daher in einer von ihm geschaffenen Welt anschaut. Indem daher die entfremdete Arbeit dem Menschen den Gegenstand seiner Produktion entreißt, entreißt sie ihm sein *Gattungsleben,* seine wirkliche Gattungsgegenständlichkeit, und verwandelt seinen Vorzug vor dem Tier in den Nachteil, daß sein unorganischer Leib, die Natur, ihm entzogen wird.

Ebenso indem die entfremdete Arbeit die Selbsttätigkeit, die freie Tätigkeit, zum Mittel herabsetzt, macht sie das Gattungsleben des Menschen zum Mittel seiner physischen Existenz.

Das Bewußtsein, welches der Mensch von seiner Gattung hat,

verwandelt sich durch die Entfremdung also dahin, daß das Gattungsleben ihm zum Mittel wird.

Die entfremdete Arbeit macht also:

3. das *Gattungswesen des Menschen,* sowohl die Natur, als sein geistiges Gattungsvermögen, zu einem ihm *fremden* Wesen, zum *Mittel* seiner *individuellen Existenz.* Sie entfremdet dem Menschen seinen eignen Leib, wie die Natur außer ihm, wie sein geistiges Wesen, sein *menschliches* Wesen.

4. Eine unmittelbare Konsequenz davon, daß der Mensch dem Produkt seiner Arbeit, seiner Lebenstätigkeit, seinem Gattungswesen entfremdet ist, ist die *Entfremdung des Menschen* von dem *Menschen.* Wenn der Mensch sich selbst gegenübersteht, so steht ihm der *andre* Mensch gegenüber. Was von dem Verhältnis des Menschen zu seiner Arbeit, zum Produkt seiner Arbeit und zu sich selbst, das gilt von dem Verhältnis des Menschen zum anderen Menschen, wie zur Arbeit und dem Gegenstand der Arbeit des anderen Menschen.

Überhaupt, der Satz, daß dem Menschen sein Gattungswesen entfremdet ist, heißt, daß ein Mensch dem andren, wie jeder von ihnen dem menschlichen Wesen entfremdet ist.

Die Entfremdung des Menschen, überhaupt jedes Verhältnis, in dem der Mensch zu sich selbst steht, ist erst verwirklicht, drückt sich aus in dem Verhältnis, in welchem der Mensch zu den andren Menschen steht.

Also betrachtet in dem Verhältnis der entfremdeten Arbeit jeder Mensch die andren nach dem Maßstabe und dem Verhältnis, in welchem er selbst als Arbeiter sich befindet.

[XXV] Wir gingen aus von einem nationalökonomischen Faktum, der Entfremdung des Arbeiters und seiner Produktion. Wir haben den Begriff dieses Faktums ausgesprochen: die *entfremdete, entäußerte* Arbeit. Wir haben diesen Begriff analysiert, also bloß ein nationalökonomisches Faktum analysiert.

Sehn wir nun weiter, wie sich der Begriff der entfremdeten, entäußerten Arbeit in der Wirklichkeit aussprechen und darstellen muß.

Wenn das Produkt der Arbeit mir fremd ist, mir als fremde Macht gegenübertritt, wem gehört es dann?

Wenn meine eigne Tätigkeit nicht mir gehört, eine fremde, eine erzwungne Tätigkeit ist, wem gehört sie dann?

Einem *andern* Wesen als mir.

Wer ist dies Wesen?

Die *Götter?* Allerdings erscheint in den ersten Zeiten die Hauptproduktion, wie zum Beispiel der Tempelbau etc. in Ägypten, Indien, Mexico, sowohl im Dienst der Götter, wie das Produkt den Göttern gehört. Allein die Götter allein waren nie die Arbeitsherrn. Ebensowenig die *Natur.* Und welcher Widerspruch wäre es auch, daß, je mehr der Mensch die Natur durch seine Arbeit sich unterwirft, je mehr die Wunder der Götter überflüssig werden durch die Wunder der Industrie, der Mensch diesen Mächten zu lieb auf die Freude an der Produktion und auf den Genuß des Produktes verzichten sollte.

Das *fremde* Wesen, dem die Arbeit und das Produkt der Arbeit gehört, in dessen Dienst die Arbeit und zu dessen Genuß das Produkt der Arbeit steht, kann nur der *Mensch* selbst sein.

Wenn das Produkt der Arbeit nicht dem Arbeiter gehört, eine fremde Macht ihm gegenüber ist, so ist dies nur dadurch möglich, daß es einem *andern Menschen außer dem Arbeiter* gehört. Wenn seine Tätigkeit ihm Qual ist, so muß sie einem andern *Genuß* und die Lebensfreude eines andern sein. Nicht die Götter, nicht die Natur, nur der Mensch selbst kann diese fremde Macht über den Menschen sein.

Man bedenke noch den vorher aufgestellten Satz, daß das Verhältnis des Menschen zu sich selbst ihm erst *gegenständlich, wirklich* ist durch sein Verhältnis zu den andern Menschen.

Wenn er sich also zu dem Produkt seiner Arbeit, zu seiner vergegenständlichten Arbeit, als einem *fremden*, feindlichen, mächtigen, von ihm unabhängigen Gegenstand verhält, so verhält er sich zu ihm so, daß ein andrer, ihm fremder, feindlicher, mächtiger, von ihm unabhängiger Mensch der Herr dieses Gegenstandes ist. Wenn er sich zu seiner eignen Tätigkeit als einer unfreien verhält, so verhält er sich zu ihr als der Tätigkeit im Dienst, unter der Herrschaft, dem Zwang und dem Joch eines andern Menschen,

Jede Selbstentfremdung des Menschen von sich und der Natur erscheint in dem Verhältnis, welches er sich und der Natur zu andern, von ihm unterschiednen Menschen gibt. Daher die religiöse Selbstentfremdung notwendig in dem Verhältnis des Laien zum Priester erscheint, oder auch, da es sich hier von der intellektuellen Welt handelt, zu einem Mittler etc. In der praktischen wirklichen Welt kann die Selbstentfremdung nur durch das praktische wirkliche Verhältnis zu andern Menschen erscheinen. Das Mittel, wodurch die Entfremdung vorgeht, ist selbst ein *praktisches.* Durch die entfremdete Arbeit erzeugt der Mensch also nicht nur sein Verhältnis zu dem Gegenstand und dem Akt der Produktion als fremden und ihm feindlichen Menschen; er erzeugt auch das Verhältnis, in welchem andre Menschen zu seiner Produktion und seinem Produkt stehn, und das Verhältnis, in welchem er zu diesen andern Menschen steht. Wie er seine eigne Produktion zu seiner Entwirklichung, zu seiner Strafe, wie er sein eignes Produkt zu dem Verlust, zu einem ihm nicht gehörigen Produkt, so erzeugt er die Herrschaft dessen, der nicht produziert, auf die Produktion und auf das Produkt. Wie er seine eigne Tätigkeit sich entfremdet, so eignet er dem Fremden die ihm nicht eigne Tätigkeit an.

Wir haben bis jetzt das Verhältnis nur von Seiten des Arbeiters und wir werden es später auch von Seiten des Nicht-Arbeiters betrachten.

Also durch die *entfremdete, entäußerte Arbeit* erzeugt der Arbeiter das Verhältnis eines der Arbeit fremden und außer ihm stehenden Menschen zu dieser Arbeit. Das Verhältnis des Arbeiters zur Arbeit erzeugt das Verhältnis des Kapitalisten zu derselben, oder wie man sonst den Arbeitsherrn nennen will. Das *Privateigentum* ist also das Produkt, das Resultat, die notwendige Konsequenz der *entäußerten Arbeit,* des äußerlichen Verhältnisses des Arbeiters zu der Natur und zu sich selbst.

Das *Privateigentum* ergibt sich also durch Analyse aus dem Begriff der *entäußerten Arbeit,* das ist des *entäußerten Menschen,* der entfremdeten Arbeit, des entfremdeten Lebens, des *entfremdeten* Menschen.

Wir haben allerdings den Begriff der *entäußerten Arbeit* (*des entäußerten Lebens)* aus der Nationalökonomie als Resultat aus der *Bewegung des Privateigentums* gewonnen. Aber es zeigt sich bei Analyse dieses Begriffs, daß, wenn das Privateigentum als Grund, als Ursache der entäußerten Arbeit erscheint, es vielmehr eine Konsequenz derselben ist, wie auch die Götter *ursprünglich* nicht die Ursache, sondern die Wirkung der menschlichen Verstandesverirrung sind. Später schlägt dies Verhältnis in Wechselwirkung um.

Erst auf dem letzten Kulminationspunkt der Entwicklung des Privateigentums tritt dieses sein Geheimnis wieder hervor, nämlich einerseits, daß es das *Produkt* der entäußerten Arbeit, und zweitens, daß es das *Mittel* ist, durch welches sich die Arbeit entäußert, die *Realisation dieser Entäußerung.*

Diese Entwicklung gibt sogleich Licht über verschiedne bisher ungelöste Kollisionen.

1. Die Nationalökonomie geht von der Arbeit als der eigentlichen Seele der Produktion aus und dennoch gibt sie der Arbeit nichts und dem Privateigentum alles. Proudhon hat aus diesem Widerspruch zu Gunsten der Arbeit wider das Privateigentum geschlossen. Wir aber sehn ein, daß dieser scheinbare Widerspruch der Widerspruch der *entfremdeten Arbeit* mit sich selbst ist und daß die Nationalökonomie nur die Gesetze der entfremdeten Arbeit ausgesprochen hat.

Wir sehn daher auch ein, daß *Arbeitslohn* und *Privateigentum* identisch sind: denn der Arbeitslohn, wie das Produkt, der Gegenstand der Arbeit, die Arbeit selbst besoldet, ist nur eine notwendige Konsequenz von der Entfremdung der Arbeit, wie denn im Arbeitslohn auch die Arbeit nicht als Selbstzweck, sondern als der Diener des Lohnes erscheint. Wir werden dies später ausführen und ziehen jetzt nur noch einige Konsequenzen.

[XXVI] Eine gewaltsame *Erhöhung des Arbeitslohnes* (von allen andren Schwierigkeiten abgesehn, abgesehn davon, daß sie als eine Anomalie auch nur gewaltsam aufrecht zu erhalten wäre) wäre also nichts als eine *bessere Salarierung der Sklaven* und hätte weder dem Arbeiter, noch der Arbeit ihre menschliche Bestimmung und Würde erobert.

Ja selbst die *Gleichheit der Saläre,* wie sie Proudhon fordert, verwandelt nur das Verhältnis des jetzigen Arbeiters zu seiner Arbeit in das Verhältnis aller Menschen zur Arbeit. Die Gesellschaft wird dann als abstrakter Kapitalist gefaßt.

Arbeitslohn ist eine unmittelbare Folge der entfremdeten Arbeit, und die entfremdete Arbeit ist die unmittelbare Ursache des Privateigentums. Mit der einen muß daher auch die andere Seite fallen.

2. Aus dem Verhältnis der entfremdeten Arbeit zum Privateigentum folgt ferner, daß die Emanzipation der Gesellschaft vom Privateigentum etc., von der Knechtschaft, in der *politischen* Form der *Arbeiteremanzipation* sich ausspricht, nicht als wenn es sich nur um ihre Emanzipation handelte, sondern weil in ihrer Emanzipation die allgemein menschliche enthalten ist, diese ist aber darin enthalten, weil die ganze menschliche Knechtschaft in dem Verhältnis des Arbeiters zur Produktion involviert ist, und alle Knechtschaftsverhältnisse nur Modifikationen und Konsequenzen dieses Verhältnisses sind.

Wie wir aus dem Begriff der *entfremdeten, entäußerten Arbeit* den Begriff des *Privateigentums* durch *Analyse* gefunden haben, so können mit Hülfe dieser beiden Faktoren alle nationalökonomischen *Kategorien* entwickelt werden, und wir werden in jeder Kategorie, wie zum Beispiel dem Schacher, der Konkurrenz, dem Kapital, dem Geld, nur einen *bestimmten* und *entwickelten Ausdruck* dieser ersten Grundlagen wiederfinden.

Bevor wir jedoch diese Gestaltung betrachten, suchen wir zwei Aufgaben zu lösen.

1. Das allgemeine *Wesen* des *Privateigentums,* wie es sich als Resultat der entfremdeten Arbeit ergeben hat, in seinem Verhältnis zum *wahrhaft menschlichen* und *sozialen Eigentum* zu bestimmen.

2. Wir haben die *Entfremdung der Arbeit,* ihre *Entäußerung* als ein Faktum angenommen und dies Faktum analysiert. Wie, fragen wir nun, kömmt der *Mensch* dazu, seine *Arbeit zu entäußern,* zu entfremden? Wie ist diese Entfremdung im Wesen der menschlichen Entwicklung begründet? Wir haben schon viel für die Lösung der Aufgabe gewonnen, indem wir die Frage nach dem *Ursprung* des *Privateigentums* in die Frage nach dem Verhältnis der *entäußerten Arbeit* zum Entwicklungsgang der Menschheit *verwandelt* haben. Denn wenn man von *Privateigentum* spricht, so glaubt man es mit einer Sache außer dem Menschen zu tun zu haben. Wenn man von der Arbeit spricht, so hat man es unmittelbar mit dem Menschen selbst zu tun. Diese neue Stellung der Frage ist inklusive schon ihre Lösung.

ad 1. *Allgemeines Wesen des Privateigentums und sein Verhältnis zum wahrhaft menschlichen Eigentum.*

In zwei Bestandteile, die sich wechselseitig bedingen, oder die nur verschiedne Ausdrücke eines und desselben Verhältnisses sind, hat sich uns die entäußerte Arbeit aufgelöst. Die *Aneignung* erscheint als *Entfremdung,* als *Entäußerung,* und die *Entäußerung als Aneignung,* die *Entfremdung* als die wahre *Einbürgerung.*

Wir haben die eine Seite betrachtet, die *entäußerte* Arbeit in Bezug auf den *Arbeiter* selbst, das heißt das *Verhältnis der entäußerten Arbeit zu sich selbst.* Als Produkt, als notwendiges Resultat dieses Verhältnisses haben wir das *Eigentumsverhältnis des Nicht-Arbeiters* zum *Arbeiter* und der *Arbeit* gefunden. Das *Privateigentum,* als der materielle, resümierte Ausdruck der entäußerten Arbeit, umfaßt beide Verhältnisse, das *Verhältnis des Arbeiters zur Arbeit und zum Produkt seiner Arbeit und zum*

Nichtarbeiter und das Verhältnis des *Nichtarbeiters zum Arbeiter und dem Produkt seiner Arbeit.*

Wenn wir nun gesehn haben, daß in Bezug auf den Arbeiter, welcher sich durch die Arbeit die Natur *aneignet*, die Aneignung als Entfremdung erscheint, die Selbsttätigkeit als Tätigkeit für einen andern und als Tätigkeit eines andern, die Lebendigkeit als Aufopferung des Lebens, die Produktion des Gegenstandes als Verlust des Gegenstandes an eine fremde Macht, an einen *fremden* Menschen, so betrachten wir nun das Verhältnis dieses der Arbeit und dem Arbeiter *fremden* Menschen zum Arbeiter, zur Arbeit und ihrem Gegenstand.

Zunächst ist zu bemerken, daß alles, was bei dem Arbeiter als *Tätigkeit der Entäußerung, der Entfremdung*, bei dem Nichtarbeiter als *Zustand der Entäußerung, der Entfremdung*, erscheint.

Zweitens, daß das *wirkliche, praktische Verhalten* des Arbeiters in der Produktion und zum Produkt (als Gemütszustand) bei dem ihm gegenüberstehenden Nichtarbeiter als *theoretisches* Verhalten erscheint.

[XXVII] *Drittens.* Der Nichtarbeiter tut alles gegen den Arbeiter, was der Arbeiter gegen sich selbst tut, aber er tut nicht gegen sich selbst, was er gegen den Arbeiter tut.

Betrachten wir näher diese drei Verhältnisse.*)

II. Manuskript

Das Verhältnis des Privateigentums

[XXXX] ... Zinsen seines Kapitals bildet.**) An dem Arbeiter existiert es also subjektiv, daß das Kapital der sich ganz abhanden gekommene Mensch ist, wie es am Kapital objektiv existiert, daß die Arbeit der sich abhanden gekommene Mensch ist. Der *Arbeiter* hat aber das Unglück, ein *lebendiges* und daher *bedürftiges* Kapital zu sein, das jeden Augenblick, wo es nicht arbeitet, seine Zinsen und damit seine Existenz verliert. Als Kapital steigt der *Wert* des Arbeiters nach Nachfrage und Zufuhr

*) Hier bricht das Manuskript ab – Anm. d. Hersg.

**) Das II. Manuskript beginnt mitten im Satz, es ist anscheinend das Schlußfragment eines verlorengegangenen Heftes – Anm. d. Hrsg.

und auch *physisch* wurde und wird gewußt sein *Dasein,* sein *Leben* als eine Zufuhr von *Ware,* wie jeder andren Ware. Der Arbeiter produziert das Kapital, das Kapital produziert ihn, er also sich selbst, und der Mensch als *Arbeiter,* als *Ware,* ist das Produkt der ganzen Bewegung. Dem Menschen, der nichts mehr ist als *Arbeiter,* und als Arbeiter sind seine menschlichen Eigenschaften nur da, insofern sie für das ihm *fremde* Kapital da sind. Weil sich aber beide fremd sind, daher in einem gleichgültigen und äußerlichen und zufälligen Verhältnisse stehn, so mußte diese Fremdheit auch als *wirklich* erscheinen. Sobald es also dem Kapital einfällt – notwendiger oder willkürlicher Einfall – nicht mehr für den Arbeiter zu sein, ist er selbst nicht mehr für sich, er hat *keine* Arbeit, darum *keinen* Lohn, und da er nicht *als Mensch,* sondern als *Arbeiter* Dasein hat, so kann er sich begraben lassen, verhungern etc. Der Arbeiter ist nur als Arbeiter da, sobald er *für sich* als Kapital da ist, und er ist nur als Kapital da, sobald ein *Kapital für ihn* da ist. Das Dasein des Kapitals ist *sein* Dasein, sein *Leben,* wie es den Inhalt seines Lebens auf eine ihm gleichgültige Weise bestimmt. Die Nationalökonomie kennt daher nicht den unbeschäftigten Arbeiter, den Arbeitsmenschen, soweit er sich außer diesem Arbeitsverhältnis befindet. Der Spitzbube, Gauner, Bettler, der Unbeschäftigte, der verhungernde, der elende und verbrecherische Arbeitsmensch, sind *Gestalten,* die nicht *für sie,* sondern nur für andre Augen, für die des Arztes, des Richters, des Totengräbers und Bettelvogts etc. existieren, Gespenster außerhalb ihres Reichs. Die Bedürfnisse des Arbeiters sind daher für sie nur das *Bedürfnis, ihn während der Arbeit* zu unterhalten, insoweit daß das *Arbeitergeschlecht nicht aussterbe.* Der Arbeitslohn hat daher ganz denselben Sinn, wie die *Unterhaltung, Instandhaltung* jedes andren produktiven Instruments, wie die *Konsumtion* des *Kapitals* überhaupt, deren es bedarf, um sich mit Zinsen zu reproduzieren, wie das Öl, welches an die Räder verwandt wird, um sie in Bewegung zu halten. Der Arbeitslohn gehört daher zu den nötigen *Kosten* des Kapitals und des Kapitalisten und darf das Bedürfnis dieser Not nicht überschreiten. Es war daher ganz konsequent, wenn englische Fabrikherrn vor der Amendement bill von 1834 die öffentlichen Almosen, die der Arbeiter vermittelst der Armentaxe empfing, von seinem Arbeitslohn abzogen und als einen integrierenden Teil desselben betrachteten.

Die Produktion produziert den Menschen nicht nur als eine

Ware, die *Menschenware*, den Menschen in der Bestimmung der *Ware*, sie produziert ihn, dieser Bestimmung entsprechend, als ein ebenso *geistig* wie körperlich *entmenschtes* Wesen. – Immoralität, Mißgeburt, Helotismus der Arbeiter und der Kapitalisten. – Ihr Produkt ist die *selbstbewußte* und *selbsttätige Ware*, ... die *Menschenware* ... Großer Fortschritt von Ricardo, Mill' etc. gegen Smith und Say, das *Dasein* des Menschen – die größere oder kleinere Menschenproduktivität der Ware – als *gleichgültig* und sogar *schädlich* zu erklären. Nicht, wie viel Arbeiter ein Kapital unterhalte, sondern wie viel Zinsen es bringe, die Summe der jährlichen *Ersparungen* sei der wahre Zweck der Produktion. Es war ebenfalls ein großer und konsequenter Fortschritt der neueren [XLI] englischen Nationalökonomie, daß sie, – welche die *Arbeit* zum *einzigen* Prinzip der Nationalökonomie erhebt – zugleich mit völliger Klarheit das *umgekehrte* Verhältnis zwischen dem Arbeitslohn und den Zinsen des Kapitals auseinandersetzte und daß der Kapitalist in der Regel *nur* durch die Herabdrückung des Arbeitslohns wie umgekehrt gewinnen könne. Nicht die Übervorteilung des Konsumenten, sondern die wechselseitige Übervorteilung von Kapitalist und Arbeiter sei das *normale* Verhältnis. – Das Verhältnis des Privateigentums enthält in sich latent das Verhältnis des Privateigentums als *Arbeit*, wie das Verhältnis desselben als *Kapital* und die *Beziehung* dieser beiden Ausdrücke aufeinander. Die Produktion der menschlichen Tätigkeit als *Arbeit*, also als einer sich ganz fremden, dem Menschen und der Natur, daher des Bewußtseins und der Lebensäußerung ganz fremden Tätigkeit, die *abstrakte* Existenz des Menschen als eines bloßen *Arbeitsmenschen*, der daher täglich aus seinem erfüllten Nichts in das absolute Nichts, sein gesellschaftliches und darum sein wirkliches Nichtdasein hinabstürzen kann – wie andrerseits die Produktion des Gegenstandes der menschlichen Tätigkeit als *Kapital*, worin alle natürliche und gesellschaftliche Bestimmtheit des Gegenstandes *ausgelöscht* ist, das Privateigentum seine natürliche und gesellschaftliche Qualität (also alle politischen und geselligen Illusionen verloren hat und mit keinen *scheinbar* menschlichen Verhältnissen vermischt ist) verloren hat – worin auch *dasselbe* Kapital in dem verschiedenartigsten natürlichen und gesellschaftlichen Dasein *dasselbe* bleibt, vollkommen gleichgültig gegen seinen *wirklichen* Inhalt ist – dieser Gegensatz auf die Spitze getrieben ist notwendig die Spitze, die Höhe und der Untergang des ganzen Verhältnisses.

Es ist daher wieder eine große Tat der neuern englischen Nationalökonomie, die Grundrente als den Unterschied der Zinsen des schlechtesten der Kultur angehörigen Bodens und der des besten Kulturbodens anzugeben, die romantischen Einbildungen des Grundeigentümers – seine angeblich soziale Wichtigkeit und die Identität seines Interesses mit dem Interesse der Gesellschaft, die noch nach dem Physiokraten *Adam Smith* behauptet – nachgewiesen und die Bewegung der Wirklichkeit antizipiert und vorbereitet zu haben, die den Grundeigentümer in einen ganz gewöhnlichen, prosaischen Kapitalisten verwandeln, dadurch den Gegensatz vereinfachen, zuspitzen und damit seine Auflösung beschleunigen wird. Die *Erde* als *Erde*, die *Grundrente* als *Grundrente* haben dort ihren *Standesunterschied* verloren und sind zum nichtssagenden oder vielmehr nur geldsagenden *Kapital* und *Interesse* geworden. –

Der *Unterschied* von Kapital und Erde, von Gewinn und Grundrente, wie beider vom Arbeitslohn, von der *Industrie*, von der *Agrikultur*, von dem *unbeweglichen* und *beweglichen* Privateigentum, ist ein noch *historischer* nicht im Wesen der Sache begründeter Unterschied, ein *fixiertes* Bildungs- und Entstehungsmoment des Gegensatzes von Kapital und Arbeit. In der Industrie etc. im Gegensatz zum unbeweglichen Grundeigentum ist nur die Entstehungsweise und der Gegensatz, in dem sich die Industrie zur Agrikultur ausgebildet hat, ausgedrückt. Als eine *besondre* Art der Arbeit, als ein *wesentlicher*, *gewichtiger*, das *Leben umfassender* Unterschied besteht dieser Unterschied nur, so lange die Industrie (das Stadtleben) *gegenüber* dem Landbesitz (dem adligen Feudalleben) sich bildet und noch den feudalen Charakter ihres Gegensatzes an sich selbst in der Form des Monopols, Zunft, Gilde, Korporation etc. trägt, innerhalb welcher Bestimmungen die Arbeit noch eine *scheinbar gesellschaftliche* Bedeutung, noch die Bedeutung des *wirklichen* Gemeinwesens hat, noch nicht zur *Gleichgültigkeit* gegen ihren Inhalt und zum völligen Sein für sich selbst, das heißt zur Abstraktion von allem andren Sein und darum auch noch nicht zum *freigelassenen* Kapital fortgegangen ist.

[LXII] Aber die notwendige *Entwicklung* der Arbeit ist die freigelassene, als solche für sich konstituierte *Industrie* und das *freigelassene Kapital*. Die Macht der Industrie über ihren Gegensatz zeigt sich sogleich in der Entstehung der *Agrikultur* als einer wirklichen Industrie, während sie früher die Hauptarbeit dem

Boden überließ und dem *Sklaven* dieses Bodens, durch welchen dieser sich selbst baute. Mit der Verwandlung des Sklaven in einen *freien* Arbeiter, das heißt in einen *Söldling*, ist der Grundherr an sich in einen Industrieherrn, einen Kapitalisten verwandelt, eine Verwandlung, die zunächst durch das Mittelglied des *Pächters* geschieht. Aber der *Pächter* ist der Repräsentant, das offenbarte *Geheimnis* des Grundeigentümers; nur durch ihn ist *sein nationalökonomisches* Dasein, sein Dasein als Privateigentümer – denn die Grundrente seiner Erde ist nur durch die Konkurrenz der Pächter. – Also *ist* der Grundherr wesentlich schon im *Pächter* ein *gemeiner* Kapitalist geworden. Und dies muß sich noch in der Wirklichkeit vollziehn, der Agrikultur treibende Kapitalist – der Pächter – muß Grundherr werden oder umgekehrt. Der *Industrieschacher* des Pächters ist der des *Grundeigentümers*, denn das Sein des ersten setzt das Sein des zweiten. –

Als ihrer gegensätzlichen Entstehung sich erinnernd, ihrer Herkunft – der Grundeigentümer weiß den Kapitalisten als seinen übermütigen, freigelassenen, bereicherten Sklaven von gestern und sieht sich selbst als *Kapitalist* durch jenen bedroht – der Kapitalist weiß den Grundeigentümer als den nichtstuenden und grausamen egoistischen Herrn von gestern, er weiß, daß er ihn als Kapitalist beeinträchtigt, doch der Industrie seine ganze jetzige gesellschaftliche Bedeutung, seine Habe und seinen Genuß verdankt, er sieht in ihm einen Gegensatz der *freien* Industrie und des *freien*, von jeder Naturbestimmung unabhängigen Kapitals. – Dieser Gegensatz ist höchst bitter und sagt sich wechselseitig die Wahrheit. Man braucht nur die Angriffe des unbeweglichen Eigentums auf das bewegliche und umgekehrt zu lesen, um sich von ihrer wechselseitigen Nichtswürdigkeit ein anschauliches Bild zu verschaffen. Der Grundeigentümer macht den Geburtsadel seines Eigentums, die feudalen souvenirs, Reminiszenzen, die Poesie der Erinnerung, sein schwärmerisches Wesen, seine politische Wichtigkeit etc. geltend, und wenn sie nationalökonomisch sprechen: der Landbau sei *allein* produktiv. Er schildert zugleich seinen Gegner als einen schlauen, feilbietenden, mäkelnden, betrügerischen, habsüchtigen, verkäuflichen, empörungssüchtigen, Herz- und Geistlosen, dem Gemeinwesen entfremdeten frei es verschachernden, wuchernden, kuppelnden, sklavischen, geschmeidigen, schöntuenden, prellenden, trockenen, die Konkurrenz und daher den Pauperismus und den verbrechenden, die Auflösung aller sozialen Bande erzeugenden, nährenden, hätschelnden *Geld-*

schurken ohne Ehre, ohne Grundsätze, ohne Poesie, ohne alles. (Siehe unter andern den Physiokraten *Bergasse,* den Camille Desmoulins schon in seinem Journal: »Révolutions de France et de Brabant« geißelt, siehe v. Vincke, Lancizolle, Haller, Leo, Kosegarten*) und siehe *Sismondi.)* Das bewegliche Eigentum seiner Seits zeigt auf die Wunder der Industrie und der Bewegung, es ist das Kind der modernen Zeit und ihr berechtigter eingeborener Sohn; es bedauert seinen Gegner als einen über sein Wesen *unaufgeklärten* (und das ist vollkommen richtig) Schwachkopf, der an die Stelle des moralischen Kapitals und der freien Arbeit die rohe unmoralische Gewalt und die Leibeigenschaft setzen wolle; es schildert ihn als einen Don Quichotte, der unter dem Schein der *Gradheit, Biederheit,* des *allgemeinen Interesses,* des *Bestandes,* die Bewegungsunfähigkeit, die habsüchtige Genußsucht, die Selbstsucht, das Sonderinteresse, die schlechte Absicht verstecke; es erklärt ihn für einen durchtriebenen *Monopolisten;* seine Reminiszenzen, seine Poesie, seine Schwärmerei dämpft es durch eine historische und sarkastische Aufzählung der Niederträchtigkeit, Grausamkeit, Wegwerfung, Prostitution, Infamie, Anarchie, Empörung, deren Werkstätten die romantischen Schlösser waren.

[XLIII] Es habe dem Volk die politische Freiheit verschafft, die Fesseln der bürgerlichen Gesellschaft gelöst, die Welten miteinander verbunden, den menschenfreundlichen Handel, die reine Moral, die gefällige Bildung geschaffen; es habe dem Volke statt seiner rohen zivilisierte Bedürfnisse und die Mittel ihrer Befriedigung gegeben, während der Grundeigentümer – dieser untätige und nur genannte Kornwucherer – dem Volke die ersten Lebensmittel verteure, dadurch den Kapitalisten zwinge, den Arbeitslohn zu erhöhen, ohne die Produktionskraft erhöhen zu können, so das jährliche Einkommen der Nation, die Akkumulation der Kapitalien, also die Möglichkeit, dem Volke Arbeit und dem

---

*) [Fußnote von Marx:] Siehe den gespreizten althegelschen Theologen *Funke,* der mit Tränen in den Augen nach Herrn Leo erzählte, wie ein Sklave bei der Aufhebung der Leibeigenschaft sich geweigert habe, aufzuhören ein *adliges Eigentum* zu sein. Siehe auch *Justus Mösers patriotische Phantasien,* die sich dadurch auszeichnen, daß sie nicht einen Augenblick den biedern, kleinbürgerlichen »hausbakkenen«, *gewöhnlichen,* bornierten Horizont des Philisters verlassen und dennoch *reine* Phantastereien sind. Dieser Widerspruch hat sie so ansprechend für das deutsche Gemüt gemacht. –

Lande Reichtum zu verschaffen, verhindre, endlich ganz aufhebe, einen allgemeinen Untergang herbeiführe und *alle* Vorteile der modernen Zivilisation wucherisch ausbeute, ohne das Geringste für sie zu tun und gar ohne von seinen Feudalvorurteilen abzulassen. Endlich solle er nur auf seinen *Pächter* sehn – er, bei dem der Landbau und der Boden selbst nur als eine ihm geschenkte Geldquelle existiert – und er solle sagen, ob er nicht ein *biederer, phantastischer, schlauer* Schurke sei, der im Herzen und der Wirklichkeit nach der *freien* Industrie und dem *lieblichen* Handel längst angehöre, so sehr er sich auch dagegen sträube und soviel er von historischen Erinnerungen und sittlichen oder politischen Zwecken plaudere. Alles, was er wirklich zu seinen Gunsten vorbringe, sei nur wahr für den *Landbauer* (den Kapitalisten und die Arbeitsknechte), deren *Feind* vielmehr der *Grundeigentümer* sei; er beweise also gegen sich selbst. *Ohne* Kapital sei das Grundeigentum tote, wertlose Materie. Sein zivilisierter Sieg sei es eben, an die Stelle des toten Dings die menschliche Arbeit als Quelle des Reichtums entdeckt und geschaffen zu haben. (Siehe Paul Louis Courier, St. Simon, Ganilh, Ricardo, Mill, MacCulloch und Destutt de Tracy und Michel Chevalier). – –

Aus dem *wirklichen* Lauf der Entwicklung (hier einzufügen) folgt der notwendige Sieg des *Kapitalisten,* das heißt des ausgebildeten Privateigentums über das unausgebildete, halbe, den *Grundeigentümer,* wie überhaupt schon die Bewegung über die Unbeweglichkeit, die offene, selbstbewußte Gemeinheit über die versteckte und bewußtlose, die *Habsucht* über die *Genußsucht,* der eingestanden restlose, vielgewandte Eigennutz der *Aufklärung* über den lokalen, weltklugen, biederen, trägen und phantastischen *Eigennutz des Aberglaubens,* wie das *Geld* über die andre Form des Privateigentums siegen muß. – –

Die Staaten, welche etwas von der Gefahr der vollendeten freien Industrie, der vollendeten reinen Moral und dem vollendeten menschenfreundlichen Handel ahnen, suchen die Kapitalisierung des Grundeigentums – aber ganz vergeblich – aufzuhalten. – –

Das *Grundeigentum,* in seinem Unterschied von dem Kapital, ist das Privateigentum, das Kapital noch von *lokalen* und politischen Vorurteilen behaftet, das noch nicht ganz aus seiner Verstrickung mit der Welt zu sich selbst gekommene, das noch *unvollendete* Kapital. Es muß im Laufe seiner *Weltbildung* zu seinem abstrakten, das heißt *reinen* Ausdrucke gelangen. –

Das Verhältnis des *Privateigentums* ist Arbeit, Kapital und die Beziehung beider.

Die Bewegung, die diese Glieder zu durchlaufen haben, sind: *Erstens – unmittelbare* und *vermittelte Einheit beider.*

Kapital und Arbeit erst noch vereint; dann zwar getrennt, und entfremdet, aber sich wechselseitig als *positive* Bedingungen hebend und fördernd.

Gegensatz beider, schließen sich wechselseitig aus; der Arbeiter weiß den Kapitalisten und umgekehrt als sein Nichtdasein; jeder sucht dem andren sein Dasein zu entreißen.

Gegensatz jedes gegen sich selbst. Kapital = aufgehäufter Arbeit = Arbeit. Als solche zerfallend in *sich* und seine *Zinsen,* wie diese wieder in *Zinsen und Gewinn.* Restlose Aufopferung des Kapitalisten. Er fällt in die Arbeiterklasse, wie der Arbeiter – aber nur ausnahmsweise – Kapitalist wird. Arbeit als Moment des Kapitals, seine *Kosten.* Also der Arbeitslohn ein Opfer des Kapitals.

Arbeit zerfallen in *sich* und den *Arbeitslohn.* Arbeiter selbst ein Kapital, eine Ware.

Kollision wechselseitiger Gegensätze.

III. Manuskript

Privateigentum und Arbeit

[(I) ad pag. XXXVI] *Das subjektive Wesen* des Privateigentums, das *Privateigentum* als für sich seiende Tätigkeit, als *Subjekt,* als *Person* ist die Arbeit. Es versteht sich also, daß erst die Nationalökonomie, welche die *Arbeit* als ihr Prinzip erkannte – *Adam Smith* –, also nicht mehr das Privateigentum nur mehr als einen *Zustand* außer dem Menschen wußte, – daß diese Nationalökonomie sowohl als ein Produkt der wirklichen *Energie* und *Bewegung* des Privateigentums zu betrachten ist, als ein Produkt der modernen *Industrie,* wie sie andrerseits die Energie und Entwicklung dieser *Industrie* beschleunigt, verherrlicht, zu einer Macht des *Bewußtseins* gemacht hat. Als *Fetischdiener,* als *Katholiken* erscheinen daher dieser aufgeklärten Nationalökonomie, die das *subjektive Wesen* des Reichtums – innerhalb des Privateigentums – entdeckt hat, die Anhänger des Geld- und Merkantilsystems, welche das Privateigentum als ein *nur gegenständ-*

liches Wesen für die Menschen wissen. *Engels* hat daher mit Recht *Adam Smith* den *nationalökonomischen Luther* genannt. Wie Luther als das Wesen der wirklichen *Welt* die Religion, den *Glauben* erkannte und daher dem katholischen Heidentum gegenübertrat, wie er die *äußere* Religiosität aufhob, indem er die Religiosität zum *innern* Wesen des Menschen machte, wie er die außer dem Laien vorhandnen Pfaffen negierte, weil er den Pfaffen in das Herz des Laien versetzte, so wird der außer dem Menschen befindliche und von ihm unabhängige – also nur auf eine äußerliche Weise zu erhaltende und zu behauptende – Reichtum aufgehoben, das heißt diese seine *äußerliche gedankenlose Gegenständlichkeit* wird aufgehoben, indem sich das Privateigentum inkorporiert im Menschen selbst und der Mensch selbst als sein Wesen erkannt – aber darum der Mensch selbst in der Bestimmung des Privateigentums wie bei Luther der Religion gesetzt wird. Unter dem Schein einer Anerkennung des Menschen ist also die Nationalökonomie, deren Prinzip die Arbeit, vielmehr nur die konsequente Durchführung der Verleugnung des Menschen, indem er selbst nicht mehr in einer äußerlichen Spannung zu dem äußerlichen Wesen des Privateigentums steht, sondern er selbst dies gespannte Wesen des Privateigentums geworden ist. Was früher *Sichäußerlichsein*, reale Entäußerung des Menschen, ist nun zur Tat der Entäußerung, zur Veräußerung geworden. Wenn also jene Nationalökonomie unter dem Schein der Anerkennung des Menschen, seiner Selbständigkeit, Selbsttätigkeit etc. beginnt und, wie sie in das Wesen des Menschen selbst das Privateigentum versetzt, nicht mehr durch die lokalen, nationalen etc. *Bestimmungen des Privateigentums* als eines *außer ihr existierenden Wesens* bedingt sein kann, also eine *kosmopolitische*, allgemeine, jede Schranke, jedes Band umwerfende Energie entwickelt, um sich als die *einzige* Politik, Allgemeinheit, Schranke und Band an die Stelle zu setzen, so muß sie bei weitrer Entwicklung diese *Scheinheiligkeit* abwerfen, in ihrem *ganzen Zynismus* hervortreten, und sie tut dies, indem sie – unbekümmert um alle scheinbaren Widersprüche, worin diese Lehre sie verwickelt, – viel *einseitiger*, darum *schärfer* und *konsequenter* die *Arbeit* als das einzige *Wesen des Reichtums* entwickelt, die Konsequenzen dieser Lehre im Gegensatz zu jener ursprünglichen Auffassung vielmehr als *menschenfeindliche* nachweist und endlich dem letzten, *individuellen, natürlichen*, unabhängig von der Bewegung der Arbeit existierenden Dasein des Privateigentums und Quelle des Reichtums – der *Grundrente,* diesem schon ganz nationalökonomisch gewordnen und daher gegen die Nationalökonomie widerstandsunfähigen Ausdruck des Feudaleigentums – den Todesstoß gibt. (Schule des *Ricardo.)* Nicht nur wächst der *Zynismus* der Nationalökonomie relativ von Smith über Say bis zu Ricardo, Mill etc., insofern die Konsequenzen der *Industrie* den letztern entwickelter und widerspruchsvoller vor die Augen treten, sondern auch positiv gehn sie immer und mit Bewußtsein weiter in der Entfremdung gegen den Menschen als ihr Vorgänger, aber *nur,* weil ihre Wissenschaft sich konsequenter und wahrer entwickelt. Indem sie das Privateigentum in seiner tätigen Gestalt zum Subjekt machen, also zugleich den Menschen zum Wesen und zugleich den Menschen als ein Unwesen zum Wesen machen, so entspricht der Widerspruch der Wirklichkeit vollständig dem widerspruchsvollen Wesen, das sie als Prinzip erkannt haben. Die zerrissene [II] *Wirklichkeit* der *Industrie* bestätigt ihr in *sich zerrissenes* Prinzip, weit entfernt, es zu widerlegen. Ihr Prinzip ist ja das Prinzip dieser Zerrissenheit. – –

Die physiokratische Lehre von *Dr. Quesnay* bildet den Übergang aus dem Merkantilsystem zu Adam Smith. Die *Physiokratie* ist unmittelbar die *nationalökonomische* Auflösung des Feudaleigentums, aber darum eben so unmittelbar die *nationalökonomische Umwandlung,* Wiederherstellung desselben, nur daß seine Sprache nun nicht mehr feudal, sondern ökonomisch wird. Aller Reichtum wird aufgelöst in die *Erde* und den *Landbau* (Agrikultur). Die Erde ist noch nicht *Kapital,* sie ist noch eine *besondre* Daseinsweise desselben, die in ihrer und um ihrer natürlichen Besonderheit *willen* gelten soll, aber die Erde ist doch ein allgemeines, natürliches *Element,* während das Merkantilsystem nur das *edle Metall* als Existenz des Reichtums kannte. Der *Gegenstand* des Reichtums, seine Materie, hat also sogleich die höchste Allgemeinheit innerhalb der *Naturgrenze,* – insofern er auch als *Natur* unmittelbar gegenständlicher Reichtum ist – erhalten. Und die Erde ist nur durch die Arbeit, die Agrikultur für den *Menschen.* Also wird schon das subjektive Wesen des Reichtums in die Arbeit versetzt. Aber zugleich ist die Agrikultur die *einzig produktive Arbeit.* Also ist die Arbeit noch nicht in ihrer Allgemeinheit und Abstraktion gefaßt, sie ist noch an ein besondres *Naturelement als ihre Materie* gebunden, sie ist daher auch nur noch in einer besondern *naturbestimmten Daseinsweise* erkannt. Sie ist daher erst eine *bestimmte, besondre* Entäußerung des

Menschen, wie ihr Produkt noch als ein bestimmter, – mehr noch der Natur als ihr selbst anheimfallender Reichtum – gefaßt ist. Die Erde wird hier noch als von Menschen unabhängiges Naturdasein anerkannt, noch nicht als Kapital, das heißt als ein Moment der Arbeit selbst. Vielmehr erscheint die Arbeit als *ihr* Moment. Indem aber der Fetischismus des alten äußerlichen, nur als Gegenstand existierenden Reichtums auf ein sehr einfaches Naturelement reduziert und sein Wesen schon, wenn auch erst teilweise, auf eine besondre Weise in seiner subjektiven Existenz anerkannt ist, ist der notwendige Fortschritt, daß das *allgemeine Wesen* des Reichtums erkannt und daher die *Arbeit* in ihrer vollständigen Absolutheit, das heißt Abstraktion, zum *Prinzip* erhoben wird. Es wird der Physiokratie bewiesen, daß die *Agrikultur* in ökonomischer Hinsicht, also der einzig berechtigten, von keiner andren Industrie verschieden sei, also nicht eine *bestimmte* Arbeit, eine an ein besondres Element gebundne, eine besondre Arbeitsäußerung, sondern die *Arbeit überhaupt* das *Wesen* des Reichtums sei.

Die Physiokratie leugnet den *besondren* äußerlichen, nur gegenständlichen Reichtum, indem sie die Arbeit für sein *Wesen* erklärt. Aber zunächst ist die Arbeit für sie nur das *subjektive Wesen* des Grundeigentums (sie geht von der Art des Eigentums aus, welche historisch als die herrschende und anerkannte erscheint); sie läßt nur das Grundeigentum zum *entäußerten Menschen* werden. Sie hebt seinen Feudalcharakter auf, indem sie die *Industrie* (Agrikultur) für sein *Wesen* erklärt; aber sie verhält sich leugnend zur Welt der Industrie, sie erkennt das Feudalwesen an, indem sie die *Agrikultur* für die *einzige* Industrie erklärt. Es versteht sich, daß sobald nur das *subjektive Wesen* der im Gegensatz zum Grundeigentum, das heißt als Industrie sich konstituierenden Industrie – gefaßt wird, dieses Wesen jenen seinen Gegensatz in sich einschließt. Denn wie die Industrie das aufgehobne Grundeigentum, so umfaßt ihr *subjektives* Wesen zugleich *sein* subjektives Wesen. Wie das Grundeigentum die erste Form des Privateigentums ist, wie die Industrie ihr bloß als eine besondre Art des Eigentums zunächst historisch entgegentritt, – oder vielmehr der freigelassene Sklave des Grundeigentums ist – so wiederholt sich bei der wissenschaftlichen Erfassung des *subjektiven* Wesens des Privateigentums, der *Arbeit,* dieser Prozeß, und die Arbeit erscheint zuerst nur als *Landbauarbeit,* macht sich dann aber als *Arbeit* überhaupt geltend.

[III] Aller Reichtum ist zum *industriellen* Reichtum, zum *Reichtum* der Arbeit geworden, und die *Industrie* ist die vollendete Arbeit, wie das *Fabrikwesen* das ausgebildete Wesen der *Industrie*, das heißt der Arbeit ist und das *industrielle Kapital* die vollendete objektive Gestalt des Privateigentums ist. – –

Wir sehen, wie auch nun erst das Privateigentum seine Herrschaft über den Menschen vollenden und in allgemeinster Form zur weltgeschichtlichen Macht werden kann. –

Privateigentum und Kommunismus

[ad pag. XXXIX] Aber der Gegensatz von *Eigentumslosigkeit* und *Eigentum* ist ein noch indifferenter, nicht in seiner *tätigen Beziehung* zu seinem *innren* Verhältnis, noch nicht als *Widerspruch* gefaßter Gegensatz, so lange er nicht als der Gegensatz der *Arbeit* und des *Kapitals* begriffen wird. Auch ohne die fortgeschrittene Bewegung des Privateigentums, im alten Rom, in der Türkei etc., kann dieser Gegensatz in der *ersten* Gestalt sich aussprechen. So *erscheint* er noch nicht als durch das Privateigentum selbst gesetzt. Aber die Arbeit, das subjektive Wesen des Privateigentums als Ausschließung des Eigentums, und das Kapital, die objektive Arbeit als Ausschließung der Arbeit, ist das *Privateigentum* als ein entwickeltes Verhältnis des Widerspruchs, darum ein energisches, zur Auflösung treibendes Verhältnis.

[ad ibidem] Die Aufhebung der Selbstentfremdung macht denselben Weg wie die Selbstentfremdung. Erst wird das *Privateigentum* nur in seiner objektiven Seite – aber doch die Arbeit als sein Wesen – betrachtet. Seine Daseinsform ist daher das *Kapital*, das »als solches« aufzuheben ist (Proudhon). Oder die *besondre Weise* der Arbeit, – als nivellierte, parzellierte und darum unfreie Arbeit, wird als die Quelle der *Schädlichkeit* des Privateigentums und seines menschenentfremdeten Daseins gefaßt – *Fourier*, der den Physiokraten entsprechend auch wieder die *Landbauarbeit* wenigstens als die *ausgezeichnete* faßt, *während St. Simon* im Gegensatz die *Industriearbeit* als solche für das Wesen erklärt und nur noch die *alleinige* Herrschaft der Industriellen und die Verbesserung der Lage der Arbeiter begehrt. Der *Kommunismus* endlich ist der *positive* Ausdruck des aufgehobnen Privateigentums, zunächst das *allgemeine* Privateigentum. Indem er dies Verhältnis in seiner *Allgemeinheit* faßt, ist er 1. in seiner ersten Gestalt nur eine *Verallgemeinerung* und *Vollendung* desselben; als solche zeigt er sich in doppelter Gestalt: einmal ist die Herrschaft des *sachlichen* Eigentums so groß ihm gegenüber, daß er *alles* vernichten will, was nicht fähig ist, als *Privateigentum* von allen besessen zu werden; er will auf *gewaltsame* Weise von Talent etc. abstrahieren. Der physische unmittelbare *Besitz* gilt ihm als einziger Zweck des Lebens und Daseins; die Leistung des *Arbeiters* wird nicht aufgehoben, sondern auf alle Menschen ausgedehnt; das Verhältnis des Privateigentums bleibt das Verhältnis der Gemeinschaft zur Sachenwelt; endlich spricht sich diese Bewegung, dem Privateigentum das allgemeine Privateigentum entgegenzustellen, in der tierischen Form aus, daß der *Ehe* (welche allerdings eine *Form* des *exklusiven Privateigentums* ist) die *Weibergemeinschaft*, wo also das Weib zu einem *gemeinschaftlichen* und *gemeinen Eigentum* wird, entgegengestellt wird. Man darf sagen, daß dieser Gedanke der *Weibergemeinschaft* das *ausgesprochene Geheimnis* dieses noch ganz rohen und gedankenlosen Kommunismus ist. Wie das Weib aus der Ehe in die allgemeine Prostitution, so tritt die ganze Welt des Reichtums, das heißt des gegenständlichen Wesens des Menschen, aus dem Verhältnis der exklusiven Ehe mit dem Privateigentümer in das Verhältnis der universellen Prostitution mit der Gemeinschaft. Dieser Kommunismus – indem er die *Persönlichkeit* des Menschen überall negiert – ist eben nur der konsequente Ausdruck des Privateigentums, welches diese Negation ist. Der allgemeine und als Macht sich konstituierende *Neid* ist nur die versteckte Form, in welcher die *Habsucht* sich herstellt und nur auf eine *andre* Weise sich befriedigt. Der Gedanke jedes Privateigentums als eines solchen ist *wenigstens* gegen das *reichere* Privateigentum als Neid und Nivellierungssucht gekehrt, so daß diese sogar das Wesen der Konkurrenz ausmachen. Der rohe Kommunist ist nur die Vollendung dieses Neides und dieser Nivellierung von dem *vorgestellten* Minimum aus. Er hat ein *bestimmtes begrenztes* Maß. Wie wenig diese Aufhebung des Privateigentums eine wirkliche Aneignung ist, beweist eben die abstrakte Negation der ganzen Welt der Bildung und der Zivilisation, die Rückkehr zur *unnatürlichen* [IV] Einfachheit des *armen* und bedürfnislosen Menschen, der nicht über das Privateigentum hinaus, sondern noch nicht einmal bei demselben angelangt ist.

Die Gemeinschaft ist nur eine Gemeinschaft der *Arbeit* und die Gleichheit des *Salärs*, den das gemeinschaftliche Kapital, die *Gemeinschaft* als der allgemeine Kapitalist, auszahlt. Beide Seiten des Verhältnisses sind in eine *vorgestellte* Allgemeinheit erhoben, die *Arbeit*, als die Bestimmung, in welcher jeder gesetzt ist, das *Kapital* als die anerkannte Allgemeinheit und Macht der Gemeinschaft.

In dem Verhältnis zum *Weib*, als dem Raub und der Magd der gemeinschaftlichen Wollust, ist die unendliche Degradation ausgesprochen, in welcher der Mensch für sich selbst existiert, denn das Geheimnis dieses Verhältnisses hat seinen *unzweideutigen*, entschiednen, *offenbaren*, enthüllten Ausdruck in dem Verhältnisse des *Mannes* zum *Weibe* und in der Weise, wie das *unmittelbare*, *natürliche* Gattungsverhältnis gefaßt wird. Das unmittelbare, natürliche, notwendige Verhältnis des Menschen zum Menschen ist das *Verhältnis* des *Mannes* zum *Weibe*. In diesem *natürlichen* Gattungsverhältnis ist das Verhältnis des Menschen zur Natur unmittelbar sein Verhältnis zum Menschen, wie das Verhältnis zum Menschen unmittelbar sein Verhältnis zur Natur, seine eigne *natürliche* Bestimmung ist. In diesem Verhältnis *erscheint* also *sinnlich*, auf ein anschaubares *Faktum* reduziert, in wie weit dem Menschen das menschliche Wesen zur Natur oder die Natur zum menschlichen Wesen des Menschen geworden ist. Aus diesem Verhältnis kann man also die ganze Bildungsstufe des Menschen beurteilen. Aus dem Charakter dieses Verhältnisses folgt, in wie weit der *Mensch* als *Gattungswesen*, als *Mensch* sich geworden ist und erfaßt hat; das Verhältnis des Mannes zum Weib ist das *natürlichste* Verhältnis des Menschen zum Menschen. In ihm zeigt sich also, in wie weit das *natürliche* Verhalten des Menschen *menschlich* oder in wie weit das *menschliche* Wesen ihm zum *natürlichen* Wesen, in wie weit seine *menschliche Natur* ihm zur *Natur* geworden ist. In diesem Verhältnis zeigt sich auch, in wie weit das *Bedürfnis* des Menschen zum *menschlichen* Bedürfnis, in wie weit ihm also der *andre* Mensch als Mensch zum Bedürfnis geworden ist, in wie weit er in seinem individuellsten Dasein zugleich Gemeinwesen ist.

Die erste positive Aufhebung des Privateigentums, der *rohe* Kommunismus, ist also nur eine *Erscheinungsform* von der Niedertracht des Privateigentums, das sich als das *positive Gemeinwesen* setzen will.

2. Der Kommunismus a) noch politischer Natur, demokratisch

oder despotisch; b) mit Aufhebung des Staats, aber zugleich noch unvollendetem und immer noch mit dem Privateigentum, das heißt der Entfremdung des Menschen affiziertem Wesen. In beiden Formen weiß sich der Kommunismus schon als Reintegration oder Rückkehr des Menschen in sich, als Aufhebung der menschlichen Selbstentfremdung, aber indem er das positive Wesen des Privateigentums noch nicht erfaßt hat und ebenso wenig die *menschliche* Natur des Bedürfnisses verstanden hat, ist er auch noch von demselben befangen und infiziert. Er hat zwar seinen Begriff erfaßt, aber noch nicht sein Wesen.

3. Der *Kommunismus* als *positive* Aufhebung des *Privateigentums,* als *menschlicher Selbstentfremdung,* und darum als wirkliche *Aneignung des menschlichen* Wesens durch und für den Menschen; darum als vollständige, bewußt und innerhalb des ganzen Reichtums der bisherigen Entwicklung gewordne Rückkehr des Menschen für sich als eines *gesellschaftlichen,* das heißt menschlichen Menschen. Dieser Kommunismus ist als vollendeter Naturalismus = Humanismus, als vollendeter Humanismus = Naturalismus, er ist die *wahrhafte* Auflösung des Widerstreites zwischen dem Menschen mit der Natur und mit dem Menschen, die wahre Auflösung des Streits zwischen Existenz und Wesen, zwischen Vergegenständlichung und Selbstbestätigung, zwischen Freiheit und Notwendigkeit, zwischen Individuum und Gattung. Er ist das aufgelöste Rätsel der Geschichte und weiß sich als diese Lösung.

[V] Die ganze Bewegung der Geschichte ist daher, wie sein *wirklicher* Zeugungsakt – der Geburtsakt seines empirischen Daseins – so auch für sein denkendes Bewußtsein die *begriffne* und *gewußte* Bewegung seines *Werdens,* während jener noch unvollendete Kommunismus aus einzelnen dem Privateigentum entgegenstehenden Geschichtsgestalten einen *historischen* Beweis, einen Beweis in dem Bestehenden für sich sucht, indem er einzelne Momente aus der Bewegung (Cabet, Villegardelle etc. reiten besonders auf diesem Roß) herausreißt und als Beweise seiner historischen Vollblütigkeit fixiert, womit er eben dartut, daß die unverhältnismäßig größre Partie dieser Bewegung seinen Behauptungen widerspricht und daß, wenn er einmal gewesen ist, eben sein *vergangnes* Sein die Prätention des *Wesens* widerlegt.

Daß in der Bewegung des *Privateigentums,* eben der Ökonomie, die ganze revolutionäre Bewegung sowohl ihre empirische, als theoretische Basis findet, davon ist die Notwendigkeit leicht einzusehn.

Dies *materielle*, unmittelbar *sinnliche* Privateigentum ist der materielle sinnliche Ausdruck des *entfremdeten menschlichen* Lebens. Seine Bewegung – die Produktion und Konsumtion – ist die *sinnliche* Offenbarung von der Bewegung aller bisherigen Produktion, das heißt Verwirklichung oder Wirklichkeit des Menschen. Religion, Familie, Staat, Recht, Moral, Wissenschaft, Kunst etc. sind nur *besondre* Weisen der Produktion und fallen unter ihr allgemeines Gesetz. Die positive Aufhebung des *Privateigentums,* als die Aneignung des *menschlichen* Lebens, *ist daher die positive* Aufhebung aller Entfremdung, also die Rückkehr des Menschen aus Religion, Familie, Staat etc. in sein *menschliches,* das heißt *gesellschaftliches* Dasein. Die religiöse Entfremdung als solche geht nur in dem Gebiet des *Bewußtseins* des menschlichen Innern vor, aber die ökonomische Entfremdung ist die des *wirklichen Lebens,* – ihre Aufhebung umfaßt daher beide Seiten. Es versteht sich, daß die Bewegung bei den verschiednen Völkern ihren *ersten* Beginn danach nimmt, ob das wahre *anerkannte* Leben des Volks mehr im Bewußtsein oder in der äußren Welt vor sich geht, mehr das ideelle oder reelle Leben ist. Der Kommunismus beginnt sogleich *(Owen)* mit dem Atheismus, der Atheismus ist zunächst noch weit entfernt, *Kommunismus* zu sein, wie jener Atheismus mehr noch eine Abstraktion ist. – –

Die Philanthropie des Atheismus ist daher zuerst nur eine *philosophische* abstrakte Philanthropie, die des Kommunismus sogleich *reell* und unmittelbar zur *Wirkung* gespannt. – –

Wir haben gesehn, wie unter Voraussetzung des positiv aufgehobnen Privateigentums der Mensch den Menschen produziert, sich selbst und den andren Menschen; wie der Gegenstand, welcher die unmittelbare Betätigung seiner Individualität, zugleich sein eignes Dasein für den andern Menschen, dessen Dasein, und dessen Dasein für ihn ist. Ebenso sind aber sowohl das Material der Arbeit, als der Mensch als Subjekt, wie Resultat so Ausgangspunkt der Bewegung (und daß sie dieser *Ausgangspunkt* sein müssen, eben darin liegt die geschichtliche *Notwendigkeit* des Privateigentums). Also ist der *gesellschaftliche* Charakter der allgemeine Charakter der ganzen Bewegung; *wie* die Gesellschaft selbst den *Menschen* als *Menschen* produziert, so ist sie durch ihn *produziert.* Die Tätigkeit und der Geist, wie ihrem Inhalt sind auch der *Entstehungsweise* nach *gesellschaftlich; gesellschaftliche* Tätigkeit und *gesellschaftlicher* Geist. Das *menschliche* Wesen der Natur ist erst da für den *gesellschaftlichen* Menschen; denn erst hier ist sie für ihn da als *Band* mit dem *Menschen,* als Dasein seiner für den andren und des andren für ihn, wie als Lebenselement der menschlichen Wirklichkeit, erst hier ist sie da als *Grundlage* seines eignen *menschlichen* Daseins. Erst hier ist ihm sein *natürliches* Dasein sein *menschliches* Dasein und die Natur für ihn zum Menschen geworden. Also die *Gesellschaft* ist die vollendete Wesenseinheit des Menschen mit der Natur, die wahre Resurrektion der Natur, der durchgeführte Naturalismus des Menschen und der durchgeführte Humanismus der Natur.

[VI] Die gesellschaftliche Tätigkeit und der gesellschaftliche Geist existieren keineswegs *allein* in der Form einer *unmittelbar* gemeinschaftlichen Tätigkeit und unmittelbar *gemeinschaftlichen* Geistes, obgleich die *gemeinschaftliche* Tätigkeit und der *gemeinschaftliche* Geist, das heißt die Tätigkeit und der Geist, die unmittelbar in *wirklicher Gesellschaft* mit andren Menschen sich äußert und bestätigt, überall da stattfinden werden, wo jener *unmittelbare* Ausdruck der Gesellschaftlichkeit im Wesen ihres Inhalts begründet und seiner Natur angemessen ist.

Allein auch wenn ich *wissenschaftlich* etc. tätig bin, eine Tätigkeit, die ich selber in unmittelbarer Gemeinschaft mit andern ausführen kann, so bin ich *gesellschaftlich,* weil als *Mensch* tätig. Nicht nur das Material meiner Tätigkeit ist mir – wie selbst die Sprache, in der der Denker tätig ist – als gesellschaftliches Produkt gegeben, mein *eignes* Dasein *ist* gesellschaftliche Tätigkeit, darum das, was ich aus mir mache, ich aus mir für die Gesellschaft mache und mit dem Bewußtsein meiner als eines gesellschaftlichen Wesens.

Mein *allgemeines* Bewußtsein ist nur die *theoretische* Gestalt dessen, wovon das *reelle* Gemeinwesen, gesellschaftliche Wesen, die *lebendige* Gestalt ist, während heut zu Tage das *allgemeine* Bewußtsein eine Abstraktion vom wirklichen Leben ist und als solche ihm feindlich gegenübertritt. Daher ist auch die *Tätigkeit* meines allgemeinen Bewußtseins – als eine solche – mein *theoretisches* Dasein als gesellschaftliches Wesen.

Es ist vor allem zu vermeiden, die »Gesellschaft« wieder als Abstraktion dem Individuum gegenüber zu fixieren. Das Individuum *ist* das *gesellschaftliche Wesen.* Seine Lebensäußerung – erscheine sie auch nicht in der unmittelbaren Form einer *gemein-*

schaftlichen, mit andern zugleich vollbrachten Lebensäußerung, – *ist* daher eine Äußerung und Bestätigung des *gesellschaftlichen Lebens.* Das individuelle und das Gattungsleben des Menschen sind nicht *verschieden,* so sehr auch – und dies notwendig – die Daseinsweise des individuellen Lebens eine mehr *besondre* oder mehr *allgemeine* Weise des Gattungslebens ist, oder je mehr das Gattungsleben ein mehr *besondres* oder *allgemeines* individuelles Leben ist.

Als *Gattungsbewußtsein* bestätigt der Mensch sein reelles *Gesellschaftsleben* und wiederholt nur sein wirkliches Dasein im Denken, wie umgekehrt das Gattungssein sich im Gattungsbewußtsein bestätigt und in seiner Allgemeinheit, als denkendes Wesen, für sich ist.

Der Mensch – so sehr er daher ein *besondres* Individuum ist, und grade seine Besonderheit macht ihn zu einem Individuum und zum wirklichen *individuellen* Gemeinwesen – ebenso sehr ist er die *Totalität,* die ideelle Totalität, das subjektive Dasein der gedachten und empfundnen Gesellschaft für sich, wie er auch in der Wirklichkeit, sowohl als Anschauung und wirklicher Geist des gesellschaftlichen Daseins, wie als eine Totalität menschlicher Lebensäußerung da ist.

Denken und Sein sind also zwar *unterschieden,* aber zugleich in *Einheit* mit einander.

Der *Tod* scheint als ein harter Sieg der Gattung über das Individuum und ihrer Einheit zu widersprechen; aber das bestimmte Individuum ist nur ein *bestimmtes Gattungswesen,* als solches sterblich.

4. Wie das *Privateigentum* nur der sinnliche Ausdruck davon ist, daß der Mensch zugleich *gegenständlich* für sich wird und zugleich vielmehr sich als ein fremder und unmenschlicher Gegenstand wird, daß seine Lebensäußerung seine Lebensentäußerung ist, seine Verwirklichung seine Entwirklichung, eine *fremde* Wirklichkeit ist, so ist die positive Aufhebung des Privateigentums, das heißt die *sinnliche* Aneignung des menschlichen Wesens und Lebens, des gegenständlichen Menschen, der menschlichen *Werke* für und durch den Menschen, nicht nur im Sinne des *unmittelbaren,* einseitigen *Genusses* zu fassen, nicht nur im Sinne des *Besitzens,* im Sinne des *Habens.* Der Mensch eignet sich sein allseitiges Wesen auf eine allseitige Art an, also als ein totaler Mensch. Jedes seiner *menschlichen* Verhältnisse zur Welt, Sehn, Hören, Riechen, Schmecken, Fühlen, Denken, Anschauen, emp-

finden, wollen, tätig sein, lieben, kurz alle Organe seiner Individualität, wie die Organe, welche unmittelbar in ihrer Form als gemeinschaftliche Organe sind, [VII] sind in ihrem *gegenständlichen* Verhalten oder in ihrem *Verhalten zum Gegenstand* die Aneignung desselben. Die Aneignung der *menschlichen* Wirklichkeit, ihr Verhalten zum Gegenstand ist die *Betätigung der menschlichen Wirklichkeit;* menschliche Wirksamkeit und menschliches *Leiden,* denn das Leiden, menschlich gefaßt, ist ein Selbstgenuß des Menschen.

Das Privateigentum hat uns so dumm und einseitig gemacht, daß ein Gegenstand erst der *unsrige* ist, wenn wir ihn haben, er also als Kapital für uns existiert, oder von uns unmittelbar besessen, gegessen, getrunken, an unsrem Leib getragen, von uns bewohnt etc., kurz *gebraucht* wird. Obgleich das Privateigentum alle diese unmittelbaren Verwirklichungen des Besitzes selbst wieder nur als *Lebensmittel* faßt, und das Leben, zu dessen Mittel sie dienen, ist das *Leben* des *Privateigentums,* Arbeit und Kapitalisierung.

An die Stelle *aller* physischen und geistigen Sinne ist daher die einfache Entfremdung *aller* dieser Sinne, der Sinn des *Habens* getreten. Auf diese absolute Armut mußte das menschliche Wesen reduziert werden, damit es seinen innern Reichtum aus sich herausgebäre. (Über die Kategorie des *Habens* siehe Heß in den 21 Bogen.)

Die Aufhebung des Privateigentums ist daher die vollständige *Emanzipation* aller menschlichen Sinne und Eigenschaften; aber sie ist diese Emanzipation gerade dadurch, daß diese Sinne und Eigenschaften *menschlich,* sowohl subjektiv als objektiv geworden sind. Das Auge ist zum *menschlichen* Auge geworden, wie sein *Gegenstand* zu einem gesellschaftlichen, *menschlichen,* vom Menschen für den Menschen herrührenden Gegenstand geworden ist. Die *Sinne* sind daher unmittelbar in ihrer Praxis Theoretiker geworden. Sie verhalten sich zu der *Sache,* um der Sache willen, aber die Sache selbst ist ein *gegenständliches menschliches* Verhalten zu sich selbst und zum Menschen und umgekehrt. Das Bedürfnis oder der Genuß haben darum ihre *egoistische* Natur und die Natur ihre bloße *Nützlichkeit* verloren, indem der Nutzen zum *menschlichen* Nutzen geworden ist.

Eben so sind die Sinne und der Geist der andren Menschen meine *eigne* Aneignung geworden. Außer diesen unmittelbaren Organen bilden sich daher *gesellschaftliche* Organe, in der *Form* der Gesellschaft, also zum Beispiel die Tätigkeit unmittelbar in Gesellschaft mit andren etc. ist ein Organ einer *Lebensäußerung* geworden und eine Weise der Aneignung des *menschlichen* Lebens.

Es versteht sich, daß das *menschliche* Auge anders genießt, als das rohe, unmenschliche Auge, das menschliche *Ohr* anders als das rohe Ohr etc.

Wir haben gesehn. Der Mensch verliert sich nur dann nicht in seinem Gegenstand, wenn dieser ihm als *menschlicher* Gegenstand oder gegenständlicher Mensch wird. Dies ist nur möglich, indem er ihm als *gesellschaftlicher* Gegenstand und er selbst sich als gesellschaftliches Wesen, wie die Gesellschaft als Wesen für ihn in diesem Gegenstand wird.

Indem daher überall einerseits dem Menschen in der Gesellschaft die gegenständliche Wirklichkeit als Wirklichkeit der menschlichen Wesenskräfte, als menschliche Wirklichkeit und darum als Wirklichkeit seiner *eignen* Wesenskräfte wird, werden ihm alle *Gegenstände* als die *Vergegenständlichung* seiner selbst, als die seine Individualität bestätigenden und verwirklichenden Gegenstände, als *seine* Gegenstände, das heißt Gegenstand wird er *selbst*. *Wie* sie ihm als seine werden, das hängt von der *Natur* des *Gegenstandes* und der Natur der *ihr* entsprechenden *Wesenskraft* ab; denn eben die *Bestimmtheit* dieses Verhältnisses bildet die besondre, *wirkliche* Weise der Bejahung. Dem *Auge* wird ein Gegenstand anders als dem *Ohr* und der Gegenstand des Auges *ist* ein andrer als der des *Ohrs*. Die Eigentümlichkeit jeder Wesenskraft ist gerade ihr *eigentümliches Wesen*, also auch die eigentümliche Weise ihrer Vergegenständlichung, ihres *gegenständlichen Wirklichen*, lebendigen *Seins*. Nicht nur im Denken, [VIII] sondern mit *allen* Sinnen wird daher der Mensch in der gegenständlichen Welt bejaht.

Andrerseits und subjektiv gefaßt: Wie erst die Musik den musikalischen Sinn des Menschen erweckt, wie für das unmusikalische Ohr die schönste Musik *keinen* Sinn hat, kein Gegenstand ist, weil mein Gegenstand nur die Bestätigung einer meiner Wesenskräfte sein kann, also nur so für mich sein kann, wie meine Wesenskraft als subjektive Fähigkeit für sich ist, weil der Sinn eines Gegenstandes für mich (nur Sinn für einen ihm entsprechenden Sinn hat) grade so weit geht, als *mein* Sinn geht, darum sind die *Sinne* des gesellschaftlichen Menschen *andre* Sinne wie die des ungesellschaftlichen; erst durch den gegenständlich entfalteten Reichtum des menschlichen Wesens wird der Reichtum der subjektiven *menschlichen* Sinnlichkeit, wird ein musikalisches Ohr, ein Auge für die Schönheit der Form, kurz, werden erst menschlicher Genüsse fähige *Sinne*, Sinne, welche als *menschliche* Wesenskräfte sich bestätigen, teils erst ausgebildet, teils erst erzeugt. Denn nicht nur die fünf Sinne, sondern auch die sogenannten geistigen Sinne, die praktischen Sinne (Wille, Liebe etc.) mit einem Wort der *menschliche* Sinn, die Menschlichkeit der Sinne wird erst durch das Dasein *seines* Gegenstandes, durch die *vermenschlichte* Natur. Die *Bildung* der fünf Sinne ist eine Arbeit der ganzen bisherigen Weltgeschichte. Der unter dem rohen praktischen Bedürfnis befangene *Sinn* hat auch nur einen *bornierten* Sinn. Für den ausgehungerten Mensch existiert nicht die menschliche Form der Speise, sondern nur ihr abstraktes Dasein als Speise: eben so gut könnte sie in rohster Form vorliegen, und es ist nicht zu sagen, wodurch sich diese Nahrungstätigkeit von der *tierischen* Nahrungstätigkeit unterscheide. Der sorgenvolle, bedürftige Mensch hat keinen Sinn für das schönste Schauspiel; der Mineralienkrämer sieht nur den merkantilistischen Wert, aber nicht die Schönheit und eigentümliche Natur des Minerals; er hat keinen mineralogischen Sinn; also die Vergegenständlichung des menschlichen Wesens, sowohl in theoretischer als praktischer Hinsicht, gehörte dazu, sowohl um den *Sinn* des Menschen *menschlich* zu machen, als um für den ganzen Reichtum des menschlichen und natürlichen Wesens entsprechenden *menschlichen* Sinn zu schaffen.

Wie durch die Bewegung des *Privateigentums* und seines Reichtums wie Elends – oder materiellen und geistigen Reichtums und Elends – die werdende Gesellschaft zu dieser *Bildung* alles Material vorfindet, so produziert die gewordne Gesellschaft den Menschen in diesem ganzen Reichtum seines Wesens, den *reichen* und tief *allsinnigen* Menschen als ihre stete Wirklichkeit. –

Man sieht, wie Subjektivismus und Objektivismus, Spiritualismus und Materialismus, Tätigkeit und Leiden erst im gesellschaftlichen Zustand ihren Gegensatz, und damit ihr Dasein als solche Gegensätze verlieren; man sieht, wie die Lösung der *theoretischen* Gegensätze selbst *nur* auf eine *praktische* Art, nur durch die praktische Energie des Menschen möglich ist und ihre Lösung daher keineswegs nur eine Aufgabe der Erkenntnis, sondern eine *wirkliche* Lebensaufgabe ist, welche die *Philosophie* nicht lösen konnte, eben weil sie dieselbe als *nur* theoretische Aufgabe faßte. –

Man sieht, wie die Geschichte der *Industrie* und das gewordene *gegenständliche* Dasein der Industrie das *aufgeschlagene Buch* der *menschlichen Wesenskräfte,* die sinnlich vorliegende menschliche *Psychologie* ist, die bisher nicht in ihrem Zusammenhang mit dem *Wesen* des Menschen, sondern immer nur in einer äußeren Nützlichkeitsbeziehung gefaßt wurde, weil man – innerhalb der Entfremdung sich bewegend – nur das allgemeine Dasein des Menschen, die Religion, oder die Geschichte in ihrem abstrakt-allgemeinen Wesen, als Politik, Kunst, Literatur etc., [IX] als Wirklichkeit der menschlichen Wesenskräfte und als *menschliche Gattungsakte* zu fassen wußte. In der *gewöhnlichen, materiellen Industrie* (– die man eben so wohl als einen Teil jener allgemeinen Bewegung fassen, wie man sie selbst als einen *besondren* Teil der Industrie fassen kann, da alle menschliche Tätigkeit bisher Arbeit, also Industrie, sich selbst entfremdete Tätigkeit war –) haben wir unter der Form *sinnlicher, fremder, nützlicher Gegenstände,* unter der Form der Entfremdung, die *vergegenständlichten Wesenskräfte* des Menschen vor uns. Eine *Psychologie,* für welche dies Buch, also grade der sinnlich gegenwärtigste, zugänglichste Teil der Geschichte zugeschlagen ist, kann nicht zur wirklichen inhaltvollen und *reellen* Wissenschaft werden. Was soll man überhaupt von einer Wissenschaft denken, die von diesem großen Teil der menschlichen Arbeit *vornehm* abstrahiert und nicht in sich selbst ihre Unvollständigkeit fühlt, so lange ein so ausgebreiteter Reichtum des menschlichen Wirkens ihr nichts sagt, als etwa, was man in einem Wort sagen kann: *»Bedürfnis«, »gemeines Bedürfnis«!?*

Die *Naturwissenschaften* haben eine enorme Tätigkeit entwickelt und sich ein stets wachsendes Material angeeignet. Die Philosophie ist ihnen indessen eben so fremd geblieben, wie sie der Philosophie fremd blieben. Die momentane Vereinigung war nur eine *phantastische Illusion.* Der Wille war da, aber das Vermögen fehlte. Die Geschichtsschreibung selbst nimmt auf die Naturwissenschaft nur beiläufig Rücksicht, als Moment der Aufklärung, Nützlichkeit, einzelner großer Entdeckungen. Aber desto *praktischer* hat die Naturwissenschaft vermittelst der Industrie in das menschliche Leben eingegriffen und es umgestaltet und die menschliche Emanzipation vorbereitet, so sehr sie unmittelbar die Entmenschung vervollständigen mußte. Die *Industrie* ist das *wirkliche* geschichtliche Verhältnis der Natur und daher der Naturwissenschaft zum Menschen; wird sie daher als *exoterische* Enthüllung der menschlichen *Wesenskräfte* gefaßt, so wird auch das *menschliche* Wesen der Natur oder das *natürliche* Wesen des

Menschen verstanden, daher die Naturwissenschaft ihre abstrakt materielle oder vielmehr idealistische Richtung verlieren und die Basis der *menschlichen* Wissenschaft werden, wie sie jetzt schon – obgleich in entfremdeter Gestalt – zur Basis des wirklich menschlichen Lebens geworden ist, und eine *andre* Basis für das Leben, eine andre für die *Wissenschaft* ist von vornherein eine Lüge. Die in der menschlichen Geschichte – dem Entstehungsakt der menschlichen Gesellschaft – werdende Natur ist die *wirkliche* Natur des Menschen, darum die Natur, wie sie durch die Industrie, wenn auch in *entfremdeter* Gestalt wird, die wahre *anthropologische* Natur ist. –

Die *Sinnlichkeit* (siehe Feuerbach) muß die Basis aller Wissenschaft sein. Nur, wenn sie von ihr, in der doppelten Gestalt, sowohl des *sinnlichen* Bewußtseins als des *sinnlichen* Bedürfnisses ausgeht – also nur wenn die Wissenschaft von der Natur ausgeht – ist sie *wirkliche* Wissenschaft. Damit der *»Mensch«* zum Gegenstand des *sinnlichen* Bewußtseins und das Bedürfnis des »Menschen als Menschen« zum Bedürfnis werde, dazu ist die ganze Geschichte die Vorbereitungsgeschichte. Die Geschichte selbst ist ein *wirklicher Teil* der *Naturgeschichte*, des Werdens der Natur zum Menschen. Die Naturwissenschaft wird später ebenso wohl die Wissenschaft von dem Menschen, wie die Wissenschaft von dem Menschen die Naturwissenschaft unter sich subsumieren: es wird *eine* Wissenschaft sein.

[X] Der *Mensch* ist der unmittelbare Gegenstand der Naturwissenschaft; denn die unmittelbare *sinnliche Natur* für den Menschen ist unmittelbar die menschliche Sinnlichkeit (ein identischer Ausdruck) unmittelbar als der *andere* sinnlich für ihn vorhandne Mensch; denn seine eigne Sinnlichkeit ist erst durch den *andren* Menschen als menschliche Sinnlichkeit für ihn selbst. Aber die *Natur* ist der unmittelbare Gegenstand der *Wissenschaft vom Menschen*, der erste Gegenstand des Menschen – der Mensch – ist Natur, Sinnlichkeit, und die besondren menschlichen sinnlichen Wesenskräfte, wie sie nur in *natürlichen* Gegenständen ihre gegenständliche Verwirklichung, können nur in der Wissenschaft des Naturwesens überhaupt ihre Selbsterkenntnis finden. Das Element des Denkens selbst, das Element der Lebensäußerung des Gedankens, die *Sprache* ist sinnlicher Natur. Die *gesellschaftliche* Wirklichkeit der Natur und die *menschliche* Naturwissenschaft oder die *natürliche Wissenschaft vom Menschen* sind identische Ausdrücke.

Man sieht, wie an die Stelle des nationalökonomischen *Reichtums* und *Elendes* der *reiche Mensch* und das reiche *menschliche* Bedürfnis tritt. Der reiche Mensch ist zugleich der einer Totalität der menschlichen Lebensäußerung *bedürftige* Mensch. Der Mensch, in dem seine eigne Verwirklichung, als innere Notwendigkeit, als *Not* existiert. Nicht nur der *Reichtum*, auch die *Armut* des Menschen erhält gleichmäßig – unter Voraussetzung des Sozialismus – eine *menschliche* und daher gesellschaftliche Bedeutung. Sie ist das passive Band, welches dem Menschen den größten Reichtum, den *andren* Menschen, als Bedürfnis empfinden läßt. Die Herrschaft des gegenständlichen Wesens in mir, der sinnliche Ausbruch meiner Wesenstätigkeit ist die *Leidenschaft*, welche hier damit die *Tätigkeit* meines Wesens wird.

5. Ein *Wesen* gilt sich erst als selbstständiges, sobald es auf eignen Füßen steht, und es steht erst auf eignen Füßen, sobald es sein *Dasein* sich selbst verdankt. Ein Mensch, der von der Gnade eines andern lebt, betrachtet sich als ein abhängiges Wesen. Ich lebe aber vollständig von der Gnade eines andern, wenn ich ihm nicht nur die Unterhaltung meines Lebens verdanke, sondern wenn er noch außerdem mein *Leben geschaffen* hat, wenn er der *Quell* meines Lebens ist, und mein Leben hat notwendig einen solchen Grund außer sich, wenn es nicht meine eigne Schöpfung ist. Die *Schöpfung* ist daher eine sehr schwer aus dem Volksbewußtsein zu verdrängende Vorstellung. Das Durchsichselbstsein der Natur und des Menschen ist ihm *unbegreiflich*, weil es allen *Handgreiflichkeiten* des praktischen Lebens widerspricht.

Die *Erd*schöpfung hat einen gewaltigen Stoß erhalten durch die *Geognosie*, das heißt durch die Wissenschaft, welche die Erdbildung, das Werden der Erde, als einen Prozeß, als Selbsterzeugung darstellt. Die generatio aequivoca ist die einzige praktische Widerlegung der Schöpfungstheorie.

Nun ist es zwar leicht, dem einzelnen Individuum zu sagen, was Aristoteles schon sagt: Du bist gezeugt von deinem Vater und deiner Mutter, also hat in dir die Begattung zweier Menschen, also ein Gattungsakt der Menschen den Menschen produziert. Du siehst also, daß der Mensch auch physisch sein Dasein dem Menschen verdankt. Du mußt also nicht nur die *eine* Seite im Auge behalten, den *unendlichen* Progreß, wonach du weiter fragst: Wer hat meinen Vater, wer seinen Großvater etc. gezeugt. Du mußt auch die *Kreisbewegung*, welche in jenem Progreß sinnlich anschaubar ist, festhalten, wonach der Mensch in der Zeugung sich selbst wiederholt, also der *Mensch* immer Subjekt bleibt. Allein du wirst antworten: Diese Kreisbewegung dir zugestanden, so gestehe du mir den Progreß zu, der mich immer weiter treibt, bis ich frage, wer hat den ersten Menschen und die Natur überhaupt gezeugt? Ich kann dir nur antworten: Deine Frage ist selbst ein Produkt der Abstraktion. Frage dich, wie du auf jene Frage kömmst; frage dich, ob deine Frage nicht von einem Gesichtspunkt aus geschieht, den ich nicht beantworten kann, weil er ein verkehrter ist? Frage dich, ob jener Progreß als solcher für ein vernünftiges Denken existiert? Wenn du nach der Schöpfung der Natur und des Menschen fragst, so abstrahierst du also vom Menschen und der Natur. Du setzest sie als *nichtseiend*, und willst doch, daß ich sie als *seiend* dir beweise. Ich sage dir nun: gib deine Abstraktion auf, so gibst du auch deine Frage auf, oder willst du an deiner Abstraktion festhalten, so sei konsequent, und wenn du den Menschen und die Natur als *nichtseiend* denkend, [XI] denkst, so denke dich selbst als nichtseiend, der du doch auch Natur und Mensch bist. Denke nicht, frage mich nicht, denn sobald du denkst und fragst, hat deine *Abstraktion* von dem Sein der Natur und des Menschen keinen Sinn. Oder bist du ein solcher Egoist, daß du alles als Nichts setzt und selbst sein willst?

Du kannst mir erwidern: Ich will nicht das Nichts der Natur etc. setzen; ich frage dich nach ihrem *Entstehungsakt*, wie ich den Anatom nach den Knochenbildungen frage, etc.

Indem aber für den sozialistischen Menschen die ganze *sogenannte Weltgeschichte* nichts anders ist als die Erzeugung des Menschen durch die menschliche Arbeit, als das Werden der Natur für den Menschen, so hat er also den anschaulichen, unwiderstehlichen Beweis von seiner *Geburt* durch sich selbst, von seinem *Entstehungsprozeß*. Indem die *Wesenhaftigkeit* des Menschen und der Natur, indem der Mensch für den Menschen als Dasein der Natur, und die Natur für den Menschen als Dasein des Menschen praktisch, sinnlich, anschaubar geworden ist, ist die Frage nach einem *fremden* Wesen, nach einem Wesen über der Natur und den Menschen – eine Frage, welche das Geständnis von der Unwesentlichkeit der Natur und des Menschen einschließt – praktisch unmöglich geworden. Der *Atheismus*, als Leugnung dieser Unwesentlichkeit, hat keinen Sinn mehr, denn der Atheismus ist eine *Negation Gottes*, und setzt durch diese Negation das *Dasein des Menschen;* aber der Sozialismus als Sozialismus bedarf einer solchen Vermittlung nicht mehr; er beginnt von dem *theoretisch und praktisch sinnlichen Bewußtsein* des Menschen und der Natur als des *Wesens*. Er ist *positives*, nicht mehr durch die Aufhebung der Religion vermitteltes *Selbstbewußtsein* des Menschen, wie das *wirkliche Leben* positive, nicht mehr durch die Aufhebung des Privateigentums, den *Kommunismus*, vermittelte Wirklichkeit des Menschen ist. Der Kommunismus ist die Position als Negation der Negation, darum das *wirkliche*, für die nächste geschichtliche Entwicklung notwendige Moment der menschlichen Emanzipation und Wiedergewinnung. Der *Kommunismus* ist die notwendige Gestalt und das energische Prinzip der nächsten Zukunft, aber der Kommunismus ist nicht als solcher das Ziel der menschlichen Entwicklung, – die Gestalt der menschlichen Gesellschaft. –

Bedürfnis, Produktion und Arbeitsteilung

[XIV] 7. Wir haben gesehn, welche Bedeutung unter der Voraussetzung des Sozialismus die *Reichheit* der menschlichen Bedürfnisse, und daher sowohl eine *neue Weise der Produktion* als auch ein neuer *Gegenstand* der Produktion hat. Neue Betätigung der *menschlichen* Wesenskraft und neue Bereicherung des *menschlichen* Wesens. Innerhalb des Privateigentums die umgekehrte Bedeutung. Jeder Mensch spekuliert darauf, dem andern ein *neues* Bedürfnis zu schaffen, um ihn zu einem neuen Opfer zu zwingen, um ihn in eine neue Abhängigkeit zu versetzen und ihn zu einer neuen Weise des *Genusses* und damit des ökonomischen Ruins zu verleiten. Jeder sucht eine *fremde* Wesenskraft über den andern zu schaffen, um darin die Befriedigung seines eignen eigennützigen Bedürfnisses zu finden. Mit der Masse der Gegenstände wächst daher das Reich der fremden Wesen, denen der Mensch unterjocht ist, und jedes neue Produkt ist eine neue *Potenz* des wechselseitigen Betrugs und der wechselseitigen Ausplünderung. Der Mensch wird um so ärmer als Mensch, er bedarf um so mehr des *Geldes*, um sich des feindlichen Wesens zu bemächtigen, und die Macht seines *Geldes* fällt grade in umgekehrtem Verhältnis als die Masse der Produktion, das heißt seine Bedürftigkeit wächst, wie die *Macht* des Geldes zunimmt. – Das Bedürfnis des Geldes ist daher das wahre, von der Nationalökonomie produzierte Bedürfnis und das einzige Bedürfnis, das sie produziert. – Die *Quantität* des Geldes wird immer mehr seine einzige *mächtige* Eigenschaft; wie es alles Wesen auf seine Abstraktion reduzierte, so reduziert es sich in seiner eignen Bewegung als *quantitatives* Wesen. Die *Maßlosigkeit* und *Unmäßigkeit* wird sein wahres Maß. – Subjektiv selbst erscheint dies so, teils daß die Ausdehnung der Produkte und der Bedürfnisse zum *erfinderischen* und stets *kalkulierenden* Sklaven unmenschlicher, raffinierter, unnatürlicher und *eingebildeter* Gelüste wird – das Privateigentum weiß das rohe Bedürfnis nicht zum *menschlichen* Bedürfnis zu machen; sein *Idealismus* ist die *Einbildung*, die *Willkür*, die *Laune*, und ein Eunuche schmeichelt nicht niederträchtiger seinem Despoten und sucht durch keine infameren Mittel seine abgestumpfte Genußfähigkeit zu irritieren, um sich selbst eine Gunst zu erschleichen, wie der Industrieeunuche, der Produzent, um sich Silberpfennige zu erschleichen, aus der Tasche des christlich geliebten Nachbarn die Goldvögel herauszulocken – (jedes Produkt ist ein Köder, womit man das Wesen des andern, sein Geld, an sich locken will, jedes wirkliche oder mögliche Bedürfnis ist eine Schwachheit, die die Fliege an die Leimstange heranführen wird – allgemeine Ausbeutung des gemeinschaftlichen menschlichen Wesens, wie jede Unvollkommenheit des Menschen ein Band mit dem Himmel ist, eine Seite, wo sein Herz dem Priester zugänglich; jede Not ist eine Gelegenheit, um unter dem liebenswürdigsten Schein zum Nachbarn zu treten und ihm zu sagen: Lieber Freund, ich gebe dir, was dir nötig ist, aber du kennst die conditio sine qua non; du weißt, mit welcher Tinte du dich mir zu verschreiben hast; ich prelle dich, indem ich dir einen Genuß verschaffe) – sich seinen verworfensten Einfällen fügt, den Kuppler zwischen ihm und seinem Bedürfnis spielt, krankhafte Gelüste in ihm erregt, jede Schwachheit ihm ablauert, um dann das Handgeld für diesen Liebesdienst zu verlangen. – Teils zeigt sich diese Entfremdung, indem die Raffinierung der Bedürfnisse und ihrer Mittel auf der einen Seite, die viehische Verwilderung, vollständige, rohe, abstrakte Einfachheit des Bedürfnisses auf der andren Seite produziert; oder vielmehr nur sich selbst in seiner gegenteiligen Bedeutung wiedergebiert. Selbst das Bedürfnis der freien Luft hört bei dem Arbeiter auf, ein Bedürfnis zu sein, der Mensch kehrt in die Höhlenwohnung zurück, die aber nun von dem mephytischen Pesthauch der Zivilisation vergiftet ist und die er nur mehr *prekär*, als eine fremde Macht, die sich ihm täglich entziehn, aus der er täglich, wenn er [XV] nicht zahlt, herausgeworfen werden kann, bewohnt. Dies Totenhaus muß er *bezahlen*. Die *Licht*wohnung, welche Prometheus bei Aeschylus als eines der großen Geschenke, wodurch er den Wilden zum Menschen gemacht, bezeichnet, hört auf, für den Arbeiter zu sein. Licht, Luft etc., die einfachste *tierische* Reinlichkeit hört auf, ein Bedürfnis für den Menschen zu sein. Der *Schmutz*, diese Versumpfung, Verfaulung des Menschen, der *Gossenablauf* (dies ist wörtlich zu verstehen) der Zivilisation wird ihm ein *Lebenselement*. Die völlige *unnatürliche* Verwahrlosung, die verfaulte Natur, wird zu seinem *Lebenselement*. Keiner seiner Sinne existiert mehr, nicht nur nicht in seiner menschlichen Weise, sondern in einer *unmenschlichen*, darum selbst nicht einmal tierischen Weise. Die rohsten *Weisen* (und *Instrumente*) der menschlichen Arbeit kehren wieder, wie die *Tretmühle* der römischen Sklaven zur Produktionsweise, Daseinsweise vieler englischen Arbeiter geworden ist. Nicht nur, daß der Mensch keine menschlichen Bedürfnisse hat, selbst die *tierischen* Bedürfnisse hören auf. Der Irländer kennt nur mehr das Bedürfnis des *Essens* und zwar nur mehr des *Kartoffelessens* und zwar nur der *Lungenkartoffel*, der schlechtesten Art von Kartoffel. Aber England und Frankreich haben schon in jeder Industriestadt ein *kleines* Irland. Der Wilde, das Tier, hat doch das Bedürfnis der Jagd, der Bewegung etc., der Geselligkeit. – Die Vereinfachung der Maschine, die Arbeit wird dazu benutzt, um den erst werdenden Menschen, den ganz unausgebildeten Menschen – das *Kind* – zum Arbeiter zu machen, wie der Arbeiter ein verwahrlostes Kind geworden ist. Die Maschine bequemt sich der *Schwäche* des Menschen, um den *schwachen* Menschen zur Maschine zu machen.

Wie die Vermehrung der Bedürfnisse und ihrer Mittel die Bedürfnislosigkeit und die Mittellosigkeit erzeugt, beweist der Nationalökonom (und der Kapitalist, überhaupt reden wir immer von den *empirischen* Geschäftsleuten, wenn wir uns an die Nationalökonomen – ihr *wissenschaftliches* Geständnis und Dasein – adressieren), 1. indem er das Bedürfnis des Arbeiters auf den notwendigsten und jämmerlichsten Unterhalt des physischen Lebens und seine Tätigkeit auf die abstrakteste mechanische Bewegung reduziert, also, sagt er: der Mensch hat kein andres Bedürfnis weder der Tätigkeit, noch des Genusses; denn *auch* dies Leben erklärt er als *menschliches* Leben und Dasein; indem 2. er das möglichst *dürftige* Leben (Existenz) als Maßstab und zwar als allgemeinen Maßstab *ausrechnet:* allgemein, weil für die Masse der Menschen geltend; er macht den Arbeiter zu einem unsinnlichen und bedürfnislosen Wesen, wie er seine Tätigkeit zu einer reinen Abstraktion von aller Tätigkeit macht; jeder *Luxus* des Arbeiters erscheint ihm daher als verwerflich und alles, was über das allerabstrakteste Bedürfnis hinausgeht – sei es als passiver Geist – oder Tätigkeitsäußerung – erscheint ihm als Luxus. Die Nationalökonomie, diese Wissenschaft des *Reichtums,* ist daher zugleich die Wissenschaft des Entsagens, des Darbens, der *Ersparung,* und sie kömmt wirklich dazu, dem Menschen sogar das *Bedürfnis* einer reinen *Luft* oder der physischen *Bewegung* zu *ersparen.* Diese Wissenschaft der wunderbaren Industrie ist zugleich die Wissenschaft der *Askese,* und ihr wahres Ideal ist der *asketische,* aber *wuchernde* Geizhals und der *asketische,* aber *produzierende* Sklave. Ihr moralisches Ideal ist der *Arbeiter,* der in die Sparkasse einen Teil seines Salärs bringt, und sie hat für diesen ihren Lieblingseinfall sogar eine knechtische *Kunst* vorgefunden. Man hat das sentimental aufs Theater gebracht. Sie ist daher – trotz ihres weltlichen und wollüstigen Aussehens – eine wirkliche moralische Wissenschaft, die allermoralischste Wissenschaft. Die Selbstentsagung, die Entsagung des Lebens und aller menschlichen Bedürfnisse, ist ihr Hauptlehrsatz. Je weniger du ißt, trinkst, Bücher kaufst, in das Theater, auf den Ball, zum Wirtshaus gehst, denkst, liebst, theoretisierst, singst, malst, fichtest etc., um so mehr sparst du, um so *größer* wird dein Schatz, den weder Motten noch Staub fressen, dein *Kapital.* Je weniger du *bist,* je weniger du dein Leben äußerst, um so mehr *hast* du, um so größer ist dein *entäußertes* Leben, um so mehr speicherst du auf von deinem entfremdeten Wesen. Alles, [XVI] was dir der Nationalökonom an Leben nimmt und an Menschheit, das alles ersetzt er dir in *Geld* und *Reichtum,* und alles das, was du nicht kannst, das kann dein Geld: es kann essen, trinken, auf den Ball, ins Theater gehn, es weiß sich die Kunst, die Gelehrsamkeit, die historischen Seltenheiten, die politische Macht, es kann reisen, es *kann* dir das alles aneignen; es kann das alles kaufen; es ist das wahre *Vermögen.* Aber es, was all dies ist, es *mag* nichts als sich selbst schaffen, sich selbst kaufen, denn alles andre ist ja sein Knecht, und wenn ich den Herrn habe, habe ich den Knecht und brauche ich seinen Knecht nicht. Alle Leidenschaften und alle Tätigkeit muß also untergehn in der *Habsucht.* Der Arbeiter darf nur so viel haben, daß er leben will, und darf nur leben wollen, um zu haben.

Allerdings erhebt sich nun auf nationalökonomischem Boden eine Kontroverse. Die eine Seite (Lauderdale, Malthus etc.) empfiehlt den *Luxus* und verwünscht die Sparsamkeit; die andre (Say, Ricardo etc.) empfiehlt die Sparsamkeit und verwünscht den Luxus. Aber jene gesteht, daß sie den Luxus will, um die *Arbeit* (das heißt die absolute Sparsamkeit) zu produzieren; die andre Seite gesteht, daß sie die Sparsamkeit empfiehlt, um den *Reichtum,* das heißt den Luxus zu produzieren. Die erstere Seite hat die *romantische* Einbildung, die Habsucht dürfe nicht allein die Konsumtion der Reichen bestimmen, und sie widerspricht ihren eignen Gesetzen, wenn sie die *Verschwendung* unmittelbar für ein Mittel der Bereicherung ausgibt, und von der andern Seite wird ihr daher sehr ernstlich und umständlich bewiesen, daß ich durch die Verschwendung meine *Habe* verringere und nicht vermehre; die andere Seite begeht die Heuchelei, nicht zu gestehn, daß grade die Laune und der Einfall die Produktion bestimmt; sie vergißt die »verfeinerten Bedürfnisse«, sie vergißt, daß ohne Konsumtion nicht produziert würde; sie vergißt, daß die Produktion durch die Konkurrenz nur allseitiger, luxuriöser werden muß; sie vergißt, daß der Gebrauch ihr den Wert der Sache bestimmt und daß die Mode den Gebrauch bestimmt, sie wünscht nur »Nützliches« produziert zu sehn, aber sie vergißt, daß die Produktion von zu viel Nützlichem zu viel *unnütze* Population produziert. Beide Seiten vergessen, daß Verschwendung und Ersparung, Luxus und Entblößung, Reichtum und Armut gleich sind.

Und nicht nur deine unmittelbaren Sinne, wie Essen etc., mußt du absparen; auch Teilnahme mit allgemeinen Interessen, Mitleiden, Vertrauen etc., das alles mußt du dir ersparen, wenn du ökonomisch sein willst, wenn du nicht an Illusionen zu Grunde gehn willst.

Du mußt alles, was dein ist, *feil,* das heißt nützlich machen. Wenn ich den Nationalökonomen frage: Gehorche ich den ökonomischen Gesetzen, wenn ich aus der Preisgebung, Feilbietung meines Körpers an fremde Wollust Geld ziehe (die Fabrikarbeiter in Frankreich nennen die Prostitution ihrer Frauen und Töchter die Xte Arbeitsstunde, was wörtlich wahr ist), oder handle ich nicht nationalökonomisch, wenn ich meinen Freund an die Marokkaner verkaufe (und der unmittelbare Menschenverkauf, als Handel der Konskribierten etc. findet in allen Kulturländern statt), so antwortet mir der Nationalökonom: meinen Gesetzen handelst du nicht zuwider; aber sieh' dich um, was Frau Base Moral und Base Religion sagt; meine *nationalökonomische* Moral und Religion hat nichts angegen dich einzuwenden, aber – Aber wem soll ich nun mehr glauben, der Nationalökonomie oder der Moral? – Die Moral der Nationalökonomie ist der *Erwerb*, die Arbeit und die Sparsamkeit, die Nüchternheit – aber die Nationalökonomie verspricht mir, meine Bedürfnisse zu befriedigen. – Die Nationalökonomie der Moral ist der Reichtum an gutem Gewissen, an Tugend etc., aber wie wie kann ich tugendhaft sein, wenn ich nicht bin, wie ein gutes Gewissen haben, wenn ich nichts weiß? – Es ist dies im Wesen der Entfremdung gegründet, daß jede Sphäre einen andren und entgegengesetzten Maßstab an mich legt, einen andren die Moral, einen andren die Nationalökonomie, weil jede eine bestimmte Entfremdung des Menschen ist und [XVII] jede einen besondren Kreis der entfremdeten Wesenstätigkeit fixiert, jede sich entfremdet zu der andren Entfremdung verhält. So wirft Herr *Michel Chevalier* dem Ricardo vor, daß er von der Moral abstrahiert. Aber Ricardo läßt die Nationalökonomie ihre eigne Sprache sprechen, wenn diese nicht moralisch spricht, so ist es nicht die Schuld von Ricardo. M. Chevalier abstrahiert von der Nationalökonomie, soweit er moralisiert, aber er abstrahiert notwendig und wirklich von der Moral, soweit er Nationalökonomie treibt. Die Beziehung der Nationalökonomie auf die Moral, wenn sie anders nicht willkürlich, zufällig und daher unbegründet und unwissenschaftlich ist, wenn sie nicht zum *Schein* vorgemacht, sondern als *wesentlich* gemeint wird, kann doch nur die Beziehung der nationalökonomischen Gesetze auf die Moral sein. Wenn diese nicht, oder vielmehr das Gegenteil stattfindet, was kann Ricardo dafür? Übrigens ist auch der Gegensatz der Nationalökonomie und der Moral nur ein *Schein* und wie er ein Gegensatz ist, wieder kein Gegensatz. Die Nationalökonomie drückt nur in *ihrer Weise* die moralischen Gesetze aus. –

Die Bedürfnislosigkeit als das Prinzip der Nationalökonomie zeigt sich am *glänzendsten* in ihrer *Bevölkerungstheorie*. Es gibt zu *viel* Menschen. Sogar das Dasein der Menschen ist ein purer Luxus, und wenn der Arbeiter *»moralisch«* ist (Mill schlägt öffentliche Belobungen für die vor, die sich enthaltsam in geschlechtlicher Beziehung zeigen, und öffentlichen Tadel für die,

die sich versündigen an dieser Unfruchtbarkeit der Ehe ... Ist das nicht Morallehre von der Askese?); wird er *sparsam* sein an Zeugung. Die Produktion des Menschen erscheint als öffentliches Elend. –

Der Sinn, den die Produktion in Bezug auf die Reichen hat, zeigt sich *offenbart* in dem Sinn, den sie für die Armen hat; nach oben ist die Äußerung immer fein, versteckt, zweideutig, Schein, nach unten hin grob, grad heraus, offenherzig, Wesen. Das *rohe* Bedürfnis des Arbeiters ist eine viel größere Quelle des Gewinns, als das *feine* des Reichen. Die Kellerwohnungen in London bringen ihren Vermietern mehr ein als die Paläste, das heißt sie sind in Bezug auf ihn ein *größerer Reichtum*, also, um nationalökonomisch zu sprechen, ein größrer *gesellschaftlicher* Reichtum. –

Und wie die Industrie auf die Verfeinerung der Bedürfnisse, ebenso sehr spekuliert sie auf ihre *Roheit*, als auf ihre künstlich hervorgebrachte Roheit, deren wahrer Geist daher die *Selbstbetäubung* ist, diese *scheinbare* Befriedigung des Bedürfnisses, diese Zivilisation *innerhalb* der rohen Barbarei des Bedürfnisses; die englischen Schnapsläden sind darum *sinnbildliche* Darstellungen des Privateigentums. Ihr *Luxus* zeigt das wahre Verhältnis des industriellen Luxus und Reichtums zum Menschen. Sie sind daher mit Recht auch die einzigen, wenigstens mild von der englischen Polizei behandelten Sonntagsvergnügungen des Volkes. –

Wir haben schon gesehn, wie der Nationalökonom Einheit von Arbeit und Kapital auf vielfache Art setzt. 1. Das Kapital ist *aufgehäufte Arbeit;* 2. die Bestimmung des Kapitals innerhalb der Produktion, teils die Reproduktion des Kapitals mit Gewinn, teils das Kapital als Rohstoff (Material der Arbeit), teils als selbst *arbeitendes Instrument* – die Maschine ist das unmittelbar mit der Arbeit identisch gesetzte Kapital –, *ist produktive Arbeit;* 3. der Arbeiter ist ein Kapital; 4. der Arbeitslohn gehört zu den Kosten des Kapitals; 5. in Bezug auf den Arbeiter ist die Arbeit die Reproduktion seines Lebenskapitals; 6. in Bezug auf den Kapitalisten ein Moment der Tätigkeit seines Kapitals.

Endlich 7. unterstellt der Nationalökonom die ursprüngliche Einheit beider als die Einheit von Kapitalist und Arbeiter, dies ist der paradiesische Urzustand. Wie diese beiden Momente [XIX] als zwei Personen sich entgegen springen, ist für den Nationalökonom ein *zufälliges* und darum nur äußerlich zu erklärendes Ereignis. (Siehe Mill.) –

Die Nationen, welche noch von dem sinnlichen Glanz der edlen Metalle geblendet und darum noch Fetischdiener des Metallgeldes sind – sind noch nicht die vollendeten Geldnationen. Gegensatz von Frankreich und England. – Wie sehr die Lösung der theoretischen Rätsel eine Aufgabe der Praxis und praktisch vermittelt ist, wie die wahre Praxis die Bedingung einer wirklichen und positiven Theorie ist, zeigt sich zum Beispiel am *Fetischismus.* Das sinnliche Bewußtsein des Fetischdieners ist ein andres wie das des Griechen, weil sein sinnliches Dasein noch ein andres ist. Die abstrakte Feindschaft zwischen Sinn und Geist ist notwendig, so lang der menschliche Sinn für die Natur, der menschliche Sinn der Natur, also auch der *natürliche* Sinn des *Menschen,* noch nicht durch die eigne Arbeit des Menschen produziert ist. –

Die *Gleichheit* ist nichts andres als das deutsche Ich = Ich in französische, das heißt politische Form übersetzt. Die Gleichheit als *Grund* des Kommunismus ist seine *politische* Begründung und ist dasselbe, als wenn der Deutsche ihn sich dadurch begründet, daß er den Menschen als *allgemeines Selbstbewußtsein* faßt. Es versteht sich, daß die Aufhebung der Entfremdung immer von der Form der Entfremdung aus geschieht, welche die *herrschende* Macht ist, in Deutschland das *Selbstbewußtsein,* in Frankreich die *Gleichheit,* weil die Politik, in England das wirkliche, materielle, sich nur an sich selbst messende *praktische* Bedürfnis. Von diesem Punkt aus ist Proudhon zu kritisieren und anzuerkennen.

Wenn wir den *Kommunismus* selbst noch – weil als Negation der Negation, als die Aneignung des menschlichen Wesens, die sich mit sich durch Negation des Privateigentums vermittelt, daher noch nicht als die *wahre,* von sich selbst, sondern vielmehr vom Privateigentum aus beginnende Position – bezeichnen, ...*) ... da also mit ihm die wirkliche Entfremdung des menschlichen Lebens bleibt und eine um so größere Entfremdung bleibt, je mehr man ein Bewußtsein über sie als eine solche hat – vollbracht werden kann, so ist sie also nur durch den ins Werk gesetzten Kommunismus zu vollbringen. Um den *Gedanken* des Privateigentums aufzuheben, dazu reicht der *gedachte* Kommunismus vollständig aus. Um das wirkliche Privateigentum aufzuheben, dazu gehört eine *wirkliche* kommunistische Aktion. Die Geschichte wird sie bringen und jene Bewegung, die wir in *Gedanken* schon als eine sich selbst aufhebende wissen, wird in der

*) Teil der Seite abgerissen — Anm. d. Hrsg.

Wirklichkeit einen sehr rauhen und weitläufigen Prozeß durchmachen. Als einen wirklichen Fortschritt müssen wir es aber betrachten, daß wir von vornherein sowohl von der Beschränktheit als dem Ziel der geschichtlichen Bewegung, und ein sie überbietendes Bewußtsein erworben haben. – –

Wenn die kommunistischen *Handwerker* sich vereinen, so gilt ihnen zunächst die Lehre, Propaganda etc. als Zweck. Aber zugleich eignen sie sich dadurch ein neues Bedürfnis, das Bedürfnis der Gesellschaft an, und was als Mittel erscheint, ist zum Zweck geworden. Diese praktische Bewegung kann man in ihren glänzendsten Resultaten anschauen, wenn man sozialistische französische Ouvriers vereinigt sieht. Rauchen, Trinken, Essen etc. sind nicht mehr da als Mittel der Verbindung oder als verbindende Mittel. Die Gesellschaft, der Verein, die Unterhaltung, die wieder die Gesellschaft zum Zwecke hat, reicht ihnen hin, die Brüderlichkeit der Menschen ist keine Phrase, sondern Wahrheit bei ihnen und der Adel der Menschheit leuchtet uns aus den von der Arbeit verhärteten Gestalten entgegen.

[XX] Wenn die Nationalökonomie behauptet, daß Nachfrage und Zufuhr sich immer decken, so vergißt sie sogleich, daß nach ihrer eignen Behauptung die Zufuhr von *Menschen* (Bevölkerungstheorie) immer die Nachfrage übersteigt, daß also bei dem wesentlichen Resultat der ganzen Produktion – der Existenz des Menschen – das Mißverhältnis zwischen Nachfrage und Zufuhr seinen entschiedensten Ausdruck erhält. – –

Wie sehr das Geld, das als Mittel erscheint, die wahre *Macht* und der einzige *Zweck* ist, wie sehr überhaupt *das* Mittel, das mich zum Wesen macht, das mir das fremde gegenständliche Wesen aneignet, *Selbstzweck* ist . . . das kann man daraus ersehn, wie Grundeigentum, da wo der Boden die Lebensquelle, *Pferd* und *Schwert*, da wo sie das *wahre Lebensmittel* sind, auch als die wahren politischen Lebensmächte anerkannt sind. Im Mittelalter ist ein Stand emanzipiert, sobald er das *Schwert* tragen darf. Bei nomadischen Bevölkerungen ist das *Roß* das, was mich zum Freien, zum Teilnehmer am Gemeinwesen macht. –

Wir haben oben gesagt, daß der Mensch zu der *Höhlenwohnung* etc., aber zu ihr unter einer entfremdeten, feindseligen Gestalt zurückkehrt. Der Wilde in seiner Höhle – diesem unbefangen sich zum Genuß und Schutz darbietenden Naturelement – fühlt sich nicht fremder, oder vielmehr fühlt sich so heimisch, als der *Fisch* im Wasser. Aber die Kellerwohnung des Armen ist ein feindliches, als »fremde Macht an sich haltende Wohnung, die sich ihm nur hingibt, sofern er seinen Blutschweiß ihr hingibt«, die er nicht als seine Heimat – wo er endlich sagen könnte, hier bin ich zu Haus – betrachten darf, wo er sich vielmehr in dem Hause eines *andern*, in einem *fremden* Hause, befindet, der täglich auf der Lauer steht und ihn hinauswirft, wenn er nicht die Miete zahlt. Ebenso weiß er der Qualität nach seine Wohnung im Gegensatz zur *jenseitigen*, im Himmel des Reichtums, residierenden menschlichen Wohnung.

Die Entfremdung erscheint sowohl darin, daß *mein* Lebensmittel eines *andern* ist, daß das, was *mein* Wunsch, der unzugängliche Besitz eines *andern* ist, als daß jede Sache selbst ein *andres* als sie selbst, als daß meine Tätigkeit ein *andres*, als endlich – und das gilt auch für den Kapitalisten – daß überhaupt die *unmenschliche Macht* herrscht. Die Bestimmung des sich nur zum Genuß preisgebenden, untätigen und verschwendenden Reichtums, – worin der Genießende zwar einerseits sich als ein nur *vergängliches*, wesenlos sich austobendes Individuum *betätigt*, und ebenso die fremde Sklavenarbeit, den menschlichen *Blutschweiß* als die Beute seiner Begierde und darin den Menschen selbst, also auch sich selbst als ein aufgeopfertes, nichtiges Wesen weiß, wobei die Menschenverachtung als Übermut, als ein Wegwerfen dessen, was hundert menschliche Leben fristen kann, teils als die infame Illusion erscheint, daß seine zügellose Verschwendung und haltlose, unproduktive Konsumtion die *Arbeit* und damit die *Subsistenz* des andren bedingt – der die Verwirklichung der menschlichen *Wesenskräfte* nur als Verwirklichung seines Unwesens, seiner Laune und willkürlichen, bizarren Einfälle weiß – dieser Reichtum, der aber andrerseits den Reichtum als ein bloßes Mittel und nur der Vernichtung wertes Ding weiß, der also zugleich sein Sklave und sein Herr, zugleich großmütig und niederträchtig, launenhaft, dünkelhaft, eingebildet, fein, gebildet, geistreich ist, – dieser Reichtum hat noch nicht den *Reichtum* als eine gänzlich *fremde Macht* über sich selbst erfahren; er sieht in ihm vielmehr nur seine eigne Macht, . . .*)

. . . [XXI] und der glänzenden, durch den sinnlichen Schein geblendeten Illusion über das Wesen des Reichtums, tritt der *arbeitende, nüchterne, ökonomische, prosaische*, – über das Wesen des Reichtums aufgeklärte Industrielle gegenüber – und wie er seiner

*) Ein Stück des Ms. abgerissen — Anm. d. Hrsg.

Genußsucht einen größeren Umkreis verschafft, ihm schöne Schmeicheleien in seinen Produktionen sagt – seine Produkte sind eben so viel niedrige Komplimente an die Gelüste des Verschwenders –, so weiß er die jenem verschwindende Macht auf die einzig *nützliche* Weise sich selbst anzueignen. Wenn sonach der industrielle Reichtum zunächst als Resultat des verschwenderischen, phantastischen Reichtums erscheint, – so verdrängt die Bewegung des erstern auch auf tätige Weise, durch ihm eigne Bewegung den letztern. Das Fallen des *Geldzinses* ist nämlich eine notwendige Konsequenz und Resultat der industriellen Bewegung. Die Mittel des verschwenderischen Rentiers vermindern sich also täglich grade in *umgekehrtem* Verhältnis zur Vermehrung der Mittel und Fallstricke des Genusses. Er muß also entweder sein Kapital selbst verzehren, also zu Grunde gehn oder selbst zum industriellen Kapitalisten werden ... Andrerseits steigt zwar die *Grundrente* unmittelbar beständig durch den Lauf der industriellen Bewegung, aber – wir haben es schon gesehn – es kömmt notwendig ein Zeitpunkt, wo das Grundeigentum in die Kategorie des mit Gewinn sich reproduzierenden Kapitals, wie jedes andre Eigentum fallen muß – und zwar ist dies das Resultat derselben industriellen Bewegung. Also muß auch der verschwenderische Grundherr entweder sein Kapital verzehren, also zu Grunde gehen, oder selbst der Pächter seines eignen Grundstücks – ackerbauender Industrieller werden. –

Die Verminderung des Geldzinses – welche Proudhon als die Aufhebung des Kapitals und als Tendenz nach der Sozialisierung des Kapitals betrachtet – ist daher vielmehr unmittelbar nur ein Symptom von dem vollständigen Sieg des arbeitenden Kapitals über den verschwenderischen Reichtum, das heißt die Verwandlung alles Privateigentums in industrielles Kapital – der vollständige Sieg des Privateigentums über alle dem *Schein* nach noch menschlichen Qualitäten desselben und die völlige Unterjochung des Privateigentümers unter das Wesen des Privateigentums, – die *Arbeit*. Allerdings genießt auch der industrielle Kapitalist. Er kehrt keineswegs zur unnatürlichen Einfachheit des Bedürfnisses zurück, aber sein Genuß ist nur Nebensache, Erholung, untergeordnet der Produktion, dabei *berechneter*, also selbst *ökonomischer* Genuß, denn er schlägt seinen Genuß zu den Kosten des Kapitals, und sein Genuß darf ihm daher nur so viel kosten, daß das an ihm Verschwendete durch die Reproduktion des Kapitals mit Gewinn wieder ersetzt wird. Der Genuß ist also unter das

Kapital, das genießende Individuum unter das kapitalisierende subsumiert, während früher das Gegenteil stattfand. Die Abnehmung der Zinsen ist daher nur insofern ein Symptom der Aufhebung des Kapitals, als sie ein Symptom seiner sich vollendenden Herrschaft, der sich vollendenden und daher ihrer Aufhebung zueilenden Entfremdung ist. Dies ist überhaupt die einzige Weise, wie das Bestehende sein Gegenteil bestätigt. –

Der Zank der Nationalökonomen über Luxus und Ersparung ist daher nur der Zank der über das Wesen des Reichtums ins klare gekommenen Nationalökonomie mit der jungen, die noch mit romantischen, antiindustriellen Erinnerungen behaftet ist. Beide Teile wissen sich aber den Gegenstand des Streits nicht auf seinen einfachen Ausdruck zu bringen und werden daher nicht miteinander fertig. –

Die *Grundrente* wurde ferner qua Grundrente gestürzt – indem von der neuern Nationalökonomie im Gegensatz zu dem Argument der Physiokraten, der Grundeigentümer sei der einzig wahre Produzent, vielmehr bewiesen wurde, daß der Grundeigentümer als solcher vielmehr der einzige ganz unproduktive Rentier sei. Die Agrikultur sei Sache des Kapitalisten, der seinem Kapital diese Anwendung gebe, wenn er von ihr den gewöhnlichen Gewinn zu erwarten habe. Die Aufstellung der Physiokraten – daß das Grundeigentum als das einzig produktive Eigentum allein die Staatssteuer zu zahlen, also auch allein sie zu bewilligen und Teil an dem Staatswesen zu nehmen habe – verkehrt sich daher in die umgekehrte Bestimmung, daß die Steuer auf Grundrente die einzige Steuer auf ein unproduktives Einkommen sei, daher die einzige Steuer, welche der nationalen Produktion nicht schädlich sei. Es versteht sich, daß, so gefaßt auch das politische Vorrecht der Grundeigentümer nicht mehr aus ihrer hauptsächlichen Besteuerung folgt. –

Alles, was Proudhon als Bewegung der Arbeit gegen das Kapital faßt, ist nur die Bewegung der Arbeit in der Bestimmung des Kapitals, des *industriellen Kapitals* gegen das nicht *als* Kapital, das heißt nicht industriell sich konsumierende Kapital. Und diese Bewegung geht ihren siegreichen Weg, das heißt den Weg des Sieges des *industriellen* Kapitals. – Man sieht also, daß erst indem die *Arbeit* als Wesen des Privateigentums gefaßt wird, auch die nationalökonomische Bewegung als solche in ihrer wirklichen Bestimmtheit durchschaut werden kann. –

Die *Gesellschaft* – wie sie für den Nationalökonomen erscheint – ist die *bürgerliche Gesellschaft*, worin jedes Individuum ein Ganzes von Bedürfnissen ist und es nur für den Andern, wie der Andre nur für es da ist, insofern sie sich wechselseitig zum Mittel werden. Der Nationalökonom – so gut, wie die Politik in ihren *Menschenrechten* – reduziert alles auf den Menschen, das heißt auf das Individuum, von welchem er alle Bestimmtheit abstreift, um es als Kapitalist oder Arbeiter zu fixieren. –

Die *Teilung der Arbeit* ist der nationalökonomische Ausdruck von der *Gesellschaftlichkeit der Arbeit* innerhalb der Entfremdung. Oder, da die Arbeit nur ein Ausdruck der menschlichen Tätigkeit innerhalb der Entäußerung, der Lebensäußerung als Lebensentäußerung ist, so ist auch die *Teilung der Arbeit* nichts andres als das *entfremdete, entäußerte* Setzen der menschlichen Tätigkeit als einer *realen Gattungstätigkeit* oder als *Tätigkeit des Menschen als Gattungswesen.*

Über das Wesen der *Teilung der Arbeit* – welche natürlich als ein Hauptmotor der Produktion des Reichtums gefaßt werden mußte, sobald die *Arbeit* als das *Wesen* des *Privateigentums* erkannt war, – das heißt über diese *entfremdete und entäußerte Gestalt der menschlichen Tätigkeit als Gattungstätigkeit* sind die Nationalökonomen sehr unklar und sich widersprechend.

Adam Smith): »Die Teilung der Arbeit«* verdankt nicht der menschlichen Weisheit ihren Ursprung. Sie ist die notwendige, langsame und stufenweise Konsequenz des Hangs zum Austausch und des wechselseitigen Verschacherns der Produkte. Dieser Hang zum Handel ist wahrscheinlich eine notwendige Folge des Gebrauchs der Vernunft und des Wortes. Er ist allen Menschen gemeinschaftlich, findet sich bei keinem Tier. Das Tier, sobald es erwachsen ist, lebt auf seine Faust. Der Mensch hat beständig die Unterstützung von andren nötig und vergeblich würde er sie bloß von ihrem Wohlwollen erwarten. Es wird viel sicherer sein, sich an ihr persönliches Interesse zu wenden und sie zu überreden, ihr eigner Vorteil erheische das zu tun, was er von ihnen wünscht. Wir adressieren uns bei andern Menschen nicht an ihre *Menschheit,* sondern an ihren Egoismus; wir sprechen ihnen niemals von *unsern Bedürfnissen,* sondern immer von *ihrem Vorteil.* – Da wir also durch Tausch, Handel, Schacher die Mehrzahl

---

*) Die folgenden Zitate von Adam Smith sind aus den Kapiteln II, III und IV des ersten Bandes von »The Wealth of Nations«, Marx zitiert aus der französischen Ausgabe, Paris 1802 — Anm. d. Hrsg.

der guten Dienste, die uns wechselseitig nötig sind, erhalten, so ist es diese Disposition zum *Schacher*, welche der *Teilung der Arbeit* ihren Ursprung gegeben hat. Zum Beispiel in einem Tribus von Jägern oder Hirten macht ein Privatmann Bogen und Sehnen mit mehr Geschwindigkeit und Geschicklichkeit als ein andrer. Er vertauscht oft mit seinem Genossen diese Arten von Tagwerk gegen Vieh und Wild, er bemerkt bald, daß er letzteres durch dieses Mittel sich leichter verschaffen kann, als wenn er selbst auf Jagd ginge. Aus interessierter Berechnung macht er also aus der Fabrikation der Bogen etc. seine Hauptbeschäftigung. Die Differenz der *natürlichen Talente* unter den Individuen ist nicht sowohl die *Ursache* als der *Effekt* der Teilung der Arbeit. Ohne die Disposition des Menschen zu handeln und tauschen, wäre jeder verpflichtet gewesen, sich selbst alle Notwendigkeiten und Bequemlichkeiten des Lebens zu verschaffen. Jeder hätte *dasselbe Tagewerk* zu erfüllen gehabt und jene *große Differenz der Beschäftigungen,* welche allein eine große Differenz der Talente erzeugen kann, hätte nicht Statt gefunden. Wie nun dieser Hang zum Tauschen die Verschiedenheit der Talente erzeugt unter den Menschen, so ist es auch derselbe Hang, der diese Verschiedenheit nützlich macht. Viele Tierrassen, obgleich von derselben Spezies, haben von der Natur unterschiedene Charaktere erhalten, die in Bezug auf ihre Anlagen augenfälliger sind, als man bei den ungebildeten Menschen beobachten könnte. Von Natur ist ein Philosoph nicht halb so verschieden von einem Sackträger an Talent und Intelligenz, als ein Haushund von einem Windhund, ein Windhund von einem Wachtelhund und dieser von einem Schäferhund. Dennoch sind diese verschiednen Tierrassen obgleich von derselben Spezies fast von gar keiner Nützlichkeit für einander. Der Hofhund kann den Vorteilen seiner Stärke [XXXVI] nichts hinzufügen, dadurch, daß er sich etwa der Leichtigkeit des Windhundes etc. bediente. Die Wirkungen dieser verschiednen Talente oder Stufen der Intelligenz können, aus Mangel der Fähigkeit oder des Hangs zum Handel und Austausch, nicht zusammen, in Gemeinschaft, geworfen werden und können durchaus nicht zum *Vorteil* oder zur *gemeinschaftlichen Bequemlichkeit* der *species* beitragen. Jedes Tier muß sich selbst unterhalten und beschützen, unabhängig von andern – es kann nicht den geringsten Nutzen von der Verschiedenheit der Talente ziehn, welche die Natur unter seinesgleichen verteilt hat.

Unter den Menschen dagegen sind die disparatesten Talente einander nützlich, weil die *verschiednen Produkte* jeder ihrer respektiven Industriezweige, vermittelst dieses allgemeinen Hangs zum Handel und Austausch, sich so zu sagen in eine gemeinschaftliche Masse geworfen finden, wo jeder Mensch nach seinen Bedürfnissen kaufen gehn kann irgend einen Teil des Produkts der Industrie des andern. – Weil dieser Hang zum *Austausch* der *Teilung der Arbeit* ihren Ursprung gibt, so ist folglich das *Wachstum* dieser *Teilung* immer beschränkt durch die *Ausdehnung* der *Fähigkeit auszutauschen* oder in andern Worten durch die *Ausdehnung des Marktes*. Ist der Markt sehr klein, so wird Niemand ermutigt sein, sich gänzlich einer einzigen Beschäftigung zu ergeben, aus Mangel das Mehr des Produkts seiner Arbeit, welches seine eigne Konsumtion übersteigt, gegen ein gleiches Mehr des Produkts der Arbeit eines andern, das er sich zu verschaffen wünschte, austauschen zu können ...« Im *fortgeschrittenen* Zustand: Jeder Mensch besteht von échanges, vom Austausch und wird eine Art von *Handelsmann*, und die *Gesellschaft selbst* ist eigentlich eine *handelstreibende* Gesellschaft. (Siehe Destutt de Tracy *): die Gesellschaft ist eine Reihe von wechselseitigem Austausch, in dem Commerce liegt das ganze Wesen der Gesellschaft.) Die Akkumulation der Kapitalien steigt mit der Teilung der Arbeit und wechselseitig.« – So weit Adam Smith.

»Wenn jede Familie die Totalität der Gegenstände ihrer Konsumtion erzeugte, könnte die Gesellschaft in Gang bleiben, obgleich sich keine Art von Austausch bewerkstelligte, *ohne fundamental* zu sein, ist der Austausch unentbehrlich in dem avancierten Zustand unserer Gesellschaft – die Teilung der Arbeit ist eine geschickte Anwendung der Kräfte des Menschen, sie vermehrt also die Produkte der Gesellschaft, ihre Macht und ihre Genüsse, aber sie beraubt, vermindert die Fähigkeit jedes Menschen individuell genommen. Die Produktion kann ohne den Austausch nicht stattfinden.« – So *J. B. Say*.**)

»Die dem Menschen inhärenten Kräfte sind seine Intelligenz und seine physische Anlage zur Arbeit; diejenigen, welche von

---

*) Destutt de Tracy, »Eléments d'idéologie. Traité de la volonté et de ses effets«. Paris 1826, S. 68, 78 — Anm. d. Hrsg.

**) Jean-Baptiste Say, »Traité d'économie politique«. 3. Ausg., Paris 1817, S. 300 — Anm. d. Hrsg.

dem gesellschaftlichen Zustand ihren Ursprung ableiten, bestehen: in der Fähigkeit die *Arbeit* zu *teilen* und die *verschiedenen Arbeiten unter die verschiedenen Menschen auszuteilen* ... und in dem *Vermögen, die wechselseitigen Dienste* auszutauschen und die Produkte, welche diese Mittel konstituieren. Das Motiv, warum ein Mensch dem andern seine Dienste widmet, ist der Eigennutz – der Mensch verlangt eine Rekompens für die einem andern geleisteten Dienste. Das Recht des exklusiven Privateigentums ist unentbehrlich, damit sich der Austausch unter den Menschen etabliere«. »Austausch und Teilung der Arbeit bedingen sich wechselseitig.« So *Skarbek.****)

Mill stellt den entwickelten Austausch, den *Handel*, als *Folge* der *Teilung der Arbeit* dar.

»Die Tätigkeit des Menschen kann auf sehr einfache Elemente reduziert werden. Er kann in Wahrheit nichts mehr tun, als Bewegung produzieren, er kann die Sachen bewegen, um sie von einander zu entfernen oder einander zu nähern [XXXVII]; die Eigenschaften der Materie tun das Übrige. Bei der Anwendung der Arbeit und der Maschinen findet man oft, daß die Wirkungen durch eine geschickte Verteilung vermehrt werden können, durch Trennung der Operationen, die sich entgegenstehn, und durch Vereinigung aller derjenigen, welche auf irgend eine Weise sich wechselseitig fördern können. Da im Allgemeinen die Menschen nicht viele verschiedne Operationen mit gleicher Geschwindigkeit und Geschicklichkeit exekutieren können, wie die Gewohnheit ihnen diese Fähigkeit für die Ausübung einer kleinern Zahl verschafft – so ist es immer vorteilhaft, so viel als möglich die Zahl der jedem Individuum anvertrauten Operationen zu beschränken. – Zur Teilung der Arbeit und Verteilung der Kräfte des Menschen und der Maschine auf die vorteilhafteste Art ist es notwendig in einer Menge von Fällen, auf einer großen Stufenleiter zu operieren oder, in andern Worten, die Reichtümer in großen Massen zu produzieren. Dieser Vorteil ist der Entstehungsgrund der großen Manufakturen, von denen oft eine kleine, unter günstigen Verhältnissen gegründete Anzahl, manchmal nicht nur ein einziges sondern mehrere Länder approvisioniert

***) F. Skarbek, »Théorie des richesses sociales, suivi d'une bibliographie de l'économie politique«. Paris 1829, S. 25-27 — Anm. d. Hrsg.

mit der hier verlangten Quantität von den durch sie produzierten Objekten.«

So *Mill.**)

Die ganze moderne Nationalökonomie aber stimmt darin überein, daß Teilung der Arbeit und Reichtum der Produktion, Teilung der Arbeit und Akkumulation des Kapitals sich wechselseitig bedingen, wie daß das *freigelassne,* sich selbst überlassne Privateigentum allein die nützlichste und umfassendste Teilung der Arbeit hervorbringen kann.

Adam Smiths Entwicklung läßt sich dahin resümieren: Die Teilung der Arbeit gibt der Arbeit die unendliche Produktionsfähigkeit. Sie ist begründet in dem *Hang* zum *Austausch* und *Schacher,* einem spezifisch menschlichen Hang, der wahrscheinlich nicht zufällig, sondern durch den Gebrauch der Vernunft und der Sprache bedingt ist. Das Motiv des Austauschenden ist nicht die *Menschheit,* sondern der *Egoismus.* Die Verschiedenartigkeit der menschlichen Talente ist mehr die Wirkung, als die Ursache der Teilung der Arbeit, i. e. des Austauschs. Auch macht letzterer erst diese Verschiedenheit nützlich. Die besondren Eigenschaften der verschiedenen Rassen einer Tierart sind von Natur schärfer als die Verschiedenheit menschlicher Anlage und Tätigkeit. Weil die *Tiere* aber nicht *auszutauschen* vermögen, nützt keinem Tierindividuum die unterschiedne Eigenschaft eines Tiers von derselben Art, aber von verschiedner Rasse. Die Tiere vermögen nicht die unterschiednen Eigenschaften ihrer species zusammenzulegen; sie vermögen nichts zum *gemeinschaftlichen* Vorteil und Bequemlichkeit ihrer species beizutragen. Anders der Mensch, wo die disparatesten Talente und Tätigkeitsweisen sich wechselseitig nützen, *weil* sie ihre *verschiednen* Produkte zusammenwerfen können in eine gemeinschaftliche Masse, wovon jeder kaufen kann. Wie die Teilung der Arbeit aus dem Hang des *Austauschs* entspringt, so wächst sie und ist begrenzt durch die *Ausdehnung* des *Austausches,* des *Marktes.* Im fortgeschrittnen Zustand jeder Mensch *Handelsmann,* die Gesellschaft eine *Handelsgesellschaft. Say* betrachtet den *Austausch* als zufällig und nicht fundamental. Die Gesellschaft könnte ohne ihn bestehn. Er wird unentbehrlich im avancierten Zustand der Gesellschaft. Dennoch kann die *Produktion ohne ihn* nicht stattfinden. Die Teilung der Arbeit ist ein

*) James Mill, »Elements of Political Economy«. London 1821; Marx zitiert aus der französischen Ausgabe, Paris 1823 — Anm. d. Hrsg.

bequemes, nützliches Mittel, eine geschickte Anwendung der menschlichen Kräfte für den gesellschaftlichen Reichtum, aber sie vermindert die *Fähigkeit jedes Menschen individuell* genommen. Die letzte Bemerkung ist ein Fortschritt von Say.

Skarbek unterscheidet die *individuellen, dem Menschen-inhärenten* Kräfte, Intelligenz und physische Disposition zur Arbeit, von den von der Gesellschaft *hergeleiteten* Kräften, *Austausch* und *Teilung der Arbeit,* die sich wechselseitig bedingen. Aber die notwendige Voraussetzung des Austausches ist das *Privateigentum.* Skarbek drückt hier unter objektiver Form aus, was Smith, Say, Ricardo etc. sagen, wenn sie den *Egoismus,* das *Privatinteresse* als Grund des Austausches oder den *Schacher* als die *wesentliche* und *adäquate* Form des Austausches bezeichnen.

Mill stellt den *Handel* als Folge der *Teilung der Arbeit* dar. Die *menschliche* Tätigkeit reduziert sich ihm auf eine *mechanische Bewegung.* Teilung der Arbeit und Anwendung von Maschinen befördern den Reichtum der Produktion. Man muß jedem Menschen einen möglichst kleinen Kreis von Operationen anvertrauen. Ihrerseits bedingen Teilung der Arbeit und Anwendung von Maschinen die Produktion des Reichtums in Masse, also des Produkts. Dies der Grund der großen Manufakturen. –

[XXXVIII] Die Betrachtung der *Teilung der Arbeit* und des *Austausches* sind von großem Interesse, weil sie die *sinnfällig entäußerten* Ausdrücke der menschlichen *Tätigkeit* und *Wesenskraft* als einer *gattungsmäßigen* Tätigkeit und Wesenskraft sind.

Daß die *Teilung der Arbeit* und der *Austausch* auf dem *Privateigentum* beruhn, ist nichts anders als die Behauptung, daß die *Arbeit* das Wesen des Privateigentums ist, eine Behauptung, die der Nationalökonom nicht beweisen kann, und die wir für ihn beweisen wollen. Eben darin, daß *Teilung der Arbeit* und *Austausch* Gestaltungen des Privateigentums sind, eben darin liegt der doppelte Beweis, sowohl daß das *menschliche* Leben zu seiner Verwirklichung des *Privateigentums* bedurfte, wie andrerseits, daß es jetzt der Aufhebung des Privateigentums bedarf.

Teilung der Arbeit und *Austausch* sind die beiden *Erscheinungen,* bei denen der Nationalökonom auf die Gesellschaftlichkeit seiner Wissenschaft pocht und den Widerspruch seiner Wissenschaft, die Begründung der Gesellschaft durch das ungesellschaftliche Sonderinteresse in einem Atemzug ausspricht.

Die Momente, die wir zu betrachten haben, sind: Einmal wird der *Hang des Austauschs* – dessen Grund im Egoismus gefunden wird – als Grund oder Wechselwirkung der Teilung der Arbeit betrachtet. Say betrachtet den Austausch als nicht *fundamental* für das Wesen der Gesellschaft. Der Reichtum, die Produktion wird durch die Teilung der Arbeit und den Austausch erklärt. Die Verarmung und Entwesung der individuellen Tätigkeit durch die Teilung der Arbeit wird zugestanden. Austausch und Teilung der Arbeit werden als Produzenten der großen *Verschiedenheit der menschlichen Talente* anerkannt, eine Verschiedenheit, welche durch ersteren auch wieder *nützlich* wird. Skarbek teilt die Produktions- oder produktiven Wesenskräfte des Menschen in zwei Teile, 1. die individuellen und ihm inhärenten, seine Intelligenz und spezielle Arbeitsdisposition oder Fähigkeit, 2. die von der Gesellschaft – nicht vom wirklichen Individuum – *abgeleiteten*, die Teilung der Arbeit und den Austausch. – Ferner: Die Teilung der Arbeit ist durch den *Markt* beschränkt. – Die menschliche Arbeit ist einfache *mechanische Bewegung;* die Hauptsache tun die materiellen Eigenschaften der Gegenstände. – Einem Individuum müssen wenigst mögliche Operationen zugeteilt werden. – Spaltung der Arbeit und Konzentrierung des Kapitals, die Nichtigkeit der individuellen Produktion und die Produktion des Reichtums in Masse. – Verstand des freien Privateigentums in der Teilung der Arbeit.

Geld

[XLI] Wenn die *Empfindungen*, Leidenschaften etc. des Menschen nicht nur anthropologische Bestimmungen im engeren Sinn, sondern wahrhaft *ontologische* Wesens(Natur)bejahungen sind – und wenn sie nur dadurch wirklich sich bejahen, daß ihr *Gegenstand sinnlich* für sie ist, so versteht sich, 1. daß die Weise ihrer Bejahung durchaus nicht eine und dieselbe ist, sondern vielmehr die unterschiedne Weise der Bejahung die Eigentümlichkeit ihres Daseins, ihres Lebens bildet; die Weise, wie der Gegenstand für sie, ist die eigentümliche Weise ihres *Genusses;* 2. da, wo die sinnliche Bejahung unmittelbares Aufheben des Gegenstandes in seiner selbständigen Form ist (Essen, Trinken, Bearbeiten des Gegenstandes etc.), ist dies die Bejahung des Gegenstandes; 3. insofern der Mensch *menschlich*, also auch seine Empfindung etc. *menschlich* ist, ist die Bejahung des Gegenstandes durch einen andren, ebenfalls sein eigner Genuß; 4. erst durch die entwickelte Industrie, i. e. durch die Vermittlung des Privateigentums wird das ontologische Wesen der menschlichen Leidenschaft sowohl in seiner Totalität, als in seiner Menschlichkeit; die Wissenschaft vom Menschen ist also selbst ein Produkt der praktischen Selbstbetätigung des Menschen; 5. der Sinn des Privateigentums – losgelöst von seiner Entfremdung – ist das *Dasein* der *wesentlichen Gegenstände* für den Menschen, sowohl als Gegenstand des Genusses, wie der Tätigkeit. – – Das *Geld*, indem es die *Eigenschaft* besitzt, alles zu kaufen, indem es die Eigenschaft besitzt, alle Gegenstände sich anzueignen, ist also der *Gegenstand* in eminentem Besitz. Die Universalität seiner *Eigenschaft* ist die Allmacht seines Wesens; es gilt daher als allmächtiges Wesen... das Geld ist der *Kuppler* zwischen dem Bedürfnis und dem Gegenstand, zwischen dem Leben und dem Lebensmittel des Menschen. *Was* mir aber *mein* Leben vermittelt, das vermittelt mir auch das Dasein der andren Menschen für mich. Das ist für mich der *andre* Mensch. –

»Was Henker! Freilich Händ' und Füße
Und Kopf und Hintre, die sind dein!
Doch alles, was ich frisch genieße,
Ist das drum weniger mein?
Wenn ich sechs Hengste zahlen kann
Sind ihre Kräfte nicht die meine?
Ich renne zu und bin ein rechter Mann
Als hätt ich vierundzwanzig Beine.«

Goethe, Faust (Mephisto)

Shakespeare im *Timon* von Athen:

»Gold? Kostbar, flimmernd, rotes Gold? Nein, Götter!
Nicht eitel fleht' ich.
So viel hievon macht schwarz weiß, häßlich schön;
Schlecht gut, alt jung, feig tapfer, niedrig edel.
Dies lockt... den Priester vom Altar;
Reißt Halbgenesnen weg das Schlummerkissen;
Ja, dieser rote Sklave löst und bindet
Geweihte Bande; segnet den Verfluchten;
Er macht den Aussatz lieblich, ehrt den Dieb
Und gibt ihm Rang, gebeugtes Knie und Einfluß
Im Rat der Senatoren; dieser führt
Der überjähr'gen Witwe Freier zu;

Sie, von Spital und Wunden giftig eiternd,
Mit Ekel fortgeschickt, verjüngt balsamisch
Zu Maienjugend dies. Verdammt Metall,
Gemeine Hure du der Menschen, die
Die Völker tört.«

Und weiter unten:

»Du süßer Königsmörder, edle Scheidung
Des Sohns und Vaters! glänzender Besudler
Von Hymens reinstem Lager! tapfrer Mars!
Du ewig blüh'nder, zartgeliebter Freier,
Dess roter Schein den heil'gen Schnee zerschmelzt
Auf Dianas reinem Schoß! *sichtbare Gottheit,*
Die du *Unmöglichkeiten* eng verbrüderst,
Zum Kuß sie zwingst! du sprichst in jeder Sprache,
Zu jedem Zweck! o du, der Herzen Prüfstein!
Denk, es empört dein Sklave sich, der Mensch!
Vernichte deine Kraft sie all verwirrend,
Daß Tieren wird die Herrschaft dieser Welt!«

Shakespeare schildert das Wesen des *Geldes* trefflich. Um ihn zu verstehen, beginnen wir zunächst mit der Auslegung der goethischen Stelle.

Was durch das *Geld* für mich ist, was ich zahlen, d. h., was das Geld kaufen kann, das *bin ich*, der Besitzer des Geldes selbst. So groß die Kraft des Geldes, so groß ist meine Kraft. Die Eigenschaften des Geldes sind meine – seines Besitzers – Eigenschaften und Wesenskräfte. Das, was ich *bin* und *vermag*, ist also keineswegs durch meine Individualität bestimmt. Ich *bin* häßlich, aber ich kann mir die *schönste* Frau kaufen. Also bin ich nicht *häßlich*, denn die Wirkung der *Häßlichkeit*, ihre abschreckende Kraft ist durch das Geld vernichtet. Ich – meiner Individualität nach – bin *lahm*, aber das Geld verschafft mir 24 Füße; ich bin also nicht lahm; ich bin ein schlechter, unehrlicher, gewissenloser, geistloser Mensch, aber das Geld ist geehrt, also auch sein Besitzer. Das Geld ist das höchste Gut, also ist sein Besitzer gut, das Geld überhebt mich überdem der Mühe, unehrlich zu sein; ich werde also als ehrlich präsumiert; ich bin *geistlos*, aber das Geld ist der *wirkliche Geist* aller Dinge, wie sollte sein Besitzer geistlos sein? Zudem kann er sich die geistreichen Leute kaufen, und wer die Macht über die Geistreichen ist, ist der nicht geistreicher als der

Geistreiche! Ich, der durch das Geld *alles*, wonach ein menschliches Herz sich sehnt, vermag, besitze ich nicht alle menschlichen Vermögen! Verwandelt also mein Geld nicht alle meine Unvermögen in ihr Gegenteil?

Wenn das *Geld* das Band ist, das mich an das *menschliche* Leben, das mir die Gesellschaft, das mich mit der Natur und den Menschen verbindet, ist das Geld nicht das Band aller *Bande!* Kann es nicht alle Bande lösen und binden! Ist es darum nicht auch das allgemeine Scheidungsmittel! Es ist die wahre *Scheidemünze*, wie das wahre *Bindungsmittel*, die galvano*chemische* Kraft der Gesellschaft.

Shakespeare hebt an dem Geld besonders zwei Eigenschaften hervor:

1. Es ist die sichtbare Gottheit, die Verwandlung aller menschlichen und natürlichen Eigenschaften in ihr Gegenteil, die allgemeine Verwechslung und Verkehrung der Dinge; es verbrüdert Unmöglichkeiten;

2. Es ist die allgemeine Hure, der allgemeine Kuppler der Menschen und Völker.

Die Verkehrung und Verwechslung aller menschlichen und natürlichen Qualitäten, die Verbrüderung der Unmöglichkeiten – die *göttliche* Kraft – des Geldes liegt in seinem *Wesen* als dem entfremdeten, entäußernden und sich veräußernden Gattungswesen der Menschen. Es ist das entäußerte *Vermögen der Menschheit.*

Was ich qua *Mensch* nicht vermag, was also alle meine individuellen Wesenskräfte nicht vermögen, das vermag ich durch das *Geld*. Das Geld macht also jede dieser Wesenskräfte zu etwas, was sie an sich nicht ist, d. h. zu ihrem *Gegenteil.*

Wenn ich mich nach einer Speise sehne oder den Postwagen brauchen will, weil ich nicht stark genug bin, den Weg zu Fuß zu machen, so verschafft mir das Geld die Speise und den Postwagen, d. h. es verwandelt meine Wünsche aus Wesen der Vorstellung, es übersetzt sie aus ihrem gedachten, vorgestellten, gewollten Dasein in ihr *sinnliches, wirkliches* Dasein, aus der Vorstellung in das Leben, aus dem vorgestellten Sein in das wirkliche Sein. Als diese Vermittlung ist das die *wahrhaft schöpferische* Kraft.

Die *demande* existiert wohl auch für den, der kein Geld hat, aber seine demande ist ein bloßes Wesen der Vorstellung, das auf mich, auf den dritten, auf ihn [XLIII] keine Wirkung, keine Existenz hat, also für mich selbst *unwirklich, gegenstandslos* bleibt. Der Unterschied der effektiven, auf das Geld basierten und der effektlosen, auf mein Bedürfnis, meine Leidenschaft, meinen Wunsch etc. basierten demande ist der Unterschied zwischen *Sein* und *Denken*, zwischen der bloßen in mir *existierenden* Vorstellung und der Vorstellung, wie sie als *wirklicher Gegenstand* außer mir für mich ist.

Ich, wenn ich kein Geld zum Reisen habe, habe kein *Bedürfnis*, d. h. kein wirkliches und sich verwirklichendes Bedürfnis zum Reisen. Ich, wenn ich *Beruf* zum Studieren, aber kein Geld dazu habe, habe *keinen* Beruf zum Studieren, d. h. keinen *wirksamen*, keinen *wahren* Beruf. Dagegen ich, wenn ich wirklich *keinen* Beruf zum Studieren habe, aber den Willen *und* das Geld, habe einen *wirksamen* Beruf dazu. Das *Geld* als das äußere, nicht aus dem Menschen als Menschen und nicht von der menschlichen Gesellschaft als Gesellschaft herkommende allgemeine *Mittel* und *Vermögen*, die *Vorstellung in die Wirklichkeit*, und *die Wirklichkeit zu einer bloßen Vorstellung* zu machen, verwandelt ebensosehr die *wirklichen menschlichen und natürlichen Wesenskräfte* in bloß abstrakte Vorstellungen und darum *Unvollkommenheiten*, qualvolle Hirngespinste, wie es andrerseits die *wirklichen Unvollkommenheiten und Hirngespinste*, die wirklich ohnmächtigen, nur in der Einbildung des Individuums existierenden Wesenskräfte desselben zu *wirklichen Wesenskräften* und *Vermögen* verwandelt. Schon dieser Bestimmung nach ist es also schon die allgemeine Verkehrung der *Individualitäten*, die sie in ihr Gegenteil umkehrt und ihren Eigenschaften widersprechende Eigenschaften beilegt.

Als diese *verkehrende* Macht erscheint es dann auch gegen das Individuum und gegen die gesellschaftlichen etc. Bande, die für sich *Wesen* zu sein behaupten. Es verwandelt die Treue in Untreue, die Liebe in Haß, den Haß in Liebe, die Tugend in Laster, das Laster in Tugend, den Knecht in den Herrn, den Herrn in den Knecht, den Blödsinn in Verstand, den Verstand in Blödsinn.

Da das Geld als der existierende und sich betätigende Begriff des Wertes alle Dinge verwechselt, vertauscht, so ist es die allgemeine *Verwechslung* und *Vertauschung* aller Dinge, also die verkehrte Welt, die Verwechslung und Vertauschung aller natürlichen und menschlichen Qualitäten.

Wer die Tapferkeit kaufen kann, der ist tapfer, wenn er auch feig ist. Da das Geld nicht gegen eine bestimmte Qualität, gegen ein bestimmtes Ding, menschliche Wesenskräfte, sondern gegen die ganze menschliche und natürliche gegenständliche Welt sich austauscht, so tauscht es also – vom Standpunkt seines Besitzers angesehn – jede Eigenschaft gegen jede – auch ihr widersprechende Eigenschaft und Gegenstand – aus; es ist die Verbrüderung der Unmöglichkeiten, es zwingt das sich widersprechende zum Kuß.

Setze den *Menschen* als *Menschen* und sein Verhältnis zur Welt als ein menschliches voraus, so kannst du Liebe nur gegen Liebe austauschen, Vertrauen nur gegen Vertrauen etc. Wenn du die Kunst genießen willst, mußt du ein künstlerisch-gebildeter Mensch sein; wenn du Einfluß auf andre Menschen ausüben willst, mußt du ein wirklich anregend und fördernd auf andre Menschen wirkender Mensch sein. Jedes deiner Verhältnisse zum Menschen – und zu der Natur – muß eine *bestimmte*, dem Gegenstand deines Willens entsprechende *Äußerung* deines *wirklichen individuellen* Lebens sein. Wenn du liebst, ohne Gegenliebe hervorzurufen, d. h. wenn dein Lieben als Lieben nicht die Gegenliebe produziert, wenn du durch eine *Lebensäußerung* als liebender Mensch dich nicht zum *geliebten Menschen* machst, so ist deine Liebe ohnmächtig, ein Unglück.

Kritik der Hegelschen Dialektik und Philosophie überhaupt

6. An diesem Punkte ist vielleicht der Ort, sowohl zur Verständigung und Berechtigung über die Hegelsche Dialektik überhaupt, als namentlich über ihre Ausführung in der Phänomenologie und Logik, endlich über das Verhältnis der neuern kritischen Bewegung einige Andeutungen zu geben.

Die Beschäftigung mit dem Inhalt der alten Welt, die von dem Stoff befangne Entwicklung der modernen deutschen Kritik war so gewaltsam, daß ein völlig kritikloses Verhalten zur Methode des Kritisierens und eine völlige Bewußtlosigkeit über die *teils formelle*, aber wirklich *wesentliche* Frage stattfand, wie halten wir es nun mit der Hegelschen *Dialektik*? Die Bewußtlosigkeit – über das Verhältnis der modernen Kritik zur Hegelschen Philosophie überhaupt und zur Dialektik namentlich – war so groß, daß Kritiker, wie *Strauß* und *Bruno Bauer*, der erstere vollständig, der zweite in seinen »Synoptikern« (wo er dem Strauß gegenüber das »Selbstbewußtsein« des abstrakten Menschen an die Stelle der Substanz der »abstrakten Natur« stellt) und selbst noch im »entdeckten Christentum« wenigstens der Potenz nach noch vollständig innerhalb der Hegelschen Logik befangen sind. So heißt es z. B. in dem entdeckten Christentum: »Als ob nicht das Selbstbewußtsein, indem es die Welt, den Unterschied setzt und in dem, was es hervorbringt, sich selbst hervorbringt, da es den Unterschied des Hervorgebrachten von ihm selbst wieder aufhebt, da es nur im Hervorbringen und in der Bewegung es selber ist – als ob es nicht in dieser Bewegung seinen Zweck hätte« etc. oder: »Sie (die französischen Materialisten) haben noch nicht sehen können, daß die Bewegung des Universums erst als die Bewegung des Selbstbewußtseins wirklich für sich geworden und zur Einheit mit ihr selbst zusammengegangen ist«. Ausdrücke, die auch nicht einmal in der Sprache einen Unterschied von der Hegelschen Auffassung zeigen, sondern sie vielmehr wörtlich wiederholen.

[XII] Wie wenig während des Akts der Kritik (Bauer, die Synoptiker) ein Bewußtsein vorhanden war über das Verhältnis zur Hegelschen Dialektik, wie wenig dieses Bewußtsein auch nach dem Akt der stofflichen Kritik entstand, beweist Bauer, wenn er in seiner »guten Sache der Freiheit« die vorlaute Frage des Herrn Gruppe, »was nun mit der Logik«, dadurch abweist, daß er ihn auf kommende Kritiker verweist.

Aber auch nun, nachdem *Feuerbach* – sowohl in seinen »Thesen« in den Anecdotis, als ausführlich in der »Philosophie der Zukunft« die alte Dialektik und Philosophie dem Keime nach umgeworfen hat – nachdem dagegen jene Kritik, welche diese Tat nicht zu vollbringen wußte, dagegen die Tat vollbracht sah, als reine, entschiedne, absolute, mit sich ins Klare gekommene Kritik ausgerufen, nachdem sie in ihrem spiritualistischen Hochmut die ganze geschichtliche Bewegung auf das Verhältnis der übrigen Welt – die ihr gegenüber unter die Kategorie der »Masse« fällt – zu ihr selbst reduziert und alle dogmatischen Gegensätze in dem *einem* dogmatischen Gegensatz ihrer eignen Klugheit und der Dummheit der Welt, des kritischen Christus und der Menschheit, als den *»Haufen«* aufgelöst hat, nachdem sie ihre eigne Vortrefflichkeit täglich und stündlich an der Geistlosigkeit der Masse bewiesen hat, nachdem sie endlich das kritische *jüngste Gericht* unter der Gestalt verkündet hat, daß der Tag herannahe, wo die ganze verfallende Menschheit ihr gegenüber sich scharen werde, – von ihr in Gruppen sondiert und jeder besondere Haufen sein testimonium paupertatis erhalten werde, nachdem sie ihre Erhabenheit über menschliche Empfindungen, wie über die Welt, über welche sie in erhabener Einsamkeit thronend, nur von Zeit zu Zeit das Gelächter der olympischen Götter von ihren sarkastischen Lippen schallen läßt, hat drucken lassen, – nach allen diesen ergötzlichen Gebarungen des unter der Form der Kritik verscheidenden Idealismus (des Junghegeltums) hat er auch nicht einmal die Ahnung ausgesprochen, daß man sich nun kritisch mit seiner Mutter, der Hegelschen Dialektik auseinanderzusetzen habe, ja selbst als kein kritisches Verhältnis zur Feuerbachischen Dialektik anzugeben gewußt. Ein völliges unkritisches Verhalten zu sich selbst.

Feuerbach ist der einzige, der ein *ernsthaftes*, ein *kritisches* Verhältnis zur Hegelschen Dialektik hat und wahrhafte Entdeckungen auf diesem Gebiete gemacht hat, überhaupt der wahre Überwinder der alten Philosophie ist. Die Größe der Leistung und die geräuschlose Einfachheit, womit Feuerbach sie der Welt gibt, stehn in einem wunderlichen Gegensatz zu dem umgekehrten Verhältnis.

Feuerbachs große Tat ist: 1. der Beweis, daß die Philosophie nichts andres ist als die in Gedanken gebrachte und denkend ausgeführte Religion; also ebenfalls zu verurteilen ist, eine andre Form und Daseinsweise der Entfremdung des menschlichen Wesens;

2. Die Gründung des *wahren Materialismus* und der *reellen Wissenschaft*, indem Feuerbach das gesellschaftliche Verhältnis »des Menschen zum Menschen« ebenso zum Grundprinzip der Theorie macht,

3. indem er der Negation der Negation, die das absolut Positive zu sein behauptet, das auf sich selbst ruhende und positiv auf sich selbst begründete Positive entgegenstellt.

Feuerbach erklärt die Hegelsche Dialektik – (und begründet dadurch den Ausgang vom Positiven, vom Sinnlich-Gewissen) – folgendermaßen:

Hegel geht aus von der Entfremdung (Logisch: dem Unendlichen, abstrakt Allgemeinen) der Substanz, der absoluten und fixierten Abstraktion, – das heißt populär ausgedrückt, er geht von der Religion und Theologie aus.

Zweitens: Er hebt das Unendliche auf, setzt das Wirkliche, Sinnliche, Reale, Endliche, Besondre (Philosophie, Aufhebung der Religion und Theologie).

Drittens. Er hebt das Positive wieder auf, stellt die Abstraktion, das Unendliche, wieder her. Wiederherstellung der Religion und Theologie.

Feuerbach faßt also die Negation der Negation *nur* als Widerspruch der Philosophie mit sich selbst auf, als die Philosophie, welche die Theologie (Transzendenz etc.) bejaht, nachdem sie dieselbe verneint hat, also im Gegensatz zu sich selbst bejaht.

Die Position oder Selbstbejahung und Selbstbestätigung, die in der Negation der Negation liegt, wird für eine ihrer selbst noch nicht sichere, darum mit ihrem Gegensatz behaftete, an sich selbst zweifelnde und darum des Beweises bedürftige, also nicht durch ihr Dasein sich selbst beweisende, als nicht eingestandne [XIII] Position gefaßt und darum ihr direkt und unvermittelt die sinnlichgewisse auf sich selbst gegründete Position entgegengestellt.

Aber indem Hegel die Negation der Negation – der positiven Beziehung nach, die in ihr liegt, als das wahrhaft und einzig Positive – der negativen Beziehung nach, die in ihr liegt, als den einzig wahren Akt und Selbstbetätigungsakt alles Seins – aufgefaßt hat, hat er nur den *abstrakten, logischen, spekulativen* Ausdruck für die Bewegung der Geschichte gefunden, die noch nicht *wirkliche* Geschichte des Menschen als eines vorausgesetzten Subjekts, sondern erst *Erzeugungsakt, Entstehungsgeschichte* des Menschen ist. – Sowohl die abstrakte Form werden wir erklären, als den Unterschied, den diese Bewegung bei Hegel im Gegensatz zur modernen Kritik zu demselben Prozeß in Feuerbachs Wesen des Christentums hat oder vielmehr die *kritische* Gestalt dieser bei Hegel noch unkritischen Bewegung. –

Ein Blick auf das Hegelsche System. Man muß beginnen mit der Hegelschen *Phänomenologie*, der wahren Geburtsstätte und dem Geheimnis der Hegelschen Philosophie. –

Phänomenologie.

A) *Das Selbstbewußtsein.*

I. *Bewußtsein.* a) Sinnliche Gewißheit oder das Dieses und das *Meinen.* b) Die *Wahrnehmung* oder das Ding mit seinen Eigenschaften und die *Täuschung.* c) Kraft und Verstand, Erscheinung und übersinnliche Welt.

II. *Selbstbewußtsein.* Die Wahrheit der Gewißheit seiner selbst. a) Selbständigkeit und Unselbständigkeit des Selbstbewußtsein,

Herrschaft und Knechtschaft. b) Freiheit des Selbstbewußtseins. Stoizismus, Skeptizismus, das unglückliche Bewußtsein.

III. *Vernunft.* Gewißheit und Wahrheit der Vernunft. a) Beobachtende Vernunft; Beobachtung der Natur und des Selbstbewußtseins. b) Verwirklichung des vernünftigen Selbstbewußtseins durch sich selbst. Die Lust und die Notwendigkeit. Das Gesetz des Herzens und der Wahnsinn des Eigendünkels. Die Tugend und der Weltlauf. c) Die Individualität, welche sich an und für sich reell ist. Das geistige Tierreich und der Betrug oder die Sache selbst. Die gesetzgebende Vernunft. Die gesetzprüfende Vernunft.

B) *Der Geist.*

I. Der *wahre* Geist: die Sittlichkeit.
II. Der sich entfremdete Geist: die Bildung.
III. Der seiner selbst gewisse Geist, die Moralität.

C) Die Religion.

Natürliche, Kunstreligion, offenbare Religion.

D) *Das absolute Wissen.*

Wie die *Enzyklopädie* Hegels mit der Logik beginnt, mit dem *reinen spekulativen Gedanken,* und mit dem *absoluten Wissen,* dem selbstbewußten, sich selbst erfassenden philosophischen oder absoluten, das ist übermenschlichen abstrakten Geiste, aufhört, so ist die ganze Enzyklopädie nichts als das *ausgebreitete Wesen* des philosophischen Geistes, seine Selbstvergegenständlichung; wie der philosophische Geist nichts ist, als der innerhalb seiner Selbstentfremdung denkend, das heißt abstrakt sich erfassende entfremdete Geist der Welt. Die *Logik* – das Geld des Geistes, der spekulative, der *Gedankenwert* des Menschen und der Natur – ihr gegen alle wirkliche Bestimmtheit vollständig gleichgültig gewordenes und darum unwirkliches Wesen – das *entäußerte,* daher von der Natur und dem wirklichen Menschen abstrahierende *Denken; das abstrakte* Denken. – Die *Äußerlichkeit dieses abstrakten Denkens* ... die *Natur,* wie sie für dies abstrakte Denken ist. Sie ist ihm äußerlich, sein Selbstverlust; und er faßt sie auch äußerlich, als abstrakten Gedanken, aber als entäußertes abstraktes Denken – endlich der *Geist,* dies in seine eigne Geburtsstätte heimkehrende Denken, welches sich als anthropologischer, phänomenologischer, psychologischer, sittlicher, künstlich-religiöser Geist immer noch erst für sich selbst gilt, bis es sich endlich als *absolutes* Wissen in dem nun absoluten, i. e. abstrakten Geist vorfindet und selbstbezieht, sein bewußtes und ihm entsprechendes Dasein erhält. Denn sein wirkliches Dasein ist die *Abstraktion.* – –

Ein doppelter Fehler bei Hegel.

Der erste tritt in der Phänomenologie als der Geburtsstätte der Hegelschen Philosophie am klarsten hervor. Wenn er zum Beispiel Reichtum, Staatsmacht etc. als dem *menschlichen* Wesen entfremdete Wesen gefaßt, so geschieht dies nur in ihrer Gedankenform ... Sie sind Gedankenwesen – daher bloß eine Entfremdung des *reinen,* das ist abstrakten philosophischen Denkens. Die ganze Bewegung endet daher mit dem absoluten Wissen. Wovon diese Gegenstände entfremdet sind und wem sie mit der Anmaßung der Wirklichkeit entgegentreten, das ist eben das abstrakte Denken. Der *Philosoph* legt sich – also selbst eine abstrakte Gestalt des entfremdeten Menschen – als den *Maßstab* der entfremdeten Welt an. Die ganze *Entäußerungsgeschichte* und die ganze *Zurücknahme* der Entäußerung ist daher nichts, als die *Produktionsgeschichte* des abstrakten i. e. absoluten Denkens, des logischen, spekulativen Denkens. Die *Entfremdung,* welche daher das eigentliche Interesse dieser Entäußerung und Aufhebung dieser Entäußerung bildet, ist der Gegensatz von *an sich* und *für sich,* von *Bewußtsein* und *Selbstbewußtsein,* von *Objekt und Subjekt,* das heißt der Gegensatz des abstrakten Denkens und der sinnlichen Wirklichkeit oder der wirklichen Sinnlichkeit, innerhalb des Gedankens selbst. Alle andren Gegensätze und Bewegungen dieser Gegensätze sind nur der *Schein,* die *Hülle,* die *exoterische* Gestalt dieser einzig interessanten Gegensätze, welche den *Sinn* der andren, profanen Gegensätze bilden. Nicht, daß das menschliche Wesen sich *unmenschlich,* im Gegensatz zu sich selbst sich *vergegenständlicht,* sondern daß es im *Unterschied* vom und im *Gegensatz* zum abstrakten Denken sich *vergegenständlicht,* gilt als das gesetzte und als das aufzuhebende Wesen der Entfremdung.

[XVIII] Die Aneignung der zu Gegenständen und zu fremden Gegenständen gewordnen Wesenskräfte des Menschen ist also erstens nur eine *Aneignung,* die im *Bewußtsein,* im *reinen Denken,* i. e. in der *Abstraktion* vor sich geht, die Aneignung dieser Gegenstände als *Gedanken* und *Gedankenbewegungen,* weshalb schon in der Phänomenologie – trotz ihres durchaus negativen und kritischen Aussehns und trotz der wirklich in ihr enthaltenen, oft weit der spätern Entwicklung vorgreifenden Kritik – schon der unkritische Positivismus und der ebenso unkritische Idealismus der spätern Hegelschen Werke – diese philosophische Auflösung und Wiederherstellung der vorhandnen Empirie – latent liegt, als Keim, als Potenz, als ein Geheimnis vorhanden ist. *Zweitens.* Die Vindizierung der gegenständlichen Welt für den Menschen – zum Beispiel die Erkenntnis, daß das *sinnliche* Bewußtsein kein *abstrakt* sinnliches Bewußtsein, sondern ein *menschlich* sinnliches Bewußtsein, daß die Religion, der Reichtum etc. nur die entfremdete Wirklichkeit der *menschlichen* Vergegenständlichung, der zum Werk herausgebornen *menschlichen* Wesenskräfte und darum nur der *Weg* zur wahren *menschlichen* Wirklichkeit sind –, diese Aneignung oder die Einsicht in diesen Prozeß erscheint daher bei Hegel so, daß die *Sinnlichkeit, Religion,* Staatsmacht etc. *geistige* Wesen sind – denn nur der *Geist* ist das *wahre* Wesen des Menschen, und die wahre Form des Geistes ist der denkende Geist, der logische, spekulative Geist. Die *Menschlichkeit* der Natur und der von der Geschichte erzeugten Natur, der Produkte des Menschen, erscheint darin, daß sie *Produkte* des abstrakten Geistes sind und insofern also *geistige* Momente, *Gedankenwesen.* Die Phänomenologie ist daher die verborgne, sich selbst noch unklare und mystizierende Kritik; aber insofern sie die *Entfremdung* des Menschen – wenn auch der Mensch nur in der Gestalt des Geistes erscheint – festhält, liegen in ihr *alle* Elemente der Kritik verborgen und oft schon in einer weit den Hegelschen Standpunkt überragenden Weise *vorbereitet* und *ausgearbeitet.* Das »unglückliche Bewußtsein«, das »ehrliche Bewußtsein«, der Kampf des »edelmütigen und niederträchtigen Bewußtseins« etc. etc., diese einzelnen Abschnitte enthalten die *kritischen* Elemente – aber noch in einer entfremdeten Form – ganzer Sphären, wie der Religion, des Staats, des bürgerlichen Lebens etc. Wie also das *Wesen,* der *Gegenstand* als Gedankenwesen, so ist das *Subjekt* immer *Bewußtsein* oder *Selbstbewußtsein,* oder vielmehr der Gegenstand erscheint nur als *abstraktes* Bewußtsein, der Mensch nur als *Selbstbewußtsein,* die unterschiedenen Gestalten der Entfremdung, die auftreten, sind daher nur verschiedne Gestalten des Bewußtseins und Selbstbewußtseins. Wie *an sich* das abstrakte Bewußtsein – als welches der Gegenstand erfaßt wird – bloß ein Unterscheidungsmoment des Selbstbewußtseins ist – so tritt auch als Resultat der Bewegung die Identität des Selbstbewußtseins mit dem Bewußtsein, das absolute Wissen, die nicht mehr nach außen hin, sondern nur noch in sich selbst vorgehnde Bewegung des abstrakten Denkens als Resultat auf, das heißt die Dialektik des reinen Gedankens ist das Resultat.

[XXIII] Das Große an der Hegelschen *Phänomenologie* und ihrem Endresultate – der Dialektik der Negativität als dem bewegenden und erzeugenden Prinzip – ist also einmal, daß Hegel die Selbsterzeugung des Menschen als einen Prozeß faßt, die Vergegenständlichung als Entgegenständlichung, als Entäußerung und als Aufhebung dieser Entäußerung; daß er also das Wesen der *Arbeit* faßt und den gegenständlichen Menschen, wahren, weil wirklichen Menschen, als Resultat seiner *eignen Arbeit* begreift. Das *wirkliche*, tätige Verhalten des Menschen zu sich als Gattungswesen oder die Betätigung seiner als eines wirklichen Gattungswesens, das heißt als menschlichen Wesens, ist nur möglich dadurch, daß er wirklich alle seine *Gattungskräfte* – was wieder nur durch das Gesamtwirken der Menschen möglich ist, nur als Resultat der Geschichte – herausschafft, sich zu ihnen als Gegenständen verhält, was zunächst wieder nur in der Form der Entfremdung möglich ist.

Die Einseitigkeit und die Grenze Hegels werden wir nun ausführlich an dem Schlußkapitel der Phänomenologie, dem absoluten Wissen – ein Kapitel, welches sowohl den zusammengefaßten Geist der Phänomenologie, ihr Verhältnis zur spekulativen Dialektik, als auch das *Bewußtsein* Hegels über beide und ihr wechselseitiges Verhältnis enthält – darstellen.

Vorläufig nehmen wir nur noch das vorweg: Hegel steht auf dem Standpunkt der modernen Nationalökonomie. Er erfaßt die *Arbeit* als das *Wesen*, als das sich bewährende Wesen des Menschen; er sieht nur die positive Seite der Arbeit, nicht ihre negative. Die Arbeit ist das *Fürsichwerden des Menschen* innerhalb der *Entäußerung* oder als *entäußerter* Mensch. Die Arbeit, welche Hegel allein kennt und anerkennt, ist die *abstrakt geistige*. Was also überhaupt das *Wesen* der Philosophie bildet, die *Entäußerung des sich wissenden Menschen* oder die sich *denkende entäußerte* Wissenschaft, dies erfaßt Hegel als ihr Wesen, und er kann daher der vorhergehenden Philosophie gegenüber ihre einzelnen Momente zusammenfassen und seine Philosophie als *die* Philosophie darstellen. Was die andern Philosophen taten – daß sie einzelne Momente der Natur und des menschlichen Lebens als Momente des Selbstbewußtseins und zwar des abstrakten

Selbstbewußtseins fassen – das *weiß* Hegel aus dem *Tun* der Philosophie, darum ist seine Wissenschaft absolut.

Gehn wir nun zu unserm Gegenstand über.

Das absolute Wissen. Letztes Kapitel der Phänomenologie.

Die Hauptsache ist, daß der *Gegenstand* des *Bewußtseins* nichts andres als das *Selbstbewußtsein* oder daß der Gegenstand nur das *vergegenständlichte Selbstbewußtsein*, das Selbstbewußtsein als Gegenstand ist. (Setzen des Menschen = Selbstbewußtsein.)

Es gilt daher den *Gegenstand des Bewußtseins* zu überwinden. Die *Gegenständlichkeit* als solche gilt für ein *entfremdetes*, dem *menschlichen Wesen*, dem Selbstbewußtsein nicht entsprechendes Verhältnis des Menschen. Die *Wiederaneignung* des als fremd, unter der Bestimmung der Entfremdung erzeugten gegenständlichen Wesens des Menschen, hat also nicht nur die Bedeutung, die *Entfremdung*, sondern die *Gegenständlichkeit* aufzuheben, das heißt also der Mensch gilt als ein *nicht-gegenständliches, spiritualistisches* Wesen.

Die Bewegung der *Überwindung des Gegenstandes des Bewußtseins* beschreibt Hegel nun wie folgt:

Der *Gegenstand* zeigt sich nicht nur (das ist nach Hegel die *einseitige* – also die die eine Seite erfassende – Auffassung jener Bewegung) als *zurückkehrend* in das *Selbst*. Der Mensch wird gleich Selbst gesetzt. Das Selbst ist aber nur der *abstrakt* gefaßte und durch Abstraktion erzeugte Mensch. Der Mensch *ist* selbstisch. Sein Auge, sein Ohr etc. ist *selbstisch;* jede seiner Wesenskräfte hat in ihm die Eigenschaft der *Selbstigkeit*. Aber deswegen ist es nun ganz falsch zu sagen: Das *Selbstbewußtsein* hat Aug', Ohr, Wesenskraft. Das Selbstbewußtsein ist vielmehr eine Qualität der menschlichen Natur, des menschlichen Auges etc., nicht die menschliche Natur ist eine Qualität des [XXIV] *Selbstbewußtseins*.

Das für sich abstrahierte und fixierte Selbst ist der Mensch als *abstrakter Egoist*, der in seine reine Abstraktion zum Denken erhobene *Egoismus*. (Wir kommen später hierauf zurück.)

Das *menschliche Wesen*, der *Mensch*, gilt für Hegel gleich *Selbstbewußtsein*. Alle Entfremdung des menschlichen Wesens ist daher *nichts* als *Entfremdung des Selbstbewußtseins*. Die Entfremdung des Selbstbewußtseins gilt nicht als *Ausdruck*, im Wissen und Denken sich abspiegelnder Ausdruck der *wirklichen*

Entfremdung des menschlichen Wesens. Die *wirkliche,* als real erscheinende Entfremdung vielmehr ist ihrem *innersten* verborgenen – und erst durch die Philosophie ans Licht gebrachten – Wesen nach nichts andres als die *Erscheinung* von der Entfremdung des wirklichen menschlichen Wesens, des *Selbstbewußtseins.* Die Wissenschaft, welche dies begreift, heißt daher *Phänomenologie.* Alle Wiederaneignung des entfremdeten gegenständlichen Wesens erscheint daher als eine Einverleibung in das Selbstbewußtsein; der sich seines Wesens bemächtigende Mensch ist *nur* das der gegenständlichen Wesen sich bemächtigende Selbstbewußtsein, Rückkehr des Gegenstandes in das Selbst ist daher die Wiederaneignung des Gegenstandes. –

Allseitig ausgedrückt ist die *Überwindung* des *Gegenstandes des Bewußtseins:*

1. daß der Gegenstand als solcher sich dem Bewußtsein als verschwindend darstellt; 2. daß die Entäußerung des Selbstbewußtseins es ist, welche die Dingheit setzt; 3. daß diese Entäußerung nicht nur *negative,* sondern *positive* Bedeutung hat; 4. sie nicht nur *für uns* oder an sich, sondern *für es selbst* hat. 5. *Für es* hat das Negative des Gegenstandes oder dessen sich selbst Aufheben dadurch die *positive* Bedeutung oder es *weiß* diese Nichtigkeit desselben dadurch, daß es sich selbst entäußert, denn in dieser Entäußerung setzt es *sich* als Gegenstand oder den Gegenstand um der untrennbaren Einheit des *Fürsichseins* willen als sich selbst. 6. Andrerseits liegt hierin zugleich dies andre Moment, daß es diese Entäußerung und Gegenständlichkeit eben so sehr auch aufgehoben und in sich zurückgenommen hat, also in *seinem* Anderssein *als solchem bei sich* ist. 7. Dies ist die Bewegung des Bewußtseins und dies ist darum die Totalität seiner Momente. 8. Es muß sich ebenso zu dem Gegenstand nach der Totalität seiner Bestimmungen verhalten und ihn nach jeder derselben so erfaßt haben. Diese Totalität seiner Bestimmungen macht ihn *an sich* zum *geistigen Wesen* und für das Bewußtsein wird dies in Wahrheit durch das Auffassen einer jeden einzelnen derselben als des *Selbsts* oder durch das oben genannte *geistige* Verhalten zu ihnen.

ad 1. Daß der Gegenstand als solcher sich dem Bewußtsein als verschwindend darstellt, ist die oben erwähnte *Rückkehr des Gegenstandes in das Selbst.*

ad 2. Die *Entäußerung des Selbstbewußtseins* setzt die *Dingheit.* Weil der Mensch = Selbstbewußtsein, so ist sein entäußertes gegenständliches Wesen oder die *Dingheit* – (das, *was für ihn Gegenstand* ist, und Gegenstand ist wahrhaft nur für ihn, was ihm wesentlicher Gegenstand, was also sein *gegenständliches* Wesen ist. Da nun nicht der *wirkliche Mensch*, darum auch nicht die *Natur* – der Mensch ist die *menschliche Natur* –, als solcher zum Subjekt gemacht wird, sondern nur die Abstraktion des Menschen, das Selbstbewußtsein, so kann die Dingheit nur das entäußerte Selbstbewußtsein sein) gleich dem *entäußerten Selbstbewußtsein*, und die *Dingheit* ist durch diese Entäußerung gesetzt. Daß ein lebendiges, natürliches, mit gegenständlichen, i. e. materiellen Wesenskräften ausgerüstetes und begabtes Wesen auch sowohl *wirkliche natürliche Gegenstände* seines Wesens hat, als daß seine Selbstentäußerung die Setzung einer *wirklichen*, aber unter der Form der *Äußerlichkeit*, also zu seinem Wesen nicht gehörigen und übermächtigen, gegenständlichen Welt ist, ist ganz natürlich. Es ist nichts Unbegreifliches und Rätselhaftes dabei. Vielmehr wäre das Gegenteil rätselhaft. Aber daß ein *Selbstbewußtsein*, das heißt seine Entäußerung, nur die *Dingheit*, das heißt selbst nur ein abstraktes Ding, ein Ding der Abstraktion und kein *wirkliches* Ding setzen kann, ist ebenso klar. Es ist [XXVI] ferner klar, daß die Dingheit daher durchaus nichts *Selbständiges*, *Wesentliches* gegen das Selbstbewußtsein, sondern ein bloßes Geschöpf, ein von ihm *Gesetztes* ist, und das Gesetzte, statt sich selbst zu bestätigen, ist nur eine Bestätigung des Aktes des Setzens, der einen Augenblick seine Energie als das Produkt fixiert und zum *Schein* ihm die Rolle – aber nur für einen Augenblick – eines selbstständigen, wirklichen Wesens erteilt.

Wenn der wirkliche, leibliche, auf der festen wohlgerundeten Erde stehende, alle Naturkräfte aus- und einatmende *Mensch* seine wirklichen, gegenständlichen *Wesenskräfte* durch seine Entäußerung als fremde Gegenstände *setzt*, so ist nicht das *Setzen* Subjekt; es ist die Subjektivität *gegenständlicher* Wesenskräfte, deren Aktion daher auch eine *gegenständliche* sein muß. Das gegenständliche Wesen wirkt gegenständlich, und es würde nicht gegenständlich wirken, wenn nicht das Gegenständliche in seiner Wesensbestimmung läge. Es schafft, setzt *nur Gegenstände*, *weil* es durch Gegenstände gesetzt ist, weil es von Haus aus *Natur* ist. In dem Akt des Setzens fällt es also nicht aus seiner »reinen Tätigkeit« in ein *Schaffen* des *Gegenstandes*, sondern sein *gegenständliches* Produkt bestätigt nur seine *gegenständliche* Tätigkeit, seine Tätigkeit als eine Tätigkeit eines gegenständlichen natürlichen Wesens.

Wir sehn hier, wie der durchgeführte Naturalismus oder Humanismus sich sowohl von dem Idealismus, als dem Materialismus unterscheidet und zugleich ihre beide vereinigende Wahrheit ist. Wir sehn zugleich, wie nur der Naturalismus fähig ist, den Akt der Weltgeschichte zu begreifen.

Der *Mensch* ist unmittelbar *Naturwesen.* Als Naturwesen und als lebendiges Naturwesen ist er teils mit *natürlichen Kräften,* mit *Lebenskräften* ausgerüstet, ein *tätiges* Naturwesen; diese Kräfte existieren in ihm als Anlagen und Fähigkeiten, als *Triebe;* teils ist er als natürliches, leibliches, sinnliches, gegenständliches Wesen ein *leidendes,* bedingtes und beschränktes Wesen, wie es auch das Tier und die Pflanze ist, das heißt die *Gegenstände* seiner Triebe existieren außer ihm, als von ihm unabhängige *Gegenstände,* aber diese Gegenstände sind *Gegenstände* seines *Bedürfnisses,* zur Betätigung und Bestätigung seiner Wesenskräfte unentbehrliche, wesentliche *Gegenstände.* Daß der Mensch ein *leibliches,* naturkräftiges, lebendiges, wirkliches, sinnliches, gegenständliches Wesen ist, heißt, daß er *wirkliche, sinnliche Gegenstände* zum Gegenstand seines Wesens, seiner Lebensäußerung hat oder daß er nur an wirklichen, sinnlichen Gegenständen sein Leben *äußern* kann. Gegenständlich, natürlich, sinnlich *sein* und sowohl Gegenstand, Natur, Sinn außer sich haben oder selbst Gegenstand, Natur, Sinn für ein drittes sein ist identisch. Der *Hunger* ist ein natürliches *Bedürfnis;* er bedarf also einer *Natur* außer sich, eines *Gegenstandes* außer sich, um sich zu befriedigen, um sich zu stillen. Der Hunger ist das gegenständliche Bedürfnis eines Leibes nach einem außer ihm seienden, zu seiner Integrierung und Wesensäußerung unentbehrlichen *Gegenstande.* Die Sonne ist der *Gegenstand* der Pflanze, ein ihr unentbehrlicher, ihr Leben bestätigender Gegenstand, wie die Pflanze Gegenstand der Sonne ist, als *Äußerung* von der lebenserweckenden Kraft der Sonne, von der *gegenständlichen* Wesenskraft der Sonne.

Ein Wesen, welches seine Natur nicht außer sich ist, hat kein *natürliches* Wesen, nimmt nicht Teil am Wesen der Natur. Ein Wesen, welches keinen Gegenstand außer sich hat, ist kein gegenständliches Wesen. Ein Wesen, welches nicht selbst Gegenstand für ein drittes Wesen ist, hat kein Wesen zu seinem *Gegenstand,* das heißt verhält sich nicht gegenständlich, sein Sein ist kein Gegenständliches.

[XXVII] Ein ungegenständliches Wesen ist ein *Unwesen.* Setzt ein Wesen, welches weder selbst Gegenstand ist, noch einen Gegenstand hat. Ein solches Wesen wäre erstens das *einzige* Wesen, es existierte kein Wesen außer ihm, es existierte einsam und allein. Denn sobald es Gegenstände außer mir gibt, sobald ich nicht *allein* bin, bin ich ein *andres,* eine *andre Wirklichkeit* als der Gegenstand außer mir. Für diesen dritten Gegenstand bin ich also eine *andre Wirklichkeit* als er, das heißt *sein* Gegenstand. Ein Wesen, welches nicht Gegenstand eines andern Wesens ist, unterstellt also, daß *kein* gegenständliches Wesen existiert. Sobald ich einen Gegenstand habe, hat dieser Gegenstand mich zum Gegenstand. Aber ein *ungegenständliches* Wesen ist ein unwirkliches, unsinnliches, nur gedachtes, das heißt nur eingebildetes Wesen, ein Wesen der Abstraktion. *Sinnlich* sein, das heißt wirklich sein, ist, Gegenstand des Sinns sein, *sinnlicher* Gegenstand sein, also sinnliche Gegenstände außer sich haben, Gegenstände seiner Sinnlichkeit haben. Sinnlich sein ist *leidend* sein.

Der Mensch als ein gegenständliches sinnliches Wesen ist daher ein *leidendes* und weil seine Leiden empfindendes Wesen, ein *leidenschaftliches* Wesen. Die Leidenschaft, die Passion ist die nach seinem Gegenstand energisch strebende Wesenskraft des Menschen.

Aber der Mensch ist nicht nur Naturwesen, sondern er ist *menschliches* Naturwesen; das heißt für sich selbst seiendes Wesen, darum *Gattungswesen,* als welches er sich sowohl in seinem Sein als in seinem Wissen bestätigen und betätigen muß. Weder sind also die *menschlichen* Gegenstände die Naturgegenstände, wie sie sich unmittelbar bieten, noch ist der *menschliche* Sinn, wie er unmittelbar *ist,* gegenständlich ist, *menschliche* Sinnlichkeit, menschliche Gegenständlichkeit. Weder die Natur – objektiv – noch die Natur subjektiv ist unmittelbar dem *menschlichen* Wesen adäquat vorhanden. Und wie alles Natürliche *entstehn* muß, so hat auch der *Mensch* seinen Entstehungsakt, die *Geschichte,* die aber für ihn eine gewußte und darum als Entstehungsakt mit Bewußtsein sich aufhebender Entstehungsakt ist. Die Geschichte ist die wahre Naturgeschichte des Menschen. – (Darauf ist zurückzukommen.)

Drittens, weil dies Setzen der Dingheit selbst nur ein Schein, ein dem Wesen der reinen Tätigkeit widersprechender Akt ist, muß er auch wieder aufgehoben, die Dingheit geleugnet werden.

ad 3, 4, 5, 6. 3. Diese Entäußerung des Bewußtseins hat nicht nur *negative*, sondern auch *positive* Bedeutung und 4. diese positive Bedeutung nicht nur *für uns* oder an sich, sondern für es, das Bewußtsein selbst. 5. *Für es* hat das Negative des Gegenstandes oder dessen sich selbst Aufheben dadurch die *positive* Bedeutung, oder es *weiß* diese Nichtigkeit desselben dadurch, daß es *sich* selbst entäußert, denn in dieser Entäußerung *weiß* es als Gegenstand oder den Gegenstand um der untrennbaren Einheit des *Fürsichseins* willen als sich selbst. 6. Andrerseits liegt hierin zugleich das andre Moment, daß es diese Entäußerung und Gegenständlichkeit eben so sehr auch aufgehoben und in sich zurückgenommen hat, also in seinem *Anderssein als solchem bei sich* ist.

Wir haben schon gesehn. Die Aneignung des entfremdeten gegenständlichen Wesens oder die Aufhebung der Gegenständlichkeit unter der Bestimmung der *Entfremdung* – die von der gleichgültigen Fremdheit bis zur wirklichen feindseligen Entfremdung fortgehen muß – hat für Hegel zugleich oder sogar hauptsächlich die Bedeutung, die *Gegenständlichkeit* aufzuheben, weil nicht der *bestimmte* Charakter des Gegenstandes, sondern sein *gegenständlicher* Charakter für das Selbstbewußtsein das Anstößige in der Entfremdung ist. Der Gegenstand ist daher ein Negatives, ein sich selbst Aufhebendes, eine *Nichtigkeit.* Diese Nichtigkeit desselben hat für das Bewußtsein nicht nur eine negative, sondern eine *positive* Bedeutung, denn jene *Nichtigkeit* des Gegenstandes ist eben die Selbst*bestätigung* der Ungegenständlichkeit, der [XXVIII] *Abstraktion,* seiner selbst. Für das *Bewußtsein selbst* hat die Nichtigkeit des Gegenstands darum eine positive Bedeutung, daß es diese Nichtigkeit, das gegenständliche Wesen, als seine *Selbstentäußerung weiß;* daß es weiß, daß sie nur ist durch seine Selbstentäußerung ...

Die Art, wie das Bewußtsein ist, und wie etwas für es ist, ist das *Wissen.* Das Wissen ist sein einziger Akt. Etwas wird daher für dasselbe, insofern es dies *Etwas weiß.* Wissen ist sein einziges gegenständliches Verhalten. – Es weiß nun die Nichtigkeit des Gegenstandes, das heißt das Nichtunterschiedensein des Gegenstands von ihm, das Nichtsein des Gegenstandes für es – dadurch, daß es den Gegenstand als seine *Selbstentäußerung* weiß, das heißt sich – das Wissen als Gegenstand – dadurch weiß, daß der Gegenstand nur der *Schein* eines Gegenstandes, ein vorgemachter

Dunst ist, seinem Wesen nach aber nichts andres als das Wissen selbst, welches sich sich selbst entgegenstellt und daher sich eine *Nichtigkeit,* ein Etwas entgegengestellt hat, was *keine* Gegen*ständlichkeit* außer dem Wissen hat; oder das Wissen weiß, daß es, indem es sich zu einem Gegenstand verhält, nur *außer* sich ist, sich entäußert; das *es selbst* sich nur als Gegenstand *erscheint,* oder daß das, was ihm als Gegenstand erscheint, nur es selbst ist.

Andrerseits, sagt Hegel, liegt hierin zugleich dies andre Moment, daß es diese Entäußerung und Gegenständlichkeit eben so sehr aufgehoben und in sich zurückgenommen hat, also in seinem *Anderssein als solchem bei sich* ist.

Wir haben in dieser Auseinandersetzung alle Illusionen der Spekulation zusammen.

Einmal: Das Bewußtsein, das Selbstbewußtsein ist in *seinem Anderssein als solchem bei sich.* Es ist daher – oder wenn wir hier von der Hegelschen Abstraktion abstrahieren und statt das Selbstbewußtsein das Selbstbewußtsein des Menschen setzen – es ist in seinem *Anderssein als solchem bei sich.* Darin liegt einmal, daß das Bewußtsein – das Wissen als Wissen – das Denken als Denken – unmittelbar das *andere* seiner selbst zu sein, Sinnlichkeit, Wirklichkeit, Leben zu sein vorgibt – das im Denken sich überbietende Denken (Feuerbach). Diese Seite ist hierin enthalten, insofern das Bewußtsein als nur Bewußtsein nicht an der entfremdeten Gegenständlichkeit, sondern an der *Gegenständlichkeit als solcher* seinen Anstoß hat.

Zweitens liegt hierin, daß der selbstbewußte Mensch, insofern er die geistige Welt – oder das geistige allgemeine Dasein seiner Welt – als Selbstentäußerung erkannt und aufgehoben hat, er dieselbe dennoch wieder in dieser entäußerten Gestalt bestätigt und als sein wahres Dasein ausgibt, sie wiederherstellt, *in seinem Anderssein als solchem bei sich* zu sein vorgibt, also nach Aufhebung zum Beispiel der Religion, nach der Erkennung der Religion als eines Produkts der Selbstentäußerung, dennoch in der *Religion als Religion* sich bestätigt findet. Hier *ist* die Wurzel des *falschen* Positivismus Hegels oder seines nur *scheinbaren* Kritizismus; was Feuerbach als Setzen, Negieren und Wiederherstellen der Religion oder Theologie bezeichnet – was aber allgemeiner zu fassen ist. Also die Vernunft ist bei sich in der Unvernunft als Unvernunft. Der Mensch, der in Recht, Politik etc. ein entäußertes Leben zu führen erkannt hat, führt in diesem entäußerten Leben als solchem sein wahres menschliches Leben. Die Selbstbejahung, Selbstbestätigung im *Widerspruch* mit sich selbst, sowohl mit dem Wissen als mit dem Wesen des Gegenstandes, ist also das wahre *Wissen* und *Leben.*

Von einer Akommodation Hegels gegen Religion, Staat etc. kann also keine Rede mehr sein, da diese Lüge die Lüge seines Progresses ist.

[XXIX] Wenn ich die Religion als *entäußertes* menschliches Selbstbewußtsein *weiß,* so weiß ich also in ihr als Religion nicht mein Selbstbewußtsein, sondern mein entäußertes Selbstbewußtsein in ihr bestätigt. Mein sich selbst, seinem Wesen angehöriges Selbstbewußtsein weiß ich also dann nicht in der *Religion,* sondern in der *vernichteten, aufgehobnen* Religion bestätigt.

Bei Hegel ist die Negation der Negation daher nicht die Bestätigung des wahren Wesens, eben durch Negation des Scheinwesens, sondern die Bestätigung des Scheinwesens, oder des sich entfremdeten Wesens in seiner Verneinung oder die Verneinung dieses Scheinwesens als eines gegenständlichen, außer dem Menschen hausenden und von ihm unabhängigen Wesens und seine Verwandlung in das Subjekt.

Eine eigentümliche Rolle spielt daher das *Aufheben,* worin die *Verneinung* und die Aufbewahrung, die Bejahung verknüpft sind.

So zum Beispiel ist in Hegels Rechtsphilosophie das aufgehobne *Privatrecht* gleich *Moral,* die aufgehobne Moral gleich *Familie,* die aufgehobne Familie gleich *bürgerliche Gesellschaft,* die aufgehobne bürgerliche Gesellschaft gleich *Staat,* der aufgehobne Staat gleich *Weltgeschichte.* In der *Wirklichkeit* bleiben Privatrecht, Moral, Familie, bürgerliche Gesellschaft, Staat etc. bestehn, nur sind sie zu *Momenten* geworden, zu Existenzen und Daseinsweisen des Menschen, die nicht isoliert gelten, sich wechselseitig auflösen und erzeugen etc. *Momente der Bewegung.*

In ihrer wirklichen Existenz ist dies ihr *bewegliches* Wesen verborgen. Zum Vorschein, zur Offenbarung kömmt es erst im Denken, in der Philosophie, und darum ist mein wahres religiöses Dasein mein *religionsphilosophisches* Dasein, mein wahres politisches Dasein mein *rechtsphilosophisches* Dasein, mein wahres natürliches Dasein das *naturphilosophische* Dasein, mein wahres künstlerisches Dasein das *kunstphilosophische* Dasein, mein wahres menschliches Dasein mein *philosophisches* Dasein. Eben so ist die wahre Existenz von Religion, Staat, Natur, Kunst: die Religions-, Natur-, Staats-, Kunst*philosophie.* Wenn aber mir die Religionsphilosophie etc. nur das wahre Dasein der Religion ist, so bin ich auch nur als *Religionsphilosoph* wahrhaft religiös und so verleugne ich die *wirkliche* Religiosität und den wirklich *religiösen* Menschen. Aber zugleich *bestätigte* ich sie, teils innerhalb meines eignen Daseins oder innerhalb des fremden Daseins, das ich ihnen entgegensetze, denn dieses *ist* nur ihr *philosophischer* Ausdruck; teils in ihrer eigentümlichen ursprünglichen Gestalt, denn sie gelten mir als das nur *scheinbare* Anderssein, als Allegorien, unter sinnlichen Hüllen verborgne Gestalten ihres eignen wahren, id est meines *philosophischen* Daseins.

Eben so ist die aufgehobne *Qualität* gleich *Quantität*, die aufgehobne Quantität gleich *Maß*, das aufgehobne Maß gleich *Wesen*, das aufgehobne Wesen gleich *Erscheinung*, die aufgehobne Erscheinung gleich *Wirklichkeit*, die aufgehobne Wirklichkeit gleich *Begriff*, der aufgehobne Begriff gleich *Objektivität*, die aufgehobne Objektivität gleich *absoluter Idee*, die aufgehobne absolute Idee gleich *Natur*, die aufgehobne Natur gleich *subjektivem Geist*, der aufgehobne subjektive Geist gleich *sittlichem* objektivem Geist, der aufgehobne sittliche Geist gleich *Kunst*, die aufgehobne Kunst gleich *Religion*, die aufgehobne Religion gleich *absolutem Wissen*.

Einerseits ist dies Aufheben ein Aufheben des gedachten Wesens, also das *gedachte* Privateigentum hebt sich auf in den *Gedanken* der Moral. Und weil das Denken sich einbildet, unmittelbar das Andre seiner selbst zu sein, *sinnliche Wirklichkeit*, also ihm seine Aktion auch für *sinnliche wirkliche* Aktion gilt, so glaubt dies denkende Aufheben, welches seinen Gegenstand in der Wirklichkeit stehen läßt, ihn wirklich überwunden zu haben und andrerseits, weil er ihm nun als Gedankenmoment geworden ist, drum gilt er ihm auch in seiner Wirklichkeit als Selbstbestätigung seiner selbst, des Selbstbewußtseins, der Abstraktion.

[XXX] Nach der einen Seite hin ist das Dasein, welches Hegel in die Philosophie *aufhebt*, daher nicht die *wirkliche* Religion, Staat, Natur, sondern die Religion selbst schon als ein Gegenstand des Wissens, die *Dogmatik*, so die *Jurisprudenz*, *Staatswissenschaft*, *Naturwissenschaft*. Nach der einen Seite steht er also im Gegensatz sowohl zu dem *wirklichen* Wesen als zu der unmittelbaren unphilosophischen *Wissenschaft* oder zu den unphilosophischen *Begriffen* dieses Wesens. Er widerspricht daher ihren gangbaren Begriffen. Andrerseits kann sich der religiöse etc. Mensch in Hegel seine letzte Bestätigung finden.

Es sind nun die *positiven* Momente der Hegelschen Dialektik – innerhalb der Bestimmung der Entfremdung – zu fassen.

a) Das *Aufheben*, als gegenständliche, die Entäußerung in sich *zurücknehmende* Bewegung. – Es ist dies die innerhalb der Entfremdung ausgedrückte Einsicht von der *Aneignung* des gegenständlichen Wesens durch die Aufhebung seiner Entfremdung, die entfremdete Einsicht in die *wirkliche Vergegenständlichung* des Menschen, in die wirkliche Aneignung seines gegenständlichen Wesens durch die Vernichtung der *entfremdeten* Bestimmung der gegenständlichen Welt, durch ihre Aufhebung, in ihrem entfremdeten Dasein, wie der Atheismus als Aufhebung Gottes das Werden des theoretischen Humanismus, der Kommunismus als Aufhebung des Privateigentums die Vindikation des wirklichen menschlichen Lebens als seines Eigentums ist, dies Werden des praktischen Humanismus ist, oder der Atheismus ist der durch Aufhebung der Religion, der Kommunismus der durch Aufhebung des Privateigentums mit sich vermittelte Humanismus. Erst durch die Aufhebung dieser Vermittlung – die aber eine notwendige Voraussetzung ist – wird der positiv von sich selbst beginnende, der *positive* Humanismus.

Aber Atheismus, Kommunismus sind keine Flucht, keine Abstraktion, kein Verlieren der von dem Menschen erzeugten gegenständlichen Welt, seiner zur Gegenständlichkeit herausgebornen Wesenskräfte, keine zur unnatürlichen, unentwickelten Einfachheit zurückkehrende Armut. Sie sind vielmehr erst das wirkliche Werden, die wirklich für den Menschen gewordne Verwirklichung seines Wesens und seines Wesens als eines wirklichen.

Hegel faßt also, indem er den *positiven* Sinn der auf sich selbst bezognen Negation – wenn auch wieder in entfremdeter Weise – faßt, die Selbstentfremdung, Wesensentäußerung, Entgegenständlichung und Entwirklichung des Menschen als Selbstgewinnung, Wesensänderung, Vergegenständlichung, Verwirklichung. Kurz er faßt – innerhalb der Abstraktion – die Arbeit als den *Selbsterzeugungsakt* des Menschen, das Verhalten zu sich als fremdem Wesen und das Betätigen seiner als eines fremden Wesens als das werdende *Gattungsbewußtsein* und *Gattungsleben*.

b) Bei Hegel – abgesehn oder vielmehr als Konsequenz der schon geschilderten Verkehrtheit – erscheint dieser Akt aber einmal als ein *nur formeller*, weil als ein abstrakter, weil das menschliche Wesen selbst nur als *abstraktes denkendes Wesen*, als Selbstbewußtsein gilt; oder zweitens, weil die Fassung *formell* und *abstrakt* ist, darum wird die Aufhebung der Entäußerung zu einer Bestätigung der Entäußerung, oder für Hegel ist jene Bewegung des *Selbsterzeugens*, des *Selbstvergegenständlichens* als *Selbstentäußerung und Selbstentfremdung* die *absolute* und darum die letzte, sich selbst bezweckende und in sich beruhigte, bei ihrem Wesen angelangte *menschliche Lebensäußerung*.

Diese Bewegung in ihrer abstrakten [XXXI] Form als Dialektik gilt daher als das *wahrhaft menschliche Leben*, und weil es doch eine Abstraktion, eine Entfremdung des menschlichen Lebens ist, gilt es als *göttlicher Prozeß*, daher als der göttliche Prozeß des Menschen, – ein Prozeß, den sein von ihm unterschiednes abstraktes, reines, absolutes Wesen selbst durchmacht.

Drittens: Dieser Prozeß muß einen Träger haben, ein Subjekt; aber das Subjekt wird erst als Resultat; dies Resultat, das sich als absolutes Selbstbewußtsein wissende Subjekt ist daher der *Gott, absoluter Geist, die sich wissende und betätigende Idee*. Der wirkliche Mensch und die wirkliche Natur werden bloß zu Prädikaten, zu Symbolen dieses verborgnen unwirklichen Menschen und dieser unwirklichen Natur. Subjekt und Prädikat haben daher das Verhältnis einer absoluten Verkehrung zu einander, *mystisches Subjekt-Objekt* oder über das *Objekt übergreifende Subjektivität, das absolute Subjekt* als ein *Prozeß*, als sich *entäußerndes* und aus der Entäußerung in sich zurückkehrendes, aber sie zugleich in sich zurücknehmendes *Subjekt* und das Subjekt als dieser Prozeß; das reine, *rastlose* Kreisen in sich.

Einmal formelle und abstrakte Fassung des Selbsterzeugungs- oder Selbstvergegenständlichungsakts des Menschen.

Der entfremdete Gegenstand, die entfremdete Wesenswirklichkeit des Menschen ist – da Hegel den Menschen gleich Selbstbewußtsein setzt – nichts als *Bewußtsein*, nur der Gedanke der Entfremdung, ihr *abstrakter* und darum inhaltsloser und unwirklicher Ausdruck, die *Negation*. Die Aufhebung der Entäußerung ist daher ebenfalls nichts als eine abstrakte, inhaltslose Aufhebung jener inhaltslosen Abstraktion, die *Negation der Negation*. Die inhaltsvolle, lebendige, sinnliche, konkrete Tätigkeit der Selbstvergegenständlichung wird daher zu ihrer bloßen Abstraktion, der *absoluten Negativität*, eine Abstraktion, die wieder als solche fixiert und als eine selbstständige Tätigkeit, als die Tätigkeit schlechthin gedacht wird. Weil diese sogenannte Negativität nichts andres ist als die *abstrakte*, *inhaltslose* Form jenes wirklichen lebendigen Aktes, darum kann auch ihr Inhalt bloß ein *formeller*, durch die Abstraktion von allem Inhalt erzeugter Inhalt sein. Es sind daher die allgemeinen, abstrakten, jedem Inhalt angehörigen, darum auch sowohl gegen allen Inhalt gleichgültigen, als eben darum für jeden Inhalt gültigen *Abstraktionsformen*, die Denkformen, die logischen Kategorien, losgerissen vom *wirklichen* Geist und von der *wirklichen* Natur. (Wir werden den *logischen* Inhalt der absoluten Negativität weiter unten entwickeln.)

Das Positive, was Hegel hier vollbracht hat – in seiner spekulativen Logik – ist, daß die *bestimmten Begriffe*, die allgemeinen *fixen Denkformen* in ihrer Selbstständigkeit gegen Natur und Geist ein notwendiges Resultat der allgemeinen Entfremdung des menschlichen Wesens, also auch des menschlichen Denkens sind und daß Hegel sie daher als Momente des Abstraktionsprozesses dargestellt und zusammengefaßt hat. Zum Beispiel das aufgehobne Sein ist Wesen, das aufgehobne Wesen Begriff, der aufgehobne Begriff ... absolute Idee. Aber was ist nun die absolute Idee? Sie hebt sich selbst wieder auf, wenn sie nicht wieder von vorn den ganzen Abstraktionsakt durchmachen und sich damit begnügen will, eine Totalität von Abstraktionen oder die sich erfassende Abstraktion zu sein. Aber die sich als Abstraktion erfassende Abstraktion weiß sich als nichts; sie muß sich, die Abstraktion aufgeben, und so kömmt sie bei einem Wesen an, welches grade ihr Gegenteil ist, bei der *Natur*. Die ganze Logik ist also der Beweis, daß das abstrakte Denken für sich nichts ist, daß die absolute Idee für sich nichts ist, daß erst die *Natur* etwas ist.

[XXXII] Die absolute Idee, die *abstrakte* Idee, welche »nach ihrer Einheit mit sich *betrachtet Anschauen* ist« (Hegels Enzyklopädie, 3. Ausg. p. 222), welche l. c. »in der absoluten Wahrheit ihrer selbst sich *entschließt*, das Moment ihrer Besonderheit oder des ersten Bestimmens und Andersseins, die *unmittelbare Idee*, als ihren Widerschein, sich als *Natur* frei *aus sich zu entlassen*« (l. c.), diese ganze, so sonderbar und barock sich gebarende Idee, welche den Hegelianern ungeheure Kopfschmerzen verursacht hat, ist durchaus nichts anderes als die *Abstraktion*, i. e. der abstrakte Denker, die durch Erfahrung gewitzigt und über ihre Wahrheit aufgeklärt, sich unter mancherlei – falschen und selbst noch abstrakten – Bedingungen dazu entschließt, sich *aufzugeben* und ihr Anderssein, das Besondere, Bestimmte an die Stelle ihres

Beisichseins, Nichtsseins, ihrer Allgemeinheit und ihrer Unbestimmtheit zu setzen, die *Natur*, die sie nur als Abstraktion, als Gedankending in sich verbarg, *frei aus sich zu entlassen*, das heißt die Abstraktion zu verlassen und sich einmal die von ihr *freie* Natur anzusehn. Die abstrakte Idee, die unmittelbar *Anschauen* wird, ist durchaus nichts andres als das abstrakte Denken, das sich aufgibt und zur Anschauung entschließt. Dieser ganze Übergang der Logik in die Naturphilosophie ist nichts andres als der – dem abstrakten Denker so schwer zu bewerkstelligende und daher so abenteuerlich von ihm beschriebene Übergang aus dem *Abstrahieren* in das *Anschauen*. Das *mystische* Gefühl, was den Philosophen aus dem abstrakten Denken in das Anschauen treibt, ist die *Langweile*, die Sehnsucht nach einem Inhalt.

(Der sich selbst entfremdete Mensch ist auch seinem *Wesen*, das heißt dem natürlichen und menschlichen Wesen entfremdeter Denker. Seine Gedanken sind daher außer der Natur und dem Menschen hausende fixe Geister. Hegel hat in seiner Logik alle diese fixen Geister zusammengesperrt, jeden derselben einmal als Negation, das heißt als *Entäußerung* des *menschlichen* Denkens, dann als Negation der Negation, das heißt als Aufhebung dieser Entäußerung, als *wirkliche* Äußerung des menschlichen Denkens gefaßt; aber da als selbst noch in der Entfremdung befangen – ist diese Negation der Negation teils das Wiederherstellen derselben in ihrer Entfremdung, teils das Stehnbleiben bei dem letzten Akt, das Sichaufsichbeziehn in der Entäußerung, als dem wahren Dasein dieser fixen Geister [(das heißt Hegel setzt den in sich kreisenden Akt der Abstraktion an die Stelle jener fixen Abstraktionen; damit hat er einmal das Verdienst, die Geburtsstätte aller dieser ihrem ursprünglichen Datum nach einzelnen Philosophien zugehörigen ungehörigen Begriffe nachgewiesen, sie zusammengefaßt und statt einer bestimmten Abstraktion die in ihrem ganzen Umkreis erschöpfte Abstraktion als Gegenstand der Kritik geschaffen zu haben) – (warum Hegel das Denken vom *Subjekt* trennt, werden wir später sehn; es ist aber jetzt schon klar, daß, wenn der Mensch nicht ist, auch seine Wesensäußerung nicht menschlich sein kann, also auch das Denken nicht als Wesensäußerung des Menschen als eines menschlichen und natürlichen mit Augen, Ohren etc. in der Gesellschaft und Welt und Natur lebenden Subjekts gefaßt werden konnten.)], teils insofern diese Abstraktion sich selbst erfaßt und über sich selbst eine unendliche Langeweile empfindet, erscheint bei Hegel das Aufgeben des abstrakten nur im Denken sich bewegenden Denkens, das ohne Aug',ohn'Zahn,ohn'Ohr, ohn' alles ist, als Entschließung, die *Natur* als Wesen anzuerkennen und sich auf die Anschauung zu verlegen.)

[XXXIII] Aber auch die *Natur*, abstrakt genommen, für sich, in der Trennung vom Menschen fixiert, ist für den Menschen *nichts*. Daß der abstrakte Denker, der sich zum Anschauen entschlossen hat, sie abstrakt anschaut, versteht sich von selbst. Wie die Natur, von dem Denker in seiner ihm selbst verborgnen und rätselhaften Gestalt, als absolute Idee, als Gedankending eingeschlossen lag, so hat er in Wahrheit, indem er sie aus sich entlassen hat, nur diese *abstrakte Natur* – aber nun mit der Bedeutung, daß sie das Anderssein des Gedankens ist, daß sie die wirkliche angeschaute, vom abstrakten Denken unterschiedne Natur ist – nur das *Gedankending* der Natur aus sich entlassen. Oder, um eine menschliche Sprache zu reden, bei seiner Naturanschauung erfährt der abstrakte Denker, daß die Wesen, welche er in der göttlichen Dialektik als reine Produkte der in sich selbst webenden und nirgends in die Wirklichkeit hinausschauenden Arbeit des Denkens aus dem Nichts, aus der puren Abstraktion zu schaffen meinte, nichts andres sind, als *Abstraktionen* von *Naturbestimmungen*. Die ganze Natur wiederholt ihm also nur in einer sinnlichen, äußerlichen Form die logischen Abstraktionen. – Er *analysiert* sie und diese Abstraktionen wieder. Seine Naturanschauung ist also nur der Bestätigungsakt seiner Abstraktion von der Naturanschauung, der von ihm mit Bewußtsein wiederholte Zeugungsgang seiner Abstraktion. So ist zum Beispiel die Zeit gleich Negativität, die sich auf sich bezieht: (p. 238 l. c.). Dem aufgehobnen Werden als Dasein entspricht – in natürlicher Form – die aufgehobne Bewegung als Materie. Das Licht ist – die *natürliche* Form – die *Reflexion in sich*. Der Körper als *Mond* und *Komet* ist – die *natürliche* Form – des *Gegensatzes*, der nach der Logik einerseits das *auf sich selbst ruhende Positive*, andrerseits das auf sich selbst ruhende *Negative* ist. Die Erde ist die *natürliche* Form des logischen *Grundes*, als negative Einheit des Gegensatzes etc. Die *Natur als Natur*, das heißt insofern sie sich sinnlich noch unterscheidet von jenem geheimen, in ihr verborgenen Sinn, die Natur getrennt, unterschieden von diesen Abstraktionen ist *Nichts*, ein sich als *Nichts bewährendes Nichts*, ist *sinnlos* oder hat nur den Sinn einer Äußerlichkeit, die aufgehoben worden ist.

»In dem endlich-*teleologischen* Standpunkt findet sich die richtige Voraussetzung, daß die Natur den absoluten Zweck nicht in ihr selbst enthält« p. 225. Ihr Zweck ist die Bestätigung der Abstraktion. »Die Natur hat sich als die Idee in der *Form* des *Andersseins* ergeben. Da die *Idee* so als das Negative ihrer selbst oder *sich äußerlich* ist, so ist die Natur nicht äußerlich, nur relativ gegen diese Idee, sondern die *Äußerlichkeit* macht die Bestimmung aus, in welcher sie als Natur ist« p. 227.

Die *Äußerlichkeit* ist hier nicht als die sich *äußernde* und dem Licht, dem sinnlichen Menschen erschlossene *Sinnlichkeit* zu verstehn, diese Äußerlichkeit ist hier im Sinne der Entäußerung, eines Gebrechens, das nicht sein soll, zu nehmen. Denn das Wahre ist immer noch die Idee. Die Natur ist nur die Form ihres *Andersseins.* Und da das abstrakte Denken das *Wesen* ist, so ist das, was ihm äußerlich ist, seinem Wesen nach ein nur *Äußerliches.* Der abstrakte Denker erkennt zugleich an, daß die *Sinnlichkeit* das Wesen der Natur ist, die *Äußerlichkeit* im Gegensatz zu dem *in sich* webenden Denken. Aber zugleich spricht er diesen Gegensatz so aus, daß diese *Äußerlichkeit der Natur* ihr *Gegensatz* zum Denken, ihr *Mangel,* daß sie, insofern sie sich von der Abstraktion unterscheidet, ein mangelhaftes Wesen ist. [XXXIV] Ein nicht nur für mich, in meinen Augen mangelhaftes, ein an sich selbst mangelhaftes Wesen hat etwas außer sich, was ihm mangelt. Das heißt sein Wesen ist ein andres als es selbst. Die Natur muß sich daher selbst aufheben für den abstrakten Denker, weil sie schon von ihm als ein der Potenz nach *aufgehobnes* Wesen gesetzt ist.

»Der Geist hat *für uns die Natur* zu seiner *Voraussetzung,* deren *Wahrheit* und damit deren *absolutes Erstes* er ist. In dieser Wahrheit ist die Natur *verschwunden,* und der Geist hat sich als die zu ihrem Fürsichsein gelangte Idee ergeben, deren *Objekt* ebensowohl als das *Subjekt der Begriff* ist. Diese Identität ist *absolute Negativität,* weil in der Natur der Begriff seine vollkommene äußerliche Objektivität hat, diese seine Entäußerung aber aufgehoben, und er in dieser sich identisch mit sich geworden ist. Er ist diese Identität somit nur als Zurückkommen aus der Natur.« p. 392. »Das *Offenbaren,* welches als die *abstrakte* Idee unmittelbarer Übergang, *Werden* der Natur ist, ist als Offenbaren des Geistes, der frei ist, *Setzen* der Natur als *seiner* Welt; ein Setzen, das als Reflexion zugleich *Voraussetzen* der Welt als selbständiger Natur ist. Das Offenbaren im Begriffe ist Erschaffen derselben als seines Seins, in welchem er die *Affirmation* und *Wahrheit* seiner Freiheit sich gibt.« »Das *Absolute ist der Geist;* dies ist die höchste Definition des Absoluten.«

2
Auszüge aus der »Deutschen Ideologie«

Die Tatsache ist also die: bestimmte Individuen, die auf bestimmte Weise produktiv tätig sind, gehen diese bestimmten gesellschaftlichen und politischen Verhältnisse ein. Die empirische Beobachtung muß in jedem einzelnen Fall den Zusammenhang der gesellschaftlichen und politischen Gliederung mit der Produktion empirisch und ohne alle Mystifikation und Spekulation aufweisen. Die gesellschaftliche Gliederung und der Staat gehen beständig aus dem Lebensprozeß bestimmter Individuen hervor; aber dieser Individuen, nicht wie sie in der eignen oder fremden Vorstellung erscheinen mögen, sondern wie sie *wirklich* sind, das heißt wie sie wirken, materiell produzieren, also wie sie unter bestimmten materiellen und von ihrer Willkür unabhängigen Schranken, Voraussetzungen und Bedingungen tätig sind.

Die Produktion der Ideen, Vorstellungen, des Bewußtseins ist zunächst unmittelbar verflochten in die materielle Tätigkeit und den materiellen Verkehr der Menschen, Sprache des wirklichen Lebens. Das Vorstellen, Denken, der geistige Verkehr der Menschen erscheinen hier noch als direkter Ausfluß ihres materiellen Verhaltens. Von der geistigen Produktion, wie sie in der Sprache der Politik, der Gesetze, der Moral, der Religion, Metaphysik usw. eines Volkes sich darstellt, gilt dasselbe. Die Menschen sind die Produzenten ihrer Vorstellungen, Ideen pp, aber die wirklichen, wirkenden Menschen, wie sie bedingt sind durch eine bestimmte Entwicklung ihrer Produktivkräfte und des denselben entsprechenden Verkehrs bis zu seinen weitesten Formationen hinauf. Das Bewußtsein kann nie etwas Andres sein als das bewußte Sein, und das Sein der Menschen ist ihr wirklicher Lebensprozeß. Wenn in der ganzen Ideologie die Menschen und ihre Verhältnisse, wie in einer Camera obscura, auf den Kopf gestellt erscheinen, so geht dies Phänomen ebensosehr aus ihrem historischen Lebensprozeß hervor, wie die Umdrehung der Gegenstände auf der Netzhaut aus ihrem unmittelbar physischen.

Ganz im Gegensatz zur deutschen Philosophie, welche vom Himmel auf die Erde herabsteigt, wird hier von der Erde zum Himmel gestiegen. Das heißt es wird nicht ausgegangen von dem, was die Menschen sagen, sich einbilden, sich vorstellen, auch nicht von den gesagten, gedachten, eingebildeten, vorgestellten Menschen, um davon aus bei den leibhaftigen Menschen anzukommen;

es wird von den wirklich tätigen Menschen ausgegangen und aus ihrem wirklichen Lebensprozeß auch die Entwicklung der ideologischen Reflexe und Echos dieses Lebensprozesses dargestellt. Auch die Nebelbildungen im Gehirn der Menschen sind notwendige Sublimate ihres materiellen, empirisch konstatierbaren, und an materielle Voraussetzungen geknüpften Lebensprozesses. Die Moral, Religion, Metaphysik und sonstige Ideologie und die ihnen entsprechenden Bewußtseinsformen behalten hiermit nicht länger den Schein der Selbstständigkeit. Sie haben keine Geschichte, sie haben keine Entwicklung, sondern die ihre materielle Produktion und ihren materiellen Verkehr entwickelnden Menschen ändern mit dieser ihrer Wirklichkeit auch ihr Denken und die Produkte ihres Denkens. Nicht das Bewußtsein bestimmt das Leben, sondern das Leben bestimmt das Bewußtsein. In der ersten Betrachtungsweise geht man von dem Bewußtsein als dem lebendigen Individuum aus, in der zweiten, dem wirklichen Leben entsprechenden, von den wirklichen lebendigen Individuen selbst und betrachtet das Bewußtsein nur als *ihr* Bewußtsein.

Diese Betrachtungsweise ist nicht voraussetzungslos. Sie geht von den wirklichen Voraussetzungen aus, sie verläßt sie keinen Augenblick. Ihre Voraussetzungen sind die Menschen nicht in irgend einer phantastischen Abgeschlossenheit und Fixierung, sondern in ihrem wirklichen empirisch anschaulichen Entwicklungsprozeß unter bestimmten Bedingungen. Sobald dieser tätige Lebensprozeß dargestellt wird, hört die Geschichte auf, eine Sammlung toter Fakta zu sein, wie bei den selbst noch abstrakten Empirikern, oder eine eingebildete Aktion eingebildeter Subjekte, wie bei den Idealisten.

Da, wo die Spekulation aufhört, beim wirklichen Leben, beginnt also die wirkliche, positive Wissenschaft, die Darstellung der praktischen Betätigung, des praktischen Entwicklungsprozesses der Menschen. Die Phrasen vom Bewußtsein hören auf, wirkliches Wissen muß an ihre Stelle treten. Die selbstständige Philosophie verliert mit der Darstellung der Wirklichkeit ihr Existenzmedium. An ihre Stelle kann höchstens eine Zusammenfassung der allgemeinsten Resultate treten, die sich aus der Betrachtung der historischen Entwicklung der Menschen abstrahieren lassen. Diese Abstraktionen haben für sich, getrennt von der wirklichen Geschichte, durchaus keinen Wert. Sie können nur dazu dienen, die Ordnung des geschichtlichen Materials zu erleichtern, die Reihenfolge seiner einzelnen Schichten anzudeuten.

Sie geben aber keineswegs, wie die Philosophie, ein Rezept oder Schema, wonach die geschichtlichen Epochen zurechtgestutzt werden können. Die Schwierigkeit beginnt im Gegenteil erst da, wo man sich an die Betrachtung und Ordnung des Materials, sei es einer vergangnen Epoche oder der Gegenwart, an die wirkliche Darstellung gibt. Die Beseitigung dieser Schwierigkeiten ist durch Voraussetzungen bedingt, die keineswegs hier gegeben werden können, sondern die erst aus dem Studium des wirklichen Lebensprozesses und der Aktion der Individuen jeder Epoche sich ergeben. Wir nehmen hier einige dieser Abstraktionen heraus, die wir gegenüber der Ideologie gebrauchen, und werden sie an historischen Beispielen erläutern.

[1.] *Geschichte*

Wir müssen bei den voraussetzungslosen Deutschen damit anfangen, daß wir die erste Voraussetzung aller menschlichen Existenz, also auch aller Geschichte konstatieren, nämlich die Voraussetzung, daß die Menschen im Stande sein müssen zu leben, um »Geschichte machen« zu können. Zum Leben aber gehört vor Allem Essen und Trinken, Wohnung, Kleidung und noch einiges Andere. Die erste geschichtliche Tat ist also die Erzeugung der Mittel zur Befriedigung dieser Bedürfnisse, die Produktion des materiellen Lebens selbst, und zwar ist dies eine geschichtliche Tat, eine Grundbedingung aller Geschichte, die noch heute, wie vor Jahrtausenden, täglich und stündlich erfüllt werden muß, um die Menschen nur am Leben zu erhalten. Selbst wenn die Sinnlichkeit, wie beim heiligen Bruno, auf einen Stock, auf das Minimum reduziert ist, setzt sie die Tätigkeit der Produktion dieses Stockes voraus. Das Erste also bei aller geschichtlichen Auffassung ist, daß man diese Grundtatsache in ihrer ganzen Bedeutung und ihrer ganzen Ausdehnung beobachtet und zu ihrem Rechte kommen läßt. Dies haben die Deutschen bekanntlich nie getan, daher nie eine *irdische* Basis für die Geschichte und folglich nie einen Historiker gehabt. Die Franzosen und Engländer, wenn sie auch den Zusammenhang dieser Tatsache mit der sogenannten Geschichte nur höchst einseitig auffaßten, namentlich solange sie in der politischen Ideologie befangen waren, so haben sie doch immerhin die ersten Versuche gemacht, der Geschichtschreibung eine materialistische Basis zu geben, indem sie zuerst Geschichten der bürgerlichen Gesellschaft, des Handels und der Industrie schrieben. – Das Zweite ist, daß das befriedigte erste Bedürfnis selbst, die Aktion der Befriedigung und das schon erworbene

Instrument der Befriedigung zu neuen Bedürfnissen führt – und diese Erzeugung neuer Bedürfnisse ist die erste geschichtliche Tat. Hieran zeigt sich sogleich, wes Geistes Kind die große historische Weisheit der Deutschen ist, die da, wo ihnen das positive Material ausgeht, und wo weder theologischer, noch politischer, noch literarischer Unsinn verhandelt wird, gar keine Geschichte, sondern die »vorgeschichtliche Zeit« sich ereignen lassen, ohne uns indes darüber aufzuklären, wie man aus diesem Unsinn der »Vorgeschichte« in die eigentliche Geschichte kommt – obwohl auf der andern Seite ihre historische Spekulation sich ganz besonders auf diese »Vorgeschichte« wirft, weil sie da sicher zu sein glaubt vor den Eingriffen des »rohen Faktums« und zugleich weil sie hier ihrem spekulierenden Triebe alle Zügel schießen lassen und Hypothesen zu Tausenden erzeugen und umstoßen kann. – Das dritte Verhältnis, was hier gleich von vorn herein in die geschichtliche Entwicklung eintritt, ist das, daß die Menschen, die ihr eignes Leben täglich neu machen, anfangen, andre Menschen zu machen, sich fortzupflanzen – das Verhältnis zwischen Mann und Weib, Eltern und Kindern, die *Familie*. Diese Familie, die im Anfange das einzige soziale Verhältnis ist, wird späterhin, wo die vermehrten Bedürfnisse neue gesellschaftliche Verhältnisse, und die vermehrte Menschenzahl neue Bedürfnisse erzeugen, zu einem untergeordneten (ausgenommen in Deutschland), und muß alsdann nach den existierenden empirischen Daten, nicht nach dem »Begriff der Familie«, wie man in Deutschland zu tun pflegt, behandelt und entwickelt werden.*) Übrigens sind diese drei Seiten der sozialen Tätigkeit nicht als drei verschiedne Stufen zu fassen, sondern eben nur als drei Seiten, oder um für die Deutschen klar zu schreiben, drei »Momente«, die vom Anbeginn der Geschichte an und seit den ersten Menschen zugleich existiert

*) Häuserbau. Bei den Wilden versteht es sich von selbst, daß jede Familie ihre eigne Höhle oder Hütte hat, wie bei den Nomaden das separate Zelt jeder Familie. Diese getrennte Hauswirtschaft wird durch die weitere Entwicklung des Privateigentums nur noch nötiger gemacht. Bei den Agrikulturvölkern ist die gemeinsame Hauswirtschaft ebenso unmöglich wie die gemeinsame Bodenkultur. Ein großer Fortschritt war die Erbauung von Städten. In allen bisherigen Perioden war indes die Aufhebung der getrennten Wirtschaft, die von der Aufhebung des Privateigentums nicht zu trennen ist, schon deswegen unmöglich, weil die materiellen Bedingungen dazu nicht vorhanden waren. Die Einrichtung einer gemeinsamen Hauswirtschaft setzt die Entwicklung der Maschinerie, der Benutzung der

haben und sich noch heute in der Geschichte geltend machen. – Die Produktion des Lebens, sowohl des eignen in der Arbeit wie des fremden in der Zeugung, erscheint nun schon sogleich als ein doppeltes Verhältnis – einerseits als natürliches, andrerseits als gesellschaftliches Verhältnis – gesellschaftlich in dem Sinne, als hierunter das Zusammenwirken mehrerer Individuen, gleichviel unter welchen Bedingungen, auf welche Weise und zu welchem Zweck verstanden wird. Hieraus geht hervor, daß eine bestimmte Produktionsweise oder industrielle Stufe stets mit einer bestimmten Weise des Zusammenwirkens oder gesellschaftlichen Stufe vereinigt ist, und diese Weise des Zusammenwirkens ist selbst eine »Produktivkraft«, daß die Menge der den Menschen zugänglichen Produktivkräfte den gesellschaftlichen Zustand bedingt und also die »Geschichte der Menschheit« stets im Zusammenhange mit der Geschichte der Industrie und des Austausches studiert und bearbeitet werden muß. Es ist aber auch klar, wie es in Deutschland unmöglich ist, solche Geschichte zu schreiben, da den Deutschen dazu nicht nur die Auffassungsfähigkeit und das Material, sondern auch die »sinnliche Gewißheit« abgeht, und man jenseits des Rheins über diese Dinge keine Erfahrungen machen kann, weil dort keine Geschichte mehr vorgeht. Es zeigt sich also schon von vorn herein ein materialistischer Zusammenhang der Menschen unter einander, der durch die Bedürfnisse und die Weise der Produktion bedingt und so alt ist wie die Menschen selbst – ein Zusammenhang, der stets neue Formen annimmt und also eine »Geschichte« darbietet, auch ohne daß irgend ein politischer oder religiöser Nonsens existiert, der die Menschen noch extra zusammenhalte. – Jetzt erst, nachdem wir bereits vier Momente, vier Seiten der ursprünglichen, geschichtlichen Verhältnisse betrachtet haben, finden wir, daß der Mensch auch »Bewußtsein«

Naturkräfte, und vieler andern Produktivkräfte voraus — zum Beispiel der Wasserleitungen, der Gasbeleuchtung, der Dampfheizung etc., Aufhebung von Stadt und Land. Ohne diese Bedingungen würde die gemeinsame Wirtschaft nicht selbst wieder eine neue Produktionskraft sein, aller materiellen Basis entbehren, auf einer bloß theoretischen Grundlage beruhen, das heißt eine bloße Marotte sein und es nur zur Klosterwirtschaft bringen. — Was möglich war, zeigt sich in der Zusammenrückung zu Städten und in der Erbauung gemeinsamer Häuser zu einzelnen bestimmten Zwecken (Gefängnisse, Kasernen pp). Daß die Aufhebung der getrennten Wirtschaft von der Aufhebung der Familie nicht zu trennen ist, versteht sich von selbst. (Fußnote von Marx) hat. Aber auch dies nicht von vornherein, als »reines« Bewußtsein. Der »Geist« hat von vornherein den Fluch an sich, mit der Materie »behaftet« zu sein, die hier in der Form von bewegten Luftschichten, Tönen, kurz der Sprache auftritt. Die Sprache ist so alt wie das Bewußtsein – die Sprache *ist* das praktische, auch für andre Menschen existierende, also auch für mich selbst erst existierende wirkliche Bewußtsein, und die Sprache entsteht, wie das Bewußtsein, erst aus dem Bedürfnis, der Notdurft, des Verkehrs mit andern Menschen. Wo ein Verhältnis existiert, da existiert es für mich, das Tier *»verhält«* sich zu Nichts und überhaupt nicht. Für das Tier existiert sein Verhältnis zu andern nicht als Verhältnis. Das Bewußtsein ist also von vorn herein schon ein gesellschaftliches Produkt, und bleibt es, solange überhaupt Menschen existieren. Das Bewußtsein ist natürlich zuerst bloß Bewußtsein über die *nächste* sinnliche Umgebung und Bewußtsein des bornierten Zusammenhanges mit andern Personen und Dingen außer dem sich bewußt werdenden Individuum; es ist zu gleicher Zeit Bewußtsein der Natur, die den Menschen anfangs als eine durchaus fremde, allmächtige und unangreifbare Macht gegenübertritt, zu der sich die Menschen rein tierisch verhalten, von der sie sich imponieren lassen wie das Vieh; und also ein rein tierisches Bewußtsein der Natur (Naturreligion). – Man sieht hier sogleich. Diese Naturreligion oder dies bestimmte Verhalten zur Natur ist bedingt durch die Gesellschaftsform und umgekehrt. Hier wie überall tritt die Identität von Natur und Mensch auch so hervor, daß das bornierte Verhalten der Menschen zur Natur ihr borniertes Verhalten zu einander, und ihr borniertes Verhalten zu einander ihr borniertes Verhältnis zur Natur bedingt, eben weil die Natur noch kaum geschichtlich modifiziert ist, und andrerseits Bewußtsein der Notwendigkeit, mit den umgebenden Individuen in Verbindung zu treten, der Anfang des Bewußtseins darüber, daß er überhaupt in einer Gesellschaft lebt. Dieser Anfang ist so tierisch wie das gesellschaftliche Leben dieser Stufe selbst, er ist bloßes Herdenbewußtsein, und der Mensch unterscheidet sich hier vom Hammel nur dadurch, daß sein Bewußtsein ihm die Stelle des Instinkts vertritt, oder daß sein Instinkt ein bewußter ist. Dieses Hammel- oder Stammbewußtsein erhält seine weitere Entwicklung und Ausbildung durch die gesteigerte Produktivität, die Vermehrung der Bedürfnisse und die Beiden zum Grunde liegende Vermehrung der Bevölkerung. Damit entwickelt sich die Teilung der

Arbeit, die ursprünglich nichts war als die Teilung der Arbeit im Geschlechtsakt, dann Teilung der Arbeit, die sich vermöge der natürlichen Anlage (zum Beispiel Körperkraft), Bedürfnisse, Zufälle etc. etc. von selbst oder »naturwüchsig« macht. Die Teilung der Arbeit wird erst wirklich Teilung von dem Augenblicke an, wo eine Teilung der materiellen und geistigen Arbeit eintritt. Von diesem Augenblicke an *kann* sich das Bewußtsein wirklich einbilden, etwas Andres als das Bewußtsein der bestehenden Praxis zu sein, *wirklich* etwas vorzustellen, ohne etwas Wirkliches vorzustellen – von diesem Augenblicke an ist das Bewußtsein im Stande, sich von der Welt zu emanzipieren und zur Bildung der »reinen« Theorie, Theologie, Philosophie, Moral etc. überzugehen. Aber selbst wenn diese Theorie, Theologie, Philosophie, Moral etc. in Widerspruch mit den bestehenden Verhältnissen treten, so kann dies nur dadurch geschehen, daß die bestehenden gesellschaftlichen Verhältnisse mit der bestehenden Produktionskraft in Widerspruch getreten sind – was übrigens in einem bestimmten nationalen Kreise von Verhältnissen auch dadurch geschehen kann, daß der Widerspruch nicht in diesem nationalen Umkreis, sondern zwischen diesem nationalen Bewußtsein und der Praxis der anderen Nationen, das heißt zwischen dem nationalen und allgemeinen Bewußtsein einer Nation sich einstellt. – Übrigens ist es ganz einerlei, was das Bewußtsein alleine anfängt, wir erhalten aus diesem ganzen Dreck nur das eine Resultat, daß diese drei Momente, die Produktionskraft, der gesellschaftliche Zustand, und das Bewußtsein in Widerspruch unter einander geraten können und müssen, weil mit der *Teilung der Arbeit* die Möglichkeit, ja die Wirklichkeit gegeben ist, daß die geistige und materielle Tätigkeit – daß der Genuß und die Arbeit, Produktion und Konsumtion, verschiedenen Individuen zufallen, und die Möglichkeit, daß sie nicht in Widerspruch geraten, nur darin liegt, daß die Teilung der Arbeit wieder aufgehoben wird. Es versteht sich übrigens von selbst, daß die »Gespenster«, »Bande«, »höheres Wesen«, »Begriff« »Bedenklichkeit« bloß der idealistische geistliche Ausdruck, die Vorstellung scheinbar des vereinzelten Individuums sind, die Vorstellung von sehr empirischen Fesseln und Schranken, innerhalb deren sich die Produktionsweise des Lebens und die damit zusammenhängende Verkehrsform bewegt.

Mit der Teilung der Arbeit, in welcher alle diese Widersprüche gegeben sind, und welche ihrerseits wieder auf der naturwüchsigen Teilung der Arbeit in der Familie und der Trennung der Gesellschaft in einzelne, einander entgegengesetzte Familien beruht – ist zu gleicher Zeit auch die *Ver*teilung, und zwar die *ungleiche* sowohl quantitative wie qualitative Verteilung der Arbeit und ihrer Produkte gegeben, also das Eigentum, das in der Familie, wo die Frau und die Kinder die Sklaven des Mannes sind, schon seinen Keim, seine erste Form hat. Die freilich noch sehr rohe, latente Sklaverei in der Familie ist das erste Eigentum, das übrigens hier schon vollkommen der Definition der modernen Ökonomen entspricht, nach der es die Verfügung über fremde Arbeitskraft ist. Übrigens sind Teilung der Arbeit und Privateigentum identische Ausdrücke – in dem Einen wird in Beziehung auf die Tätigkeit dasselbe ausgesagt, was in dem Andern in Bezug auf das Produkt der Tätigkeit ausgesagt wird. – Ferner ist mit der Teilung der Arbeit zugleich der Widerspruch zwischen dem Interesse des einzelnen Individuums oder der einzelnen Familie und dem gemeinschaftlichen Interesse aller Individuen, die mit einander verkehren, gegeben; und zwar existiert dies gemeinschaftliche Interesse nicht etwa bloß in der Vorstellung, als »Allgemeines«, sondern zuerst in der Wirklichkeit als gegenseitige Abhängigkeit der Individuen, unter denen die Arbeit geteilt ist. Und endlich bietet uns die Teilung der Arbeit gleich das erste Beispiel davon dar, daß solange die Menschen sich in der naturwüchsigen Gesellschaft befinden, solange also die Spaltung zwischen dem besondern und gemeinsamen Interesse existiert, solange die Tätigkeit also nicht freiwillig, sondern naturwüchsig geteilt ist, die eigne Tat des Menschen ihm zu einer fremden, gegenüberstehenden Macht wird, die ihn unterjocht, statt daß er sie beherrscht. Sowie nämlich die Arbeit verteilt zu werden anfängt, hat jeder einen bestimmten ausschließlichen Kreis der Tätigkeit, der ihm aufgedrängt wird, aus dem er nicht heraus kann; er ist Jäger, Fischer oder Hirt oder kritischer Kritiker, und muß es bleiben, wenn er nicht die Mittel zum Leben verlieren will – während in der kommunistischen Gesellschaft, wo Jeder nicht einen ausschließlichen Kreis der Tätigkeit hat, sondern sich in jedem beliebigen Zweige ausbilden kann, die Gesellschaft die allgemeine Produktion regelt und mir eben dadurch möglich macht, heute dies, morgen jenes zu tun, morgens zu jagen, nachmittags zu fischen, abends Viehzucht zu treiben, nach dem Essen zu kritisieren, wie ich gerade Lust habe; ohne je Jäger, Fischer, Hirt oder Kritiker zu werden. Dieses Sichfestsetzen der sozialen Tätigkeit, diese Konsolidation unsres eignen Produkts zu einer sachlichen Gewalt über uns, die unsrer Kontrolle entwächst, unsre Erwartungen durchkreuzt, unsre Berechnungen zu Nichte macht, ist eines der Hauptmomente in der bisherigen geschichtlichen Entwicklung, und eben aus diesem Widerspruch des besondern und gemeinschaftlichen Interesses nimmt das gemeinschaftliche Interesse als *Staat* eine selbständige Gestaltung, getrennt von den wirklichen Einzel- und Gesamtinteressen, an, und zugleich als illusorische Gemeinschaftlichkeit, aber stets auf der realen Basis der in jedem Familien- und Stamm-Konglomerat vorhandenen Bänder; wie Fleisch und Blut, Sprache, Teilung der Arbeit im größeren Maßstabe und sonstigen Interessen – und besonders, wie wir später entwickeln werden, der durch die Teilung der Arbeit bereits bedingten Klassen, die in jedem derartigen Menschenhaufen sich absondern und von denen eine alle andern beherrscht. Hieraus folgt, daß alle Kämpfe innerhalb des Staats, der Kampf zwischen Demokratie, Aristokratie und Monarchie, der Kampf um das Wahlrecht etc. etc., nichts als die illusorischen Formen sind, in denen die wirklichen Kämpfe der verschiednen Klassen unter einander geführt werden, (wovon die deutschen Theoretiker nicht eine Silbe ahnen, trotzdem daß man ihnen in den deutsch-französischen Jahrbüchern und der heiligen Familie dazu Anleitung genug gegeben hatte) und ferner daß jede nach der Herrschaft strebende Klasse, wenn ihre Herrschaft auch, wie dies beim Proletariat der Fall ist, die Aufhebung der ganzen alten Gesellschaftsform und der Herrschaft überhaupt bedingt, sich zuerst die politische Macht erobern muß, um ihr Interesse wieder als das Allgemeine, wozu sie im ersten Augenblick gezwungen ist, darzustellen. Eben weil die Individuen *nur* ihr besondres – für sie nicht mit ihrem gemeinschaftlichen Interesse zusammenfallendes suchen, überhaupt das Allgemeine illusorische Form der Gemeinschaftlichkeit – wird dies als ein ihnen »fremdes« und von ihnen »unabhängiges«, als ein selbst wieder besonderes und eigentümliches »Allgemein«-Interesse geltend gemacht, oder sie selbst müssen sich in diesem Zwiespalt begegnen, wie in der Demokratie. Andrerseits macht denn auch der *praktische* Kampf dieser, beständig *wirklich* den gemeinschaftlichen und illusorischen gemeinschaftlichen Interessen entgegentretenden Sonderinteressen, die *praktische* Dazwischenkunft und Zügelung durch das illusorische »Allgemein«-Interesse als Staat nötig. Die soziale Macht, das heißt die vervielfachte Produktionskraft, die durch das in der Teilung der Arbeit bedingte Zusammenwirken der verschiedenen Individuen entsteht, erscheint diesen Individuen, weil das Zusammenwirken selbst nicht freiwillig, sondern naturwüchsig ist, nicht als ihre eigne, vereinte Macht, sondern als eine fremde, außer ihnen stehende Gewalt, von der sie nicht wissen woher und wohin, die sie also nicht mehr beherrschen können, die im Gegenteil nun eine eigentümliche, vom Wollen und Laufen der Menschen unabhängige, ja dies Wollen und Laufen erst dirigierende Reihenfolge von Phasen und Entwicklungsstufen durchläuft. Diese *»Entfremdung«*, um den Philosophen verständlich zu bleiben, kann natürlich nur unter zwei *praktischen* Voraussetzungen aufgehoben werden. Damit sie eine »unerträgliche« Macht werde, das heißt eine Macht, gegen die man revolutioniert, dazu gehört, daß sie die Masse der Menschheit als durchaus »Eigentumslos« erzeugt hat und zugleich im Widerspruch zu einer vorhandnen Welt des Reichtums und der Bildung, was beides eine große Steigerung der Produktivkraft – einen hohen Grad ihrer Entwicklung voraussetzt, – und andrerseits, ist diese Entwicklung der Produktivkräfte (womit zugleich schon die in *weltgeschichtlichen*, statt der in lokalem Dasein der Menschen vorhandne empirische Existenz gegeben ist) auch deswegen eine absolut notwendige praktische Voraussetzung, weil ohne sie nur der *Mangel* verallgemeinert, also mit der *Notdurft* auch der Streit um das Notwendige wieder beginnen und die ganze alte Scheiße sich herstellen müßte, weil ferner nur mit dieser universellen Entwicklung der Produktivkräfte ein *universeller* Verkehr der Menschen gesetzt ist, daher einerseits das Phänomen der »Eigentumslosen« Masse in Allen Völkern gleichzeitig erzeugt(allgemeine Konkurrenz), jedes derselben von den Umwälzungen der andern abhängig macht, und endlich *weltgeschichtliche*, empirisch universelle Individuen an die Stelle der lokalen gesetzt hat. Ohne dies könnte 1. der Kommunismus nur als eine Lokalität existieren, 2. die *Mächte* des Verkehrs selbst hätten sich als *universelle*, drum unerträgliche Mächte, nicht entwickeln können, sie wären heimisch-abergläubige »Umstände« geblieben, und 3. würde jede Erweiterung des Verkehrs den lokalen Kommunismus aufheben. Der Kommunismus ist empirisch nur als die Tat der herrschenden Völker auf »einmal« oder gleichzeitig möglich, was die universelle Entwicklung der Produktivkraft und den mit ihm zusammenhängenden Weltverkehr voraussetzt. Wie hätte sonst zum Beispiel das Eigentum überhaupt eine Geschichte haben, verschiedne Gestalten annehmen, und etwa das Grundeigentum je nach der verschiedenen vorliegenden Voraussetzung in Frankreich aus der Parzellierung zur Zentralisation in wenigen Händen, in England aus der Zentralisation in wenigen Händen zur Parzellierung drängen können, wie dies heute wirklich der Fall ist? Oder wie kommt es, daß der Handel, der doch weiter nichts ist als der Austausch der Produkte verschiedner Individuen und Länder, durch das Verhältnis von Nachfrage und Zufuhr die ganze Welt beherrscht – ein Verhältnis, das, wie ein englischer Ökonom sagt, gleich dem antiken Schicksal über der Erde schwebt und mit unsichtbarer Hand Glück und Unglück an die Menschen verteilt, Reiche stiftet und Reiche zertrümmert, Völker entstehen und schwinden macht – während mit der Aufhebung der Basis, des Privateigentums, mit der kommunistischen Regelung der Produktion und der darin liegenden Vernichtung der Fremdheit, mit der sich die Menschen zu ihrem eignen Produkt verhalten, die Macht des Verhältnisses von Nachfrage und Zufuhr sich in Nichts auflöst, und die Menschen den Austausch, die Produktion, die Weise ihres gegenseitigen Verhaltens wieder in ihre Gewalt bekommen?

Der Kommunismus ist für uns nicht ein *Zustand*, der hergestellt werden soll, ein *Ideal*, wonach die Wirklichkeit sich zu richten haben wird. Wir nennen Kommunismus die *wirkliche* Bewegung, welche den jetzigen Zustand aufhebt. Die Bedingungen dieser Bewegung ergeben sich aus der jetzt bestehenden Voraussetzung. Übrigens setzt die Masse von *bloßen* Arbeitern – massenhaft von Kapital, oder von irgend einer bornierten Befriedigung abgeschnittne Arbeiterkraft –, und darum auch der nicht mehr temporäre Verlust dieser Arbeit selbst als einer gesicherten Lebensquelle, durch die Konkurrenz den *Weltmarkt* voraus. Das Proletariat kann also nur *weltgeschichtlich* existieren, wie der Kommunismus, seine Aktion, nur als »weltgeschichtliche« Existenz überhaupt vorhanden sein kann. Weltgeschichtliche Existenz der Individuen, das heißt Existenz der Individuen, die unmittelbar mit der Weltgeschichte verknüpft ist.

Die durch die auf allen bisherigen geschichtlichen Stufen vorhandenen Produktionskräfte bedingte und sie wiederum bedingende Verkehrsform ist die *bürgerliche Gesellschaft*, die, wie schon aus dem Vorhergehenden hervorgeht, die einfache Familie und die zusammengesetzte Familie, das sogenannte Stammwesen zu ihrer Voraussetzung und Grundlage hat, und deren nähere

Bestimmungen im Vorhergehenden enthalten sind. Es zeigt sich schon hier, daß diese bürgerliche Gesellschaft der wahre Herd und Schauplatz aller Geschichte ist, und wie widersinnig die bisherige, die wirklichen Verhältnisse vernachlässigende Geschichtsauffassung mit ihrer Beschränkung auf hochtönende Haupt- und Staatsaktionen ist. Die bürgerliche Gesellschaft umfaßt den gesamten materiellen Verkehr der Individuen innerhalb einer bestimmten Entwicklungsstufe der Produktivkräfte. Sie umfaßt das gesamte kommerzielle und industrielle Leben einer Stufe und geht in so fern über den Staat und die Nation hinaus, obwohl sie andrerseits wieder nach Außen hin als Nationalität sich geltend machen, nach Innen als Staat sich gliedern muß. Das Wort bürgerliche Gesellschaft kam auf im achtzehnten Jahrhundert, als die Eigentumsverhältnisse bereits aus dem antiken und mittelalterlichen Gemeinwesen sich herausgearbeitet hatten. Die bürgerliche Gesellschaft als solche entwickelt sich erst mit der Bourgeoisie; die unmittelbar aus der Produktion und dem Verkehr sich entwikkelnde gesellschaftliche Organisation, die zu allen Zeiten die Basis des Staats und der sonstigen idealistischen Superstruktur bildet, ist indes fortwährend mit demselben Namen bezeichnet worden ...

Die Geschichte ist nichts als die Aufeinanderfolge der einzelnen Generationen, von denen Jede die ihr von allen vorhergegangenen übermachten Materiale, Kapitalien, Produktionskräfte exploitiert, daher also einerseits unter ganz veränderten Umständen die überkommene Tätigkeit fortsetzt und andrerseits mit einer ganz veränderten Tätigkeit die alten Umstände modifiziert, was sich nun spekulativ so verdrehen läßt, daß die spätere Geschichte zum Zweck der früheren gemacht wird, zum Beispiel daß der Entdeckung Amerikas der Zweck zu Grunde gelegt wird, der französischen Revolution zum Durchbruch zu verhelfen, wodurch dann die Geschichte ihre aparten Zwecke erhält und eine »Person neben anderen Personen« (als da sind: »Selbstbewußtsein, Kritik, Einziger« etc.) wird, während das, was man mit den Worten »Bestimmung«, »Zweck«, »Keim«, »Idee« der früheren Geschichte bezeichnet, weiter nichts ist als eine Abstraktion von der späteren Geschichte, eine Abstraktion von dem aktiven Einfluß, den die frühere Geschichte auf die spätere ausübt. – Je weiter sich im Laufe dieser Entwicklung nun die einzelnen Kreise, die aufeinander einwirken, ausdehnen, je mehr die ursprüngliche Abgeschlossenheit der einzelnen Nationalitäten durch die ausgebildete Produktionsweise, Verkehr und dadurch naturwüchsig hervorgebrachte Teilung der Arbeit zwischen verschiednen Nationen vernichtet wird, desto mehr wird die Geschichte zur Weltgeschichte, sodaß zum Beispiel wenn in England eine Maschine erfunden wird, die in Indien und China zahllose Arbeiter außer Brot setzt und die ganze Existenzform dieser Reiche umwälzt, diese Erfindung zu einem weltgeschichtlichen Faktum wird; oder daß der Zucker und Kaffee ihre weltgeschichtliche Bedeutung im neunzehnten Jahrhundert dadurch bewiesen, daß der durch das napoleonische Kontinentalsystem erzeugte Mangel an diesen Produkten die Deutschen zum Aufstande gegen Napoleon brachte und so die reale Basis der glorreichen Befreiungskriege von 1813 wurde. Hieraus folgt, daß diese Umwandlung der Geschichte in Weltgeschichte nicht etwa eine bloße abstrakte Tat des »Selbstbewußtseins«, Weltgeistes oder sonst eines metaphysischen Gespenstes ist, sondern eine ganz materielle, empirisch nachweisbare Tat, eine Tat, zu der jedes Individuum, wie es geht und steht, ißt, trinkt und sich kleidet, den Beweis liefert. –

Die Gedanken der herrschenden Klasse sind in jeder Epoche die herrschenden Gedanken, das heißt die Klasse, welche die herrschende *materielle* Macht der Gesellschaft ist, ist zugleich ihre herrschende *geistige* Macht. Die Klasse, die die Mittel zur materiellen Produktion zu ihrer Verfügung hat, disponiert damit zugleich über die Mittel zur geistigen Produktion, sodaß ihr damit zugleich im Durchschnitt die Gedanken derer, denen die Mittel zur geistigen Produktion abgehen, unterworfen sind. Die herrschenden Gedanken sind weiter Nichts als der ideelle Ausdruck der herrschenden materiellen Verhältnisse, die als Gedanken gefaßten, herrschenden materiellen Verhältnisse; also der Verhältnisse, die eben die eine Klasse zur herrschenden machen, also die Gedanken ihrer Herrschaft. Die Individuen, welche die herrschende Klasse ausmachen, haben unter Anderm auch Bewußtsein und denken daher; insofern sie also als Klasse herrschen und den ganzen Umfang einer Geschichtsepoche bestimmen, versteht es sich von selbst, daß sie dies in ihrer ganzen Ausdehnung tun, als unter Andern auch als Denkende, als Produzenten von Gedanken herrschen, die Produktion und Distribution der Gedanken ihrer Zeit regeln; daß also ihre Gedanken die herrschenden Gedanken der Epoche sind. Zu einer Zeit zum Beispiel und in einem Lande, wo königliche Macht, Aristokratie und Bourgeoisie sich um die Herrschaft streiten, wo also die Herrschaft geteilt ist, zeigt sich als herrschender Gedanke die Doktrin von der Teilung der Gewalten, die nun als ein »ewiges Gesetz« ausgesprochen wird. – Die Teilung der Arbeit, die wir schon oben als eine der Hauptmächte der bisherigen Geschichte vorfanden, äußert sich nun auch in der herrschenden Klasse als Teilung der geistigen und materiellen Arbeit, sodaß innerhalb dieser Klasse der eine Teil als die Denker dieser Klasse auftritt, (die aktiven konzeptiven Ideologen derselben, welche die Ausbildung der Illusion dieser Klasse über sich selbst zu ihrem Hauptnahrungszweige machen) während die Andern sich zu diesen Gedanken und Illusionen mehr passiv und rezeptiv verhalten, weil sie in der Wirklichkeit die aktiven Mitglieder dieser Klasse sind und weniger Zeit dazu haben, sich Illusionen und Gedanken über sich selbst zu machen. Innerhalb dieser Klasse kann diese Spaltung derselben sich sogar zu einer gewissen Entgegensetzung und Feindschaft beider Teile entwickeln, die aber bei jeder praktischen Kollision, wo die Klasse selbst gefährdet ist, von selbst wegfällt, wo denn auch der Schein verschwindet, als wenn die herrschenden Gedanken nicht die Gedanken der herrschenden Klasse wären und eine von der Macht dieser Klasse unterschiedene Macht hätten. Die Existenz revolutionärer Gedanken in einer bestimmten Epoche setzt bereits die Existenz einer revolutionären Klasse voraus, über deren Voraussetzungen bereits oben das Nötige gesagt ist.

Löst man nun bei der Auffassung des geschichtlichen Verlaufs die Gedanken der herrschenden Klasse von der herrschenden Klasse los, verselbstständigt man sie, bleibt dabei stehen, daß in einer Epoche diese und jene Gedanken geherrscht haben, ohne sich um die Bedingungen der Produktion und um die Produzenten dieser Gedanken zu bekümmern, läßt man also die den Gedanken zu Grunde liegenden Individuen und Weltzustände weg, so kann man zum Beispiel sagen, daß während der Zeit, in der die Aristokratie herrschte, die Begriffe Ehre, Treue etc., während der Herrschaft der Bourgeoisie die Begriffe Freiheit, Gleichheit etc. herrschten. Die herrschende Klasse selbst bildet sich dies im Durchschnitt ein. Diese Geschichtsauffassung, die allen Geschichtschreibern vorzugsweise seit dem achtzehnten Jahrhundert gemeinsam ist, wird notwendig auf das Phänomen stoßen, daß immer abstraktere Gedanken herrschen, das heißt Gedanken, die immer mehr die Form der Allgemeinheit annehmen. Jede neue Klasse nämlich, die sich an die Stelle einer vor ihr herrschenden setzt, ist genötigt, schon um ihren Zweck durchzuführen, ihr Interesse als das gemeinschaftliche Interesse aller Mitglieder der Gesellschaft darzustellen, das heißt ideell ausgedrückt: ihren Gedanken die Form der Allgemeinheit zu geben, sie als die einzig vernünftigen, allgemein gültigen darzustellen. Die revolutionierende Klasse tritt von vorn herein, schon weil sie einer *Klasse* gegenübersteht, nicht als Klasse, sondern als Vertreterin der ganzen Gesellschaft gegenüber der einzigen, herrschenden Klasse. Sie kann dies, weil im Anfange ihr Interesse wirklich noch mehr mit dem gemeinschaftlichen Interesse aller übrigen nichtherrschenden Klassen zusammenhängt, sich unter dem Druck der bisherigen Verhältnisse noch nicht als besonderes Interesse einer besondern Klasse entwickeln konnte. Ihr Sieg nutzt daher auch vielen Individuen der übrigen, nicht zur Herrschaft kommenden Klassen, aber nur insofern, als er diese Individuen jetzt in den Stand setzt, sich in die herrschende Klasse zu erheben. Als die französische Bourgeoisie die Herrschaft der Aristokratie stürzte, machte sie es dadurch vielen Proletariern möglich, sich über das Proletariat zu erheben, aber nur, insofern sie Bourgeois wurden. Jede neue Klasse bringt daher nur auf einer breiteren Basis, als die der bisher herrschenden, ihre Herrschaft zu Stande, wogegen sich dann später auch der Gegensatz der nichtherrschenden gegen die nun herrschende Klasse um so schärfer und tiefer entwickelt. Durch Beides ist bedingt, daß der gegen diese neue herrschende Klasse zu führende Kampf wiederum auf eine entschiedenere, radikalere Negation der bisherigen Gesellschaftszustände hinarbeitet, als alle bisherigen, die Herrschaft erstrebenden Klassen dies tun konnten.

Dieser ganze Schein, als ob die Herrschaft einer bestimmten Klasse nur die Herrschaft gewisser Gedanken sei, hört natürlich von selbst auf, sobald die Herrschaft von Klassen überhaupt aufhört, die Form der gesellschaftlichen Ordnung zu sein, sobald es also nicht mehr nötig ist, ein besonderes Interesse als allgemeines oder »das Allgemeine« als herrschend darzustellen.

Nachdem einmal die herrschenden Gedanken von den herrschenden Individuen und vor allem, von den Verhältnissen, die aus einer gegebnen Stufe der Produktionsweise hervorgehn, getrennt sind und dadurch das Resultat zu Stande gekommen ist, daß in der Geschichte stets Gedanken herrschen, ist es sehr leicht aus diesen verschiedenen Gedanken sich *»den* Gedanken«, die Idee etc. als das in der Geschichte Herrschende zu abstrahieren und damit alle diese einzelnen Gedanken und Begriffe als »Selbstbestimmungen« *des* sich in der Geschichte entwickelnden Begriffs zu fassen. Es ist dann auch natürlich, daß alle Verhältnisse der Menschen aus dem Begriff des Menschen, dem vorgestellten Menschen, dem Wesen des Menschen, *dem* Menschen abgeleitet werden können. Dies hat die spekulative Philosophie getan. Hegel gesteht selbst am Ende der Geschichtsphilosophie, daß er »den Fortgang *des Begriffs* allein betrachtet« und in der Geschichte die »wahrhafte *Theodicee*« dargestellt habe (p. 446). Man kann nun wieder auf die Produzenten »des Begriffs« zurückgehen, auf die Theoretiker, Ideologen und Philosophen, und kommt dann zu dem Resultate, daß die Philosophen, die Denkenden als solche, von jeher in der Geschichte geherrscht haben – ein Resultat, was, wie wir sehen, auch schon von Hegel ausgesprochen wurde. Das ganze Kunststück also in der Geschichte die Oberherrlichkeit des Geistes (Hierarchie bei Stirner) nachzuweisen, beschränkt sich auf folgende drei Efforts.

1. Man muß die Gedanken der aus empirischen Gründen, unter empirischen Bedingungen und als materielle Individuen Herrschenden von diesen Herrschenden trennen und somit die Herrschaft von Gedanken oder Illusionen in der Geschichte anerkennen.

2. Man muß in diese Gedankenherrschaft eine Ordnung bringen, einen mystischen Zusammenhang unter den aufeinanderfolgenden herrschenden Gedanken nachweisen, was dadurch zu Stande gebracht wird, daß man sie als »Selbstbestimmungen des Begriffs« faßt (dies ist deshalb möglich, weil diese Gedanken vermittelst ihrer empirischen Grundlage wirklich mit einander zusammenhängen und weil sie als *bloße* Gedanken gefaßt zu Selbstunterscheidungen, vom Denken gemachten Unterschieden, werden).

3. Um das mystische Aussehen dieses »sich selbst bestimmenden Begriffs« zu beseitigen, verwandelt man ihn in eine Person – »das Selbstbewußtsein« – oder um recht materialistisch zu erscheinen, in eine Reihe von Personen, die »den Begriff« in der Geschichte repräsentieren, in »die Denkenden«, die »Philosophen«, die Ideologen, die nun wieder als die Fabrikanten der Geschichte, als »der Rat der Wächter«, als die Herrschenden gefaßt werden. Hiermit hat man sämtliche materialistischen Ele-

mente aus der Geschichte beseitigt und kann nun seinem spekulativen Roß ruhig die Zügel schießen lassen.

Während im gewöhnlichen Leben jeder Shopkeeper sehr wohl zwischen Dem zu unterscheiden weiß, was Jemand zu sein vorgibt, und dem, was er wirklich ist, so ist unsre Geschichtsschreibung noch nicht zu dieser trivialen Erkenntnis gekommen. Sie glaubt jeder Epoche aufs Wort, was sie von sich selbst sagt und sich einbildet.

Es muß diese Geschichtsmethode, die in Deutschland, und warum vorzüglich, herrschte, entwickelt werden aus dem Zusammenhang mit der Illusion der Ideologen überhaupt, zum Beispiel den Illusionen der Juristen, Politiker (auch der praktischen Staatsmänner darunter), aus den dogmatischen Träumereien und Verdrehungen dieser Kerls, die sich ganz einfach erklärt aus ihrer praktischen Lebensstellung, ihrem Geschäft und der Teilung der Arbeit.

3

Aus dem Vorwort »Zur Kritik der politischen Ökonomie«

... Meine Untersuchung mündete in dem Ergebnis, daß Rechtsverhältnisse wie Staatsformen weder aus sich selbst zu begreifen sind, noch aus der sogenannten allgemeinen Entwicklung des menschlichen Geistes, sondern vielmehr in den materiellen Lebensverhältnissen wurzeln, deren Gesamtheit Hegel, nach dem Vorgang der Engländer und Franzosen des 18. Jahrhunderts, unter dem Namen »bürgerliche Gesellschaft« zusammenfaßt, daß aber die Anatomie der bürgerlichen Gesellschaft in der politischen Ökonomie zu suchen sei. Die Erforschung der letzteren, die ich in Paris begann, setzte ich fort zu Brüssel, wohin ich infolge eines Ausweisungsbefehls des Herrn Guizot übergewandert war. Das allgemeine Resultat, das sich mir ergab, und einmal gewonnen, meinem Studium zum Leitfaden diente, kann kurz so formuliert werden: In der gesellschaftlichen Produktion ihres Lebens gehen die Menschen bestimmte, notwendige, von ihrem Willen unabhängige Verhältnisse ein, Produktionsverhältnisse, die einer bestimmten Entwicklungsstufe ihrer materiellen Produktivkräfte entsprechen. Die Gesamtheit dieser Produktionsverhältnisse bildet die ökonomische Struktur der Gesellschaft, die reale Basis, worauf sich ein juristischer und politischer Überbau erhebt, und welcher bestimmte gesellschaftliche Bewußtseinsformen entsprechen. Die Produktionsweise des materiellen Lebens bedingt den sozialen, politischen und geistigen Lebensprozeß überhaupt. Es ist nicht das Bewußtsein der Menschen, das ihr Sein, sondern umgekehrt ihr gesellschaftliches Sein, das ihr Bewußtsein bestimmt. Auf einer gewissen Stufe ihrer Entwicklung geraten die materiellen Produktivkräfte der Gesellschaft in Widerspruch mit den vorhandenen Produktionsverhältnissen, oder, was nur ein juristischer Ausdruck dafür ist, mit den Eigentumsverhältnissen, innerhalb deren sie sich bisher bewegt hatten. Aus Entwicklungsformen der Produktivkräfte schlagen diese Verhältnisse in Fesseln derselben um. Es tritt dann eine Epoche sozialer Revolution ein. Mit der Veränderung der ökonomischen Grundlage wälzt sich der ganze ungeheure Überbau langsamer oder rascher um. In der Betrachtung solcher Umwälzungen muß man stets unterscheiden zwischen der materiellen naturwissenschaftlich treu zu konstatierenden Umwälzung in den ökonomischen Produktionsbedingungen und den juristischen, politischen, religiösen, künstlerischen oder philosophischen, kurz ideologischen Formen, worin sich die Menschen dieses Konflikts bewußt werden und ihn ausfechten. So wenig man das, was ein Individuum ist, nach dem beurteilt, was es sich selbst dünkt, ebensowenig kann man eine solche Umwälzungsepoche aus ihrem Bewußtsein beurteilen, sondern muß vielmehr dies Bewußtsein aus den Widersprüchen des materiellen Lebens, aus dem vorhandenen Konflikt zwischen gesellschaftlichen Produktivkräften und Produktionsverhältnissen erklären. Eine Gesellschaftsformation geht nie unter, bevor alle Produktivkräfte entwickelt sind, für die sie weit genug ist, und neue höhere Produktionsverhältnisse treten nie an die Stelle, bevor die materiellen Existenzbedingungen derselben im Schoß der alten Gesellschaft selbst ausgebrütet worden sind. Daher stellt sich die Menschheit immer nur Aufgaben, die sie lösen kann, denn genauer betrachtet, wird sich stets finden, daß die Aufgabe selbst nur entspringt, wo die materiellen Bedingungen ihrer Lösungen schon vorhanden oder wenigstens im Prozeß ihres Werdens begriffen sind. In großen Umrissen können asiatische, antike, feudale und modern bürgerliche Produktionsweisen als progressive Epochen der ökonomischen Gesellschaftsformation bezeichnet werden. Die bürgerlichen Produktionsverhältnisse sind die letzte antagonistische Form des gesellschaftlichen Produktionsprozesses, antagonistisch nicht im Sinne von individuellem Antagonismus, sondern eines aus den gesellschaftlichen Lebensbedingungen der Individuen hervorwachsenden Antagonismus, aber die im Schoße der bürgerlichen Gesellschaft sich entwickelnden Produktivkräfte schaffen zugleich die materiellen Bedingungen zur Lösung dieses Antagonismus. Mit dieser Gesellschaftsformation schließt daher die Vorgeschichte der menschlichen Gesellschaft ab.

4

Aus der Einleitung »Zur Kritik der Hegelschen Rechtsphilosophie«

Die Kritik hat die imaginären Blumen an der Kette zerpflückt, nicht damit der Mensch die phantasielose, trostlose Kette trage, sondern damit er die Kette abwerfe und die lebendige Blume breche. Die Kritik der Religion enttäuscht den Menschen, damit er denke, handle, seine Wirklichkeit gestalte wie ein enttäuschter, zu Verstand gekommener Mensch, damit er sich um sich selbst und damit um seine wirkliche Sonne bewege. Die Religion ist nur die illusorische Sonne, die sich um den Menschen bewegt, solange er sich nicht um sich selbst bewegt …

Die Waffe der Kritik kann allerdings die Kritik der Waffen nicht ersetzen, die materielle Gewalt muß gestürzt werden durch materielle Gewalt, allein auch die Theorie wird zur materiellen Gewalt, sobald sie die Massen ergreift. Die Theorie ist fähig, die Massen zu ergreifen, sobald sie *ad hominem* demonstriert, und sie demonstriert *ad hominem*, sobald sie radikal wird. Radikal sein ist die Sache an der Wurzel fassen. Die Wurzel für den Menschen ist aber der Mensch selbst ...

... Die Kritik der Religion endet mit der Lehre, daß der *Mensch das höchste Wesen für den Menschen* sei, also mit dem *kategorischen Imperativ, alle Verhältnisse umzuwerfen,* in denen der Mensch ein erniedrigtes, ein geknechtetes, ein verlassenes, ein verächtliches Wesen ist ... Die Theorie wird in einem Volk immer nur soweit verwirklicht, als sie die Verwirklichung seiner Bedürfnisse ist.

III

Freunde und Familie über Marx

1

Karl Marx
Persönliche Erinnerungen von Paul Lafargue

Er war ein Mann, nehmt alles nur in allem,
ich werde nimmer seinesgleichen sehn.

I.

Es war im Februar 1865, als ich Karl Marx zum ersten Male sah. Die Internationale war am 28. September 1864 in der Versammlung der St. Martin's Hall gegründet worden: ich kam von Paris, um ihm Nachrichten von den Fortschritten zu bringen, welche daselbst die junge Verbindung machte; Herr Tolain, heute Senator der Bourgeois-Republik und einer ihrer Vertreter bei der Berliner Konferenz, hatte mir einen Empfehlungsbrief gegeben.

Ich zählte damals 24 Jahre; mein ganzes Leben lang werde ich den Eindruck nicht vergessen, den jener erste Besuch auf mich machte. – Marx war damals leidend und arbeitete an dem ersten Band des »Kapital«, der erst zwei Jahre später, 1867, erschien; er befürchtete, sein Werk nicht bis zu Ende führen zu können; und er empfing mit Vergnügen junge Leute, denn, sagte er, »ich muß Männer heranbilden, die nach mir die kommunistische Propaganda fortsetzen«.

Karl Marx ist einer jener seltenen Menschen, welche gleichzeitig in der Wissenschaft und der öffentlichen Tätigkeit in erster Linie stehen konnten; er verband sie so innig, daß es unmöglich ist, ihn zu verstehen, wenn man ihn nicht sowohl als Gelehrten wie auch als sozialistischen Kämpfer ins Auge faßt. Wenn er auch der Ansicht war, daß jede Wissenschaft um ihrer selbst willen gepflegt werden solle und daß man bei keiner wissenschaftlichen Forschung sich um ihre eventuellen Konsequenzen kümmern dürfe, so meinte er doch, daß der Gelehrte, wollte er sich nicht selbst herabdrücken, nie aufhören solle, am öffentlichen Leben tätigen Anteil zu nehmen und nicht immer in seiner Stube oder seinem Laboratorium eingeschlossen bleiben dürfe, wie eine Ratte in ihrem Käse, ohne sich ins Leben und in die sozialen und politischen Kämpfe seiner Zeitgenossen zu mengen.

»Die Wissenschaft soll kein egoistisches Vergnügen sein: diejenigen, welche so glücklich sind, sich wissenschaftlichen Zwecken widmen zu können, sollen auch die ersten sein, welche ihre Kenntnisse in den Dienst der Menschheit stellen.« – »Für die Welt arbeiten«, war einer seiner Lieblings-Aussprüche.

Er war nicht durch sentimentale Erwägungen zum kommunistischen Standpunkt gelangt, obgleich er eine tiefe Sympathie für die Leiden der arbeitenden Klassen hegte, sondern durch das Studium der Geschichte und der politischen Ökonomie; er behauptete, daß jeder unparteiische Geist, der nicht von Privatinteressen beeinflußt und nicht durch Klassenvorurteile verblendet sei, unbedingt zu denselben Schlüssen gelangen müsse. Aber wenn er ohne vorgefaßte Meinung die ökonomische und politische Entwicklung der menschlichen Gesellschaft studierte, so schrieb er doch nur mit der entschiedenen Absicht, die Ergebnisse seiner Forschungen zu verbreiten, und mit dem festen und bestimmten Willen, der sozialistischen Bewegung, welche bis zu seiner Zeit in utopistischen Wolken sich verlor, eine wissenschaftliche Grundlage zu geben; öffentlich trat er nur auf, um an dem Triumph der Arbeiterklasse zu arbeiten, deren historische Mission es ist, den Kommunismus herzustellen, sobald sie zur politischen und ökonomischen Führung der Gesellschaft gelangt: sowie die zur Macht gelangte Bourgeoisie die Mission gehabt hat, die feudalen Fesseln zu sprengen, welche die Entwicklung der Landwirtschaft und der Industrie hemmten; den freien Verkehr der Produkte und Menschen, den freien Vertrag zwischen Unternehmern und Arbeitern herzustellen; die Produktions- und Tauschmittel zu zentralisieren und solchermaßen, ohne es gewahr zu werden, die materiellen und intellektuellen Elemente für die kommunistische Gesellschaft der Zukunft vorzubereiten.

Marx beschränkte seine Tätigkeit nicht auf das Land, in dem er geboren war: »Ich bin ein Weltbürger«, sagte er, »und wo ich mich befinde, dort bin ich tätig.« In der Tat, in allen Ländern, wohin ihn die Ereignisse und die politischen Verfolgungen trieben, in Frankreich, Belgien, England, nahm er einen hervorragenden Anteil an den revolutionären Bewegungen, die sich dort entwickelten.

Aber nicht als der unermüdliche und unvergleichliche sozialistische Agitator, sondern als der Gelehrte erschien er mir zuerst in jenem Arbeitszimmer in der Maitland Park Road, wo von allen Richtungen der zivilisierten Welt die Parteigenossen zusammenströmten, um den Meister des sozialistischen Gedankens zu befragen. Dieses Zimmer ist historisch und man muß es kennen, will man in das Marxsche Geistesleben von seiner intimen Seite eindringen. Es war im ersten Stock gelegen und das breite Fenster, durch welches der Raum sein reichliches Licht erhielt, ging in den Park. Zu beiden Seiten des Kamins und dem Fenster gegenüber waren an den Wänden Bücherschränke, die mit Büchern gefüllt und bis zur Decke mit Zeitungspaketen und Manuskripten überladen waren. Gegenüber dem Kamin und an einer Seite des Fensters standen zwei Tische voll mit Papieren, Büchern und Zeitungen; in der Mitte des Raumes und im günstigsten Lichte befand sich der sehr einfache und kleine Arbeitstisch (drei Fuß lang, zwei Fuß breit) und der Lehnstuhl aus Holz; zwischen dem Lehnstuhl und dem Bücherschrank, dem Fenster gegenüber stand ein Ledersofa, auf dem Marx sich von Zeit zu Zeit ausstreckte, um zu ruhen. Auf dem Kamin lagen noch Bücher, dazwischen Zigarren, Zündhölzchen, Tabaksbehälter, Briefbeschwerer, Fotografien seiner Töchter, seiner Frau, Wilhelm Wolfs und Friedrich Engels'. Er war ein starker Raucher: »Das Kapital wird mir nicht einmal so viel einbringen, als mich die Zigarren gekostet, die ich beim Schreiben geraucht«, sagte er mir; aber er war ein noch größerer Zündhölzchenverschwender: er vergaß so oft seiner Pfeife oder Zigarre, daß, um sie immer wieder anzuzünden, die Zündholzschächtelchen in unglaublich kurzer Zeit geleert wurden.

Marx erlaubte niemandem, seine Bücher und Papiere in Ordnung oder eigentlich in Unordnung zu bringen; die herrschende Unordnung war auch nur scheinbar: Alles war eigentlich auf seinem gewünschten Platze und, ohne zu suchen, nahm er immer das Buch oder Heft, dessen er eben bedurfte; selbst während des Plauderns hielt er oft inne, um ein eben erwähntes Zitat oder eine Ziffer im Buche selbst nachzuweisen. Er war eins mit seinem Arbeitszimmer, dessen Bücher und Papiere ihm ebenso gehorchten, wie seine eigenen Glieder.

In der Aufstellung seiner Bücher war keine äußerliche Symmetrie maßgebend: Quart- und Oktav-Bände und Broschüren standen dicht nebeneinander; er ordnete die Bücher nicht nach ihrer Größe, sondern nach ihrem Inhalt. Die Bücher waren ihm geistige Werkzeuge und nicht Luxusgegenstände. »Sie sind meine Sklaven und sollen mir nach meinem Willen dienen.« – Er mißhandelte sie ohne Rücksicht auf ihr Format, ihren Einband, die Schönheit des Papiers oder Druckes; bog die Ecken ein, bedeckte die Ränder mit Bleistiftstrichen und unterstrich ihre Zeilen. Er notierte nichts hinein, doch konnte er sich manchmal ein Ausrufungs- oder Fragezeichen nicht versagen, wenn ein Autor über die Schnur haute. Das Unterstreichungssystem, dessen er sich bediente, erlaubte ihm, mit größter Leichtigkeit die gesuchte Stelle in einem Buche wiederzufinden. Er hatte die Gewohnheit, nach jahrelangen Pausen immer wieder seine Notizbücher und die in seinen Büchern bezeichneten Stellen zu lesen, um sie gut in seinem Gedächtnis zu behalten, das von einer außerordentlichen Schärfe und Genauigkeit war. Nach Hegels Rat hatte er es von Jugend an durch das Auswendiglernen von Versen in einer von ihm nicht gekannten Sprache geschärft.

Heine und Goethe, die er oft im Gespräche zitierte, wußte er auswendig; er las stets Dichter, die er aus allen europäischen Literaturen wählte; jedes Jahr las er Äschylos im griechischen Urtext; ihn und Shakespeare verehrte er als die beiden größten dramatischen Genies, welche die Menschheit hervorgebracht. Shakespeare, für den seine Verehrung unbegrenzt war, hatte er zum Gegenstand eingehendster Studien gemacht; er kannte auch seine geringfügigsten Figuren. In der ganzen Familie wurde mit dem großen englischen Dramatiker ein wahrer Kultus getrieben; seine drei Töchter wußten ihn auswendig. Als er nach dem Jahre 1848 sich in der englischen Sprache, in der er früher schon lesen konnte, vervollkommnen wollte, suchte und ordnete er alle Shakespeare eigentümlichen Ausdrücke; dasselbe tat er mit einem Teil des polemischen Werks von William Cobbett, den er sehr hochschätzte. Dante und Burns gehörten zu seinen Lieblingsdichtern; es machte ihm große Freude, wenn er seine Töchter die Satiren oder Liebesgedichte des schottischen Poeten vortragen oder singen hörte.

Cuvier, ein unermüdlicher Arbeiter und ein Großmeister der Wissenschaft, hatte in dem Museum von Paris, dessen Direktor er war, eine Reihe von Arbeitsgemächern für seinen persönlichen Gebrauch herstellen lassen. Jeder Raum war für eine besondere Art der Beschäftigung bestimmt und enthielt die dazu notwendigen Bücher, Instrumente, anatomischen Behelfe etc. Wenn er sich von einer Arbeit ermüdet fühlte, so trat er in den benachbarten Saal und widmete sich einem anderen Studium; dieser einfache Wechsel in der geistigen Beschäftigung bedeutete, wie man erzählt, für ihn ein Ausruhen. Marx war ein ebenso unermüdlicher Arbeiter wie Cuvier, aber er hatte nicht, wie dieser, die Mittel, sich mehrere Arbeitskabinette einzurichten. Er ruhte aus, indem er im Zimmer auf- und abschritt; von der Tür bis zum Fenster zeigte sich auf dem Teppich ein total abgenützter Streifen, der so scharf begrenzt war wie ein Fußpfad auf einer Wiese. Zuweilen streckte er sich auf das Sofa und las einen Roman; er las bisweilen an zweien bis dreien zugleich, die er abwechselnd vornahm: wie Darwin war auch er ein großer Romanleser. Marx liebte namentlich diejenigen aus dem 18. Jahrhundert und besonders den Tom Jones von Fielding; die modernen französischen Schriftsteller, die ihn am meisten unterhielten, waren Paul de Kock, Charles Lever, Alexander Dumas Vater und Walter Scott – dieses letzteren »Old Mortality« bezeichnete er als ein Meisterwerk. Für abenteuerliche und humoristische Erzählungen zeigte er eine ausgesprochene Liebe. An die Spitze aller Romanciers stellte er Cervantes und Balzac. Don Quixote war für ihn das Epos des aussterbenden Rittertums, dessen Tugenden in der eben entstehenden Bourgeoiswelt zu Lächerlichkeiten und Narreteien wurden. Für Balzac war seine Bewunderung so groß, daß er seine Kritik über dessen großes Werk »La comédie humaine« schreiben wollte, sobald er nur sein ökonomisches Werk vollendet hatte; Balzac war nicht nur der Historiker der Gesellschaft seiner Zeit, sondern auch der Schöpfer prophetischer Gestalten, die unter Louis Philippe sich noch im embryonalen Zustand befanden und erst nach seinem Tode, unter Napoleon III., sich vollständig entwickelten.

Marx las alle europäischen Sprachen und schrieb drei, deutsch, französisch und englisch, zur Bewunderung der dieser Sprachen Kundigen; er wiederholte gern den Ausspruch: »Eine fremde Sprache ist eine Waffe im Kampf des Lebens.« – Er besaß ein großes Sprachtalent, das sich auch auf seine Töchter vererbte. Er war schon 50 Jahre alt, als er noch daranging, russisch zu lernen, und trotzdem diese Sprache in keinem nahen etymologischen Zusammenhang mit den von ihm gekannten alten und modernen Sprachen steht, war er ihrer doch nach sechs Monaten schon so weit mächtig, um sich an der Lektüre der russischen Poeten und Schriftsteller erfreuen zu können, die er besonders schätzte: Puschkin, Gogol und Schtschedrin. Der Grund, weshalb er russisch lernte, war, die Dokumente der offiziellen Untersuchungen, welche die Regierung wegen ihrer schrecklichen Enthüllungen unterdrückte, lesen zu können; ergebene Freunde hatten sie Marx verschafft, der sicher der einzige politische Ökonom Westeuropas ist, zu dessen Kenntnis sie gelangten.

Marx hatte neben den Poeten und Romanciers noch ein anderes, sehr merkwürdiges Mittel, um geistig auszuruhen; das war die Mathematik, für die er besondere Vorliebe hegte. Die Algebra gewährte ihm sogar einen moralischen Trost; zu ihr nahm er seine Zuflucht in den schmerzlichsten Momenten seines bewegten Lebens. Während der letzten Krankheit seiner Frau war es ihm unmöglich, sich in gewohnter Weise mit seinen wissenschaftlichen Arbeiten zu beschäftigen; er konnte dem Druck, den die Leiden seiner Gefährtin auf sein Gemüt ausübten, nur entfliehen, wenn er sich in die Mathematik versenkte. Während dieser Zeit seelischen Schmerzes schrieb er eine Arbeit über die Infinitesimal-Rechnung, die nach den Mitteilungen von Mathematikern, die sie kennen, sehr bedeutend sein soll und in seinen gesammelten Werken veröffentlicht werden wird. In der höheren Mathematik fand er die dialektische Bewegung in ihrer logischsten und zugleich einfachsten Form wieder; seiner Meinung nach war auch eine Wissenschaft erst dann wirklich entwickelt, wenn sie dahin gelangt war, sich der Mathematik bedienen zu können.

Marx' Bibliothek, die mehr als tausend Bände enthielt, welche er im Laufe eines langen Lebens der Forschung sorgfältig gesammelt hatte, genügte ihm nicht, und durch Jahre war er ein eifriger Besucher des Britischen Museums, dessen Katalog er sehr hoch anschlug. Selbst seine Gegner haben sich gezwungen gesehen, sein ausgedehntes und tiefes Wissen anzuerkennen, das er nicht nur in seinem eigenen Fache, der politischen Ökonomie, besaß, sondern auch in der Geschichte, Philosophie und den Literaturen aller Länder.

Obgleich er sich immer erst zu sehr vorgerückter Stunde zu Bett begab, war er doch stets zwischen acht und neun Uhr auf den Beinen, nahm seinen schwarzen Kaffee, durchlas seine Zeitungen und ging dann in sein Arbeitszimmer, wo er bis zwei oder drei Uhr nachts arbeitete. Er unterbrach sich nur, um seine Mahlzeiten einzunehmen und des Abends, wenn es das Wetter erlaubte, einen Spaziergang nach Hampstead Heath zu machen; unter Tags schlief er eine oder zwei Stunden auf seinem Kanapee. In seiner Jugend hatte er die Gewohnheit, ganze Nächte bei der Arbeit zu durchwachen. – Das Arbeiten war bei Marx zur Leidenschaft geworden; es absorbierte ihn so, daß er oft des Essens darüber vergaß. Zu den Mahlzeiten mußte man ihn nicht selten wiederholt rufen, bis er in das Speisezimmer herunterkam; und kaum hatte er den letzten Bissen gegessen, als er schon wieder sein Zimmer aufsuchte. Er war ein sehr schwacher Esser und litt sogar an Appetitlosigkeit, die er durch den Genuß von scharf gesalzenen Speisen, Schinken, geräucherten Fischen, Kaviar und Pickles zu bekämpfen suchte. Sein Magen mußte für die kolossale Gehirntätigkeit büßen. Seinen ganzen Körper opferte er seinem Gehirn auf: das Denken war ihm höchster Genuß. Oft habe ich ihn den Ausspruch Hegels, des Meisters der Philosophie seiner Jugend, wiederholen gehört: »Selbst der verbrecherische Gedanke eines Bösewichts ist großartiger und erhabener als die Wunder des Himmels.«

Sein Körper mußte wohl von kräftiger Konstitution sein, um dieser ungewöhnlichen Lebensweise und dieser erschöpfenden geistigen Arbeit gewachsen zu sein. Er war auch in der Tat sehr kräftig, seine Größe ging über das Mittelmaß, die Schultern waren breit, die Brust gut entwickelt, die Glieder wohl proportioniert, obgleich die Wirbelsäule im Vergleich zu den Beinen etwas zu lang war, wie dies bei der jüdischen Rasse häufig zu finden ist. Hätte er in seiner Jugend viel Gymnastik getrieben, so wäre er ein äußerst kräftiger Mensch geworden. Die einzige Leibesübung, die er regelmäßig betrieben hatte, war das Gehen; er konnte stundenlang plaudernd und rauchend marschieren oder Hügel ersteigen, ohne die geringste Müdigkeit zu verspüren. Man kann behaupten, daß er in seinem Kabinett gehend arbeitete; er setzte sich nur in kurzen Zwischenräumen nieder, um das, was er während des Gehens ausgedacht, niederzuschreiben. Er liebte es auch sehr, im Gehen zu plaudern, indem er von Zeit zu Zeit stehen blieb, wenn die Erörterung lebhaft oder das Gespräch wichtig wurde.

Jahre hindurch begleitete ich ihn auf seinen abendlichen Spaziergängen nach Hampstead Heath; bei diesen Gängen durch die Wiesen erhielt ich durch ihn meine ökonomische Erziehung. Ohne es selbst zu bemerken, entwickelte er vor mir den Inhalt des ganzen ersten Bandes des »Kapital«, nach und nach, in dem Maße, wie er ihn damals schrieb. Immer, wenn ich heimgekehrt war, schrieb ich, so gut ich konnte, das eben Gehörte nieder; im Anfange war es mir sehr schwer, dem tiefen und verwickelten Gedankengange von Marx zu folgen. Leider verlor ich diese kostbaren Notizen; nach der Kommune hat die Polizei meine Papiere in Paris und Bordeaux geplündert und gebrandschatzt. Hauptsächlich bedaure ich den Verlust jener Notizen, die ich mir an jenem Abend machte, als Marx mir mit jener Fülle von Beweisen und Reflexionen, die nur ihm eigen war, seine geniale Theorie von der Entwicklung der menschlichen Gesellschaft dargelegt hatte. Es war, als zerrisse ein Schleier vor meinen Augen; zum ersten Mal empfand ich klar die Logik der Weltgeschichte und konnte ich die dem Anscheine nach so widerspruchsvollen Erscheinungen der Entwicklung der Gesellschaft und der Ideen auf ihre materiellen Ursachen zurückführen. Ich war davon wie geblendet und jahrelang blieb mir dieser Eindruck. Dieselbe Wirkung hatte es auf die Madrider Sozialisten, als ich ihnen mit meinen schwachen Mitteln diese Theorie entwickelte, die großartigste der Marxschen Theorien und zweifellos eine der großartigsten überhaupt, die das menschliche Gehirn je erdacht.

Marx' Gehirn war mit einer unglaublichen Menge von historischen und naturwissenschaftlichen Tatsachen und philosophischen Theorien gewappnet und er verstand es ausgezeichnet, sich aller dieser in langer geistiger Arbeit gesammelten Kenntnisse und Beobachtungen zu bedienen. Man konnte ihn wann immer und über was immer für einen Gegenstand befragen und man erhielt die ausreichendste Antwort, die man wünschen konnte, und sie war immer von philosophischen Reflexionen von allgemeiner Bedeutung begleitet. Sein Gehirn glich einem Kriegsschiff, das unter Dampf im Hafen liegt; es war stets bereit, nach allen Richtungen des Denkens auszufahren. Sicherlich enthüllt uns das »Kapital« einen Geist von erstaunlicher Kraft und hohem Wissen; aber für mich wie für alle, die Marx nahe gekannt haben, zeigt weder das »Kapital« noch eine andere seiner Schriften die ganze Größe seines Genies und seines Wissens. Er stand hoch über seinen Werken.

Ich habe mit Marx gearbeitet; ich war nur der Schreiber, dem er diktierte; aber ich hatte dabei Gelegenheit, seine Art, zu denken und schreiben, zu beobachten. Die Arbeit ging ihm leicht und doch wieder schwer vonstatten: leicht, da die das jeweilige Thema betreffenden Tatsachen und Reflexionen beim ersten Anstoß sofort in Fülle vor sein geistiges Auge traten; aber diese Fülle machte die vollständige Darlegung seiner Ideen langwierig und schwierig.

Vico sagte, »das Ding ist nur ein Körper für Gott, der alles weiß; für den Menschen, der nur die Äußerlichkeiten erkennt, ist es bloß eine Oberfläche«. Marx erfaßte die Dinge nach der

Art des Gottes Vicos; er sah nicht bloß die Oberfläche, er drang ins Innere ein, er untersuchte alle Bestandteile in ihren Wirkungen und Rückwirkungen aufeinander; er isolierte jeden dieser Teile und verfolgte die Geschichte seiner Entwicklung. Dann ging er vom Ding auf seine Umgebung über und beobachtete die Wirkungen der letzteren auf das erstere und umgekehrt; er ging zurück auf die Entstehung des Objekts, auf die Wandlungen, Evolutionen und Revolutionen, die es durchgemacht und drang schließlich bis zu seinen entferntesten Wirkungen vor. Er sah nicht ein einzelnes Ding für sich und an sich, ohne Zusammenhang mit seiner Umgebung, sondern eine ganze komplizierte, in steter Bewegung begriffene Welt; und Marx wollte das ganze Leben dieser Welt wiedergeben in seinen so mannigfachen und ununterbrochen wechselnden Wirkungen und Rückwirkungen. Die Belletristen der Schule von Flaubert und Goncourt klagen, wie schwer es sei, das genau wiederzugeben, was man sehe; und doch ist das, was sie wiedergeben wollen, nur die Oberfläche, von der Vico spricht, der Eindruck, den sie empfangen; ihre literarische Arbeit ist Spielerei verglichen mit der von Marx; es bedurfte einer außergewöhnlichen Denkkraft, die Wirklichkeit zu erfassen, und einer nicht minder ungewöhnlichen Kunst, wiederzugeben, was er sah und gesehen haben wollte. Niemals war er mit seiner Arbeit zufrieden, immer wieder änderte er daran, und stets fand er, daß die Darstellung hinter der Vorstellung zurückbleibe ...

Marx vereinigte die beiden Eigenschaften des genialen Denkers. Er verstand es unvergleichlich, einen Gegenstand in seine Bestandteile zu zerlegen, und war ein Meister darin, den zerlegten Gegenstand mit allen seinen Details und seinen verschiedenen Formen der Entwicklung wiederherzustellen, und deren inneren Zusammenhänge zu entdecken. Seine Beweisführung galt nicht Abstraktionen, wie Ökonomen ihm vorgeworfen haben, die unfähig sind, zu denken; er wandte nicht die Methode der Geometer an, die, nachdem sie ihre Definitionen der sie umgebenden Welt entnommen, bei der Ziehung der Konsequenzen von der Wirklichkeit gänzlich absehen. Man findet im »Kapital« nicht eine einzige Definition, nicht eine einzige Formel, sondern eine Reihe von Analysen von höchster Feinheit, die die flüchtigsten Nuancen und die unmerklichsten Gradunterschiede hervortreten lassen. Er beginnt mit der Konstatierung der offenbaren Tatsache, daß der Reichtum der Gesellschaften, in welchen kapitalistische

Produktionsweise herrscht, als eine ungeheure Warensammlung erscheint: die Ware, etwas Konkretes, keine mathematische Abstraktion, ist also das Element, die Zelle des kapitalistischen Reichtums. Marx hält nun die Ware fest, dreht und wendet sie nach allen Seiten, kehrt das Innere nach außen und entlockt ihr eines ihrer Geheimnisse nach dem andern, von denen die offiziellen Ökonomen nicht einmal eine Ahnung gehabt, und die doch zahlreicher und tiefer sind als die Mysterien der katholischen Religion. Nachdem er die Ware von allen Seiten untersucht, betrachtet er sie in ihren Beziehungen zu ihresgleichen, im Tausch; dann geht er über zu ihrer Produktion und zu den historischen Vorbedingungen ihrer Produktion. Er betrachtet die Erscheinungsformen der Ware und zeigt, wie sie aus einer Form in die andere übergeht, wie eine notwendigerweise die andere erzeugt. Die logische Entwicklungsreihe der Phänomene ist mit so vollendeter Kunst dargestellt, daß man glauben könnte, Marx habe sie erfunden; und doch entstammt sie der Wirklichkeit und ist eine Wiedergabe der tatsächlichen Dialektik der Ware.

Marx arbeitete stets mit der äußersten Gewissenhaftigkeit: er gab keine Tatsache oder Zahl, die sich nicht auf die besten Autoritäten stützen konnte. Er begnügte sich nicht mit Mitteilungen aus zweiter Hand; er ging stets an die Quelle selbst, so mühsam es auch sein mochte; er konnte um einer untergeordneten Tatsache willen ins Britische Museum eilen, um sich aus den dortigen Büchern darüber zu vergewissern. Seine Kritiker sind auch nie im Stande gewesen, ihn auf einer Unachtsamkeit zu ertappen oder ihm nachzuweisen, daß er seine Beweisführung auf Tatsachen stütze, die keine strenge Prüfung vertrügen. Diese Gewohnheit, zu den Quellen selbst aufzusteigen, hatte ihn dahin gebracht, die am wenigsten bekannten Schriftsteller zu lesen, die von ihm allein zitiert wurden. Das »Kapital« enthält eine solche Menge von Zitaten aus unbekannten Schriftstellern, daß man meinen könnte, das geschehe, um mit der Belesenheit zu prahlen. Marx dachte anders darüber: »Ich übe historische Gerechtigkeit; ich gebe jedem, was ihm gebührt«, sagte er. Er hielt es für seine Pflicht, den Schriftsteller zu nennen, wie unbedeutend und ungekannt derselbe auch sein mochte, der eine Idee zum ersten Male geäußert oder bei dem sie ihren exaktesten Ausdruck gefunden.

Sein literarisches Gewissen war ebenso streng wie sein wissenschaftliches. Er hätte sich nicht nur nie auf eine Tatsache berufen, deren er nicht ganz sicher war, er erlaubte sich nicht einmal, über einen Gegenstand zu sprechen, ehe er ihn gründlich studiert hatte. Er veröffentlichte nichts, das er nicht wiederholt umgearbeitet hätte, bis es die ihm entsprechende Form gefunden hatte. Er konnte den Gedanken nicht ertragen, unvollständig vor dem Publikum zu erscheinen. Es wäre ihm eine Marter gewesen, seine Manuskripte zu zeigen, ehe er den letzten Strich daran getan. So stark war das Gefühl bei ihm, daß er mir eines Tages sagte, er würde lieber seine Manuskripte verbrennen, als sie unvollendet hinterlassen.

Seine Arbeitsmethode stellte ihm oft Aufgaben, deren Größe der Leser seiner Schriften sich kaum vorstellt. So hatte er, um die ungefähr zwanzig Seiten im »Kapital« über die englische Arbeiterschutzgesetzgebung zu schreiben, eine ganze Bibliothek von Blaubüchern durchgearbeitet, die die Berichte der Untersuchungskommissionen und der Fabrikinspektoren von England und Schottland enthielten; er las sie von Anfang bis zum Ende, wie die zahlreichen Bleistiftstriche bezeugen, die er darin anbrachte. Er zählt diese Berichte zu den wichtigsten und bedeutendsten Dokumenten zum Studium der kapitalistischen Produktionsweise und hegte eine so hohe Meinung von den Männern, die damit betraut waren, daß er zweifelte, ob es gelänge, in einer anderen Nation Europas »ebenso sachverständige, unparteiische und rücksichtslose Männer zu finden, wie die Fabrikinspektoren Englands sind«. Er hat ihnen diese glänzende Anerkennung in dem Vorwort zu seinem »Kapital« gezollt.

Marx schöpfte ein reiches Tatsachenmaterial aus diesen Blaubüchern, die viele Mitglieder des Unterhauses wie des Hauses der Lords, an die sie verteilt werden, nur als Scheiben benutzen, auf die man schießt, um nach der Zahl der Seiten, die das Geschoß durchdringt, die Perkussionskraft der Waffe zu messen. Die anderen verkaufen sie nach dem Gewicht; und das ist das Gescheiteste, was sie tun können; denn dieser Usus ermöglichte es Marx, sie bei einem Händler mit altem Papier in Long-Acre billig zu kaufen, zu dem er sich von Zeit zu Zeit begab, um dessen Bücher und Papierabfall zu mustern. Professor Beesly erklärte, Marx sei der Mann gewesen, der die offiziellen Enqueten Englands am meisten verwertet, ja, der sie der Welt bekannt gemacht habe. Professor Beesly wußte jedoch nicht, daß vor 1845 Engels den Blaubüchern zahlreiche Dokumente entnommen hatte, die er bei der Abfassung seine Buches über die Lage der arbeitenden Klasse in England verwendete.

II.

Um das Herz kennen und lieben zu lernen, das unter der Hülle des Gelehrten schlug, mußte man Marx, wenn er seine Bücher und Hefte zugeschlagen hatte, im Schoße seiner Familie und sonntagabends im Kreise seiner Freunde sehen. Er erwies sich dann als der angenehmste Gesellschafter, voll Humor und Witz, der so recht von Herzen lachen konnte. Seine schwarzen, von dichten Brauen überwölbten Augen funkelten vor Freude und spöttischer Ironie, wenn er ein witziges Wort oder eine schlagfertige Antwort hörte.

Er war ein zärtlicher, sanfter und nachsichtiger Vater. »Die Kinder müssen die Eltern erziehen«, pflegte er zu sagen. Nie hat sich in dem Verhältnis zwischen ihm und seinen Töchtern, welche ihn ungemein liebten, auch nur ein Schatten väterlicher Autorität geltend gemacht. Er befahl ihnen nie, sondern bat sie um das Gewünschte wie um eine Gefälligkeit, oder er legte ihnen nahe, das zu unterlassen, was er verbieten wollte. Und doch dürfte nur selten ein Vater mehr Gehör gefunden haben als er. Seine Töchter betrachteten ihn als ihren Freund und gingen mit ihm wie mit einem Kameraden um; sie nannten ihn nicht »Vater« sondern »Mohr«, ein Spitzname, den er wegen seines brünetten Teints und seines ebenholzschwarzen Haupt- und Barthaares erhalten. Dagegen nannten ihn die Mitglieder des Kommunistenbundes vor 1848 »Vater Marx«, obgleich er damals noch nicht sein dreißigstes Lebensjahr erreicht hatte.

Er brachte stundenlang damit zu, mit seinen Kindern zu spielen. Diese erinnern sich noch jetzt der Seeschlachten und Brände ganzer Flotten von Papierschiffchen, welche er für sie fabrizierte, und die er dann zu ihrem hellen Jubel in einem großen Wassereimer den Flammen überlieferte. Sonntags ließen seine Töchter nicht zu, daß er arbeitete, er gehörte ihnen dann für den ganzen Tag. Bei schönem Wetter brach die ganze Familie zu einem langen Spaziergang über Land auf, unterwegs wurde in einfachen Schenken haltgemacht, um Ingwerbier zu trinken und Brot mit Käse zu verspeisen. Als seine Töchter noch klein waren, verkürzte er ihnen den langen Weg, indem er ihnen nicht enden wollende fantastische Feenmärchen erzählte, die er beim Gehen erfand, und deren Verwicklungen er der Länge des Weges entsprechend weiterspann und steigerte, so daß die Kleinen über dem Zuhören ihre Müdigkeit vergaßen. Marx besaß eine unvergleichlich reiche poetische Fantasie; seine literarischen Erstlingswerke waren Poesien. Frau Marx bewahrte sorgfältig die Jugendverse ihres Mannes auf, zeigte dieselben jedoch niemand. Die Familie Marx' hatte für ihren Sohn die Laufbahn eines Literaten oder Professors erträumt, ihres Erachtens erniedrigte er sich dadurch, daß er sich der sozialistischen Agitation hingab und sich mit der damals in Deutschland noch geringgeschätzten Nationalökonomie beschäftigte. – Marx hatte seinen Töchtern versprochen, für sie ein Drama zu schreiben, dessen Sujet die *Gracchen* sein sollten. Leider konnte er sein ihnen gegebenes Wort nicht halten: es wäre interessant gewesen, zu sehen wie der, den man den »Ritter des Klassenkampfs« genannt, diese furchtbare und großartige Episode aus dem Klassenkampf der antiken Welt behandelt hätte. Marx trug sich mit vielen Plänen, die nicht verwirklicht worden sind. Er beabsichtigte unter anderem eine Logik und eine Geschichte der Philosophie zu schreiben, welch letztere in der Jugendzeit sein Lieblingsstudium gewesen war. Er hätte hundert Jahre leben müssen, um seine schriftstellerischen Pläne ausführen und die Welt mit einem Teil der Schätze beschenken zu können, die sein Gehirn barg.

Sein ganzes Leben hindurch war ihm seine Frau eine Gefährtin im wahrsten und vollsten Sinne des Wortes. Beide hatten sich als Kinder kennengelernt und waren miteinander aufgewachsen. Marx zählte nicht mehr als 17 Jahre, als er sich verlobte. Die jungen Leute warteten neun Jahre, ehe sie sich 1843 verheirateten, und von da an haben sie sich nie mehr getrennt. Frau Marx ist kurze Zeit vor ihrem Manne gestorben. Niemand hat je in höherem Maße das Gefühl der Gleichheit besessen als Frau Marx, und dies obgleich sie in einer deutschen Aristokratenfamilie geboren und erzogen war. Für sie existierten keine sozialen Unterschiede und Klassifikationen. In ihrem Hause, an ihrem Tische empfing sie Arbeiter im Werktagsanzuge mit der nämlichen Höflichkeit und Zuvorkommenheit, als ob es Fürsten und Prinzen gewesen wären. Viele Arbeiter aller Länder haben ihre liebenswürdige Gastfreundschaft kennengelernt, und ich bin überzeugt, keiner von ihnen allen hat vermutet, daß die Frau, welche sie mit so schlichter und ungeheuchelter Herzlichkeit aufnahm, in weiblicher Linie von der Familie der Herzoge von Argyll abstammte, und daß ihr Bruder Minister des Königs von Preußen gewesen war. Frau Marx kümmerte das nicht, sie hatte alles verlassen, um ihrem Karl zu folgen und nie, sogar in Zeiten harter Not nicht, bedauerte sie, was sie getan hatte.

Sie besaß einen heiteren und glänzenden Geist. Die an ihre Freunde gerichteten Briefe, welche ihr mühe- und zwanglos nur so aus der Feder flossen, sind wahrhaft meisterliche Leistungen eines lebhaften und originalen Geistes. Es galt für ein Fest, einen Brief von Frau Marx zu erhalten. Johann Philipp Becker hat mehrere von ihnen veröffentlicht. Heine, der unerbittliche Satiriker, fürchtete Marx' Spott, aber er hegte eine große Bewunderung für den scharfen und feinfühlenden Geist von dessen Frau; als sich das Ehepaar Marx in Paris aufhielt, war er ein fleißiger Gast in dessen Hause. Marx hatte so hohe Achtung vor der Intelligenz und dem kritischen Sinn seiner Frau, daß er mir 1866 sagte, er habe ihr alle seine Manuskripte mitgeteilt, und er lege großen Wert auf ihr Urteil. Frau Marx schrieb die Manuskripte ihres Mannes für den Druck ab.

Frau Marx hat viele Kinder gehabt. Drei davon starben in zartem Alter, in der Periode der Entbehrungen, welche die Familie nach der Revolution im Jahre 1848 durchzumachen hatte, als sie, nach London geflüchtet, in zwei kleinen Zimmerchen der Deanstreet, Sohosquare, lebte. Ich habe nur die drei Töchter der Familie kennengelernt. Als ich 1865 bei Marx eingeführt wurde, war die jüngste, die jetzige Frau Aveling, ein reizendes Kind mit dem Charakter eines Knaben. Marx behauptete, seine Frau habe sich im Geschlecht geirrt, als sie dieselbe als Mädchen zur Welt gebracht. Die beiden anderen Töchter bildeten den reizendsten und harmonischsten Gegensatz, den man bewundern konnte. Die älteste, Frau Longuet, hatte wie der Vater einen brünetten, kräftigen Teint, schwarze Augen und rabenschwarzes Haar; die jüngere, Frau Lafargue, war blond und rosig, ihr üppiges krauses Haar glänzte goldig, als ob sich die untergehende Sonne hineingebettet hätte; sie ähnelte ihrer Mutter.

Neben den Genannten zählte die Familie Marx noch ein wichtiges Glied: Fräulein *Helene Demuth*. In einer Bauernfamilie geboren, war sie noch ganz jung, fast ein Kind, lange vor der Verheiratung der Frau Marx, als Dienstmädchen zu ihr gekommen. Als sich dieselbe verheiratete, verließ Helene sie nicht, sie widmete sich vielmehr der Familie Marx mit einer solchen Hingabe, daß sie sich selbst völlig vergaß. Sie begleitete Frau Marx und deren Mann auf all ihren Reisen durch Europa und teilte ihre Ausweisungen. Sie war der praktische Hausgeist, der sich in den schwierigsten Lebenslagen zurechtzufinden wußte. Ihrem Ordnungssinn, ihrer Sparsamkeit, ihrem Geschick ist es zu verdanken, daß die Familie wenigstens das Allernötigste nie zu entbehren hatte. Sie verstand alles: sie kochte und besorgte das Hauswesen, sie kleidete die Kinder an und schnitt die Kleidungsstücke zu, welche sie zusammen mit Frau Marx nähte. Sie war gleichzeitig Wirtschafterin und Majordomus des Hauses, das sie leitete. Die Kinder liebten sie wie eine Mutter, und sie besaß über diese eine mütterliche Autorität, weil sie eine mütterliche Zuneigung für sie empfand. Frau Marx betrachtete Helene wie eine intime Freundin, und Marx hegte für sie eine besondere Freundschaft; er spielte Schach mit ihr, und es geschah oft, daß er die Partie verlor. Helenes Liebe für die Familie Marx war blind; alles was die Marxens taten, war gut und konnte nicht anders als gut sein; wer Marx kritisierte, der hatte es mit ihr zu tun. Jeden, der in den vertraulichen Umgang der Familie gezogen worden, nahm sie unter ihre mütterliche Protektion. Sie hatte sozusagen die ganze Familie Marx adoptiert. Fräulein Helene hat Marx und seine Frau überlebt, ihre Sorgfalt hat sie jetzt auf Engels' Haus übertragen, den sie in der Jugend kennenlernte, und auf welchen sie die Zuneigung erstreckte, die sie für die Marxsche Familie hegte.

Übrigens war Engels sozusagen auch ein Familienglied: Marx' Töchter nannten ihn ihren zweiten Vater, er war der *alter ego* von Marx; längere Zeit hindurch trennte man in Deutschland nie ihre beiden Namen, welche die Geschichte für immer vereint auf ihren Blättern verzeichnen wird. Marx und Engels haben in unserem Jahrhundert das Ideal der Freundschaft verwirklicht, das die antiken Dichter malen. Von Jugend auf haben sie sich zusammen und parallel entwickelt in der innigsten Gemeinschaft der Ideen und Gefühle gelebt, an der gleichen revolutionären Agitation teilgenommen, und so lange als sie vereint bleiben konnten, haben sie auch zusammen gearbeitet. Wahrscheinlich hätten sie ihr ganzes Leben lang weiter zusammen gewirkt, wenn nicht die Ereignisse sie gezwungen, ungefähr zwanzig Jahre lang getrennt zu leben. Nach der Niederlage der Revolution von 1848 mußte Engels nach Manchester gehen, während Marx gezwungen war, in London zu bleiben. Sie fuhren dennoch fort, ihr gemeinsames Geistesleben fortzuleben, indem sie sich fast täglich ihre Ansichten über die politischen und wissenschaftlichen Tagesereignisse sowie ihre geistigen Arbeiten brieflich mitteilten. Sowie sich

Engels von seiner Arbeit freimachen konnte, beeilte er sich, Manchester zu verlassen und sein Heim in London aufzuschlagen, wo er sich nur zehn Minuten entfernt von seinem teuren Marx niederließ. Von 1870 an bis zum Tode seines Freundes ist nicht ein Tag verstrichen, an dem sich die beiden Männer nicht bald bei dem einen, bald bei dem anderen gesehen hätten.

Es war ein Fest für die Familie Marx, wenn Engels anzeigte, daß er von Manchester herüberkommen werde. Man sprach lange im voraus von seinem bevorstehenden Besuch, und am Tage seiner Ankunft ward Marx so ungeduldig, daß er nicht arbeiten konnte. Die beiden Freunde saßen dann rauchend und trinkend die ganze Nacht zusammen, um alle seit ihrem letzten Beisammensein vorgefallenen Ereignisse durchzusprechen.

Engels' Meinung stellte Marx höher als jede andere, denn Engels war der Mann, den er für fähig hielt, sein Mitarbeiter zu sein. Engels war für ihn ein ganzes Publikum; um ihn zu überzeugen, um ihn für eine seiner Ideen zu gewinnen, war für Marx keine Arbeit zu groß. Ich habe zum Beispiel gesehen, daß er ganze Bände von neuem durchlas, um die Tatsachen wieder aufzufinden, deren er bedurfte, um eine Ansicht von Engels über irgend welchen, mir nicht erinnerlichen, nebensächlichen Punkt des politischen und religiösen Kriegs der Albigenser zu ändern. Engels' Meinung zu gewinnen war ihm ein Triumph.

Marx war stolz auf Engels. Er zählte mir mit Genugtuung alle moralischen und geistigen Vorzüge seines Freundes auf, er reiste mit mir eigens nach Manchester, um ihn mir zu zeigen. Er bewunderte die außerordentliche Vielseitigkeit seiner wissenschaftlichen Kenntnisse, er beunruhigte sich wegen der geringsten Ereignisse, die ihn betreffen konnten. »Ich zittere stets«, sagte er mir, »daß ihm ein Unglück auf einer der Hetzjagden zustoße, an denen er sich, mit verhängtem Zügel durch die Felder galoppierend und alle Hindernisse nehmend, mit Leidenschaft beteiligt.«

Marx war ein ebenso guter Freund als zärtlicher Gatte und Vater, aber er fand auch in seiner Frau, seinen Töchtern, in Helene und Engels Wesen, welche verdienten, von einem Manne wie er geliebt zu werden.

III.

Marx, welcher damit begonnen hatte einer der Führer der radikalen Bourgeoisie zu sein, sah sich verlassen, sobald seine

Opposition zu entschieden wurde, und er ward als Feind behandelt sobald er Sozialist geworden. Gehetzt und aus Deutschland ausgewiesen, nachdem man ihn beschimpft und verleumdet hatte, organisierte man gegen seine Person und seine Arbeiten eine Verschwörung des Totschweigens. *»Der achtzehnte Brumaire«*, welcher beweist, daß von allen Geschichtsschreibern und Politikern des Jahres 1848 Marx der einzige ist, welcher den wahren Charakter der Ursachen und Folgen des Staatsstreichs vom 2. Dezember 1851 verstand und klarlegte, ward völlig ignoriert. Nicht eine einzige bürgerliche Zeitung erwähnte das Werk, trotz seiner Aktualität. *»Das Elend der Philosophie«*, eine Antwort auf die Philosophie des Elends, ebenso wie *»Zur Kritik der Politischen Ökonomie«*, wurden gleichfalls ignoriert. Allein die »Internationale« und die ersten Bände des *»Kapital«* brachen diese Verschwörung des Totschweigens, die gegen fünfzehn Jahre gedauert hatte. Es war nicht länger möglich, Marx zu ignorieren; die »Internationale« wuchs und erfüllte die Welt mit dem Ruf ihrer Taten. Obgleich sich Marx im Hintergrund hielt, andere handeln ließ, entdeckte man bald, wer der Regisseur war; in Deutschland ward die Sozialdemokratische Partei gegründet und erstarkte zu einer Kraft, um welche Bismarck warb, ehe er sie angriff. Der Lassalleaner Schweitzer veröffentlichte eine Reihe von Artikeln, welche Marx sehr beachtenswert fand, und die das Arbeiterpublikum mit dem *»Kapital«* bekanntmachten. Der Kongreß der »Internationale« faßte auf Antrag J. Ph. Beckers hin den Beschluß, die Aufmerksamkeit der internationalen Sozialisten auf das Werk als auf *die Bibel der Arbeiterklasse* zu lenken.

Nach dem Aufstand des 18. März 1871, in welchem man die Hand der Internationale sehen wollte, und nach der Niederlage der Kommune, deren Verteidigung der Generalrat der Internationale gegen die entfesselte Bourgeoisiepresse aller Länder ergriff, ward der Name Marx weltberühmt; Marx ward nun als der unwiderlegbare Theoretiker des wissenschaftlichen Sozialismus und als Organisator der ersten internationalen Arbeiterbewegung anerkannt. Das *»Kapital«* wurde zum Lehrbuch der Sozialisten aller Länder, alle sozialistischen und Arbeiterzeitungen popularisierten seine gelehrten Theorien, und in Amerika, während eines großen, in New York stattfindenden Streiks, veröffentlichte man Stellen aus dem Werk in der Form von Flugblättern, um die Arbeiter zum Aushalten anzufeuern und ihnen die Berechtigung ihrer Forderungen zu beweisen. Das *»Kapital«*

wurde in die Hauptsprachen Europas, ins Russische, Französische, Englische übersetzt; es erschienen Auszüge daraus in deutscher, italienischer, französischer, spanischer und holländischer Sprache. Und so oft in Europa oder Amerika Gegner den Versuch machten, seine Theorien zu widerlegen, so fanden die Ökonomen sofort eine sozialistische Antwort, die ihnen den Mund stopfte. Das *»Kapital«* ist heutzutage in Wahrheit geworden, was der Kongreß der »Internationale« es genannt, die *Bibel der Arbeiterklasse.*

Allein der tätige Anteil, den Marx an der internationalen sozialistischen Bewegung nehmen mußte, ließ seine wissenschaftlichen Arbeiten zu kurz kommen. Der Tod seiner Frau und seiner ältesten Tochter, Frau Longuet, sollte geradezu verhängnisvoll für dieselben werden.

Marx war mit seiner Frau durch das Gefühl tiefer Anhänglichkeit aufs innigste verbunden; ihre Schönheit war seine Freude und sein Stolz gewesen, die Sanftmut und Hingebung ihres Charakters hatten ihn das mit seinem bewegten Leben als revolutionärer Sozialist unvermeidlich verknüpfte Elend leichter ertragen lassen. Das Leiden, welches Frau Marx ins Grab brachte, sollte auch die Lebenstage ihres Gatten verkürzen. Während ihrer langen und schmerzhaften Krankheit zog sich Marx, geistig infolge der Aufregungen ermattet, körperlich infolge von Schlaflosigkeit, Mangel an Bewegung und frischer Luft erschöpft, die Lungenentzündung zu, die ihn hinwegraffen wollte.

Frau Marx starb am 2. Dezember 1881 wie sie gelebt hatte, als Kommunistin und Materialistin. Der Tod hatte keine Schrekken für sie. Als sie fühlte, daß der Moment der Auflösung gekommen, rief sie aus: »Karl, meine Kräfte sind gebrochen.« Dies waren ihre letzten, deutlich vernehmbaren Worte. Sie wurde am 5. Dezember auf dem Friedhof zu Highgate in der Abteilung der »Verdammten« (unconsecrated ground = in ungeweihter Erde) bestattet. Entsprechend den Gewohnheiten ihres ganzen Lebens und dessen von Marx, hatte man sorgfältig vermieden, das Begräbnis zu einem öffentlichen zu gestalten, nur einige intime Freunde begleiteten die Verstorbene zu ihrer letzten Ruhestätte. Ehe man auseinanderging hielt Marx' alter Freund, Friedrich Engels, am Rande des Grabes eine kurze Ansprache.

Nach dem Tode seiner Frau war Marx' Leben nur noch eine Kette stoisch ertragener physischer und moralischer Leiden, die sich noch verschärften, als ein Jahr darauf auch seine älteste

Tochter, Frau Longuet, plötzlich starb. Er war gebrochen und erholte sich nicht wieder. Er entschlummerte, vor seinem Arbeitstisch sitzend, am 14. März 1883, in seinem siebenundsechzigsten Jahre.*)

2

Jenny Marx an Joseph Weydemeyer

London, den 20. Mai 1851

Lieber Herr Weydemeyer!

Bald ist ein Jahr verflossen, seit ich bei Ihnen und Ihrer lieben Frau eine so freundliche Aufnahme fand, seit ich mich in Ihrem Hause so heimisch und wohl fühlte, und in der ganzen langen Zeit habe ich kein Lebenszeichen von mir gegeben. Ich schwieg, als Ihre Frau mir so freundlich schrieb, ich blieb selbst stumm, als wir die Kunde von der Geburt Ihres Kindes erhielten. Dies Verstummen hat mich oft selbst gedrückt, aber ich war meistens unfähig zu schreiben, und selbst heute noch wird es mir sehr schwer.

Allein die Verhältnisse zwingen mir die Feder in die Hand – ich bitte Sie, uns die von der Revue eingegangenen oder eingehenden Gelder so bald als möglich zu schicken. Wir haben sie sehr, sehr nötig. Es kann uns sicher niemand nachsagen, daß wir je viel Wesens von dem gemacht haben, was wir seit Jahren geopfert und ertragen haben; das Publikum ist wenig oder fast nie mit unseren persönlichen Angelegenheiten behelligt worden. Mein Mann ist in diesen Dingen sehr empfindlich, und er opfert lieber das Letzte auf, ehe er sich zu demokratischen Betteleien, wie die großen offiziellen Männer, hergeben sollte. Was er aber wohl von seinen Freunden, namentlich in Köln, erwarten konnte, war eine tätige energische Teilnahme für seine Revue. Diese Teilnahme konnte er vor allem da erwarten, wo seine Opfer für die »Neue Rheinische Zeitung« bekannt waren. Statt dessen ist das Geschäft durch nachlässigen und unordentlichen Betrieb gänzlich

*) Marx starb im Alter von vierundsechzig Jahren — Anm. d. Hrsg.

ruiniert worden, und man weiß nicht, ob die Verschleppung des Buchhändlers oder der Geschäftsführer und Bekannten in Köln, oder ob das Benehmen der Demokratie überhaupt am schädlichsten waren.

Mein Mann ist hier fast erdrückt worden von den kleinlichsten Sorgen des Lebens, und zwar in einer so empörenden Form, daß seine ganze Energie, das ganze ruhige, klare, stille Selbstbewußtsein seines Wesens nötig waren, um ihn in diesen täglichen, stündlichen Kämpfen aufrecht zu erhalten. Sie wissen, lieber Herr Weydemeyer, welche Opfer mein Mann der Zeitung brachte. Tausende steckte er bar hinein, das Eigentum der Zeitung übernahm er, beschwatzt durch die demokratischen Biedermänner, zu einer Zeit, wo schon wenig Aussicht mehr zur Durchführung da war. Um die politische Ehre des Blattes, um die bürgerliche Ehre der Kölner Bekannten zu retten, ließ er sich alle Lasten aufbürden, seine Maschine gab er hin, alle Einnahmen gab er hin, ja beim Fortgehen borgte er dreihundert Taler, um die Miete für das neugemietete Lokal, um die rückständigen Honorare für Redakteure usw. zu zahlen – und er war gewaltsam vertrieben. Sie wissen, daß wir von allem nichts für uns übrig behalten haben; ich kam nach Frankfurt, um mein Silberzeug zu versetzen, das Letzte, was wir hatten; in Köln ließ ich meine Möbel verkaufen. Mein Mann ging, als die unglückliche Epoche der Konterrevolution anbrach, nach Paris, ich folgte ihm mit meinen drei Kindern. Kaum in Paris eingewohnt, wieder vertrieben, mir selbst und meinen Kindern wird der längere Aufenthalt versagt. Ich folge ihm wieder übers Meer. Nach einem Monat wird unser viertes Kind geboren. Sie müßten London und die hiesigen Verhältnisse kennen, um zu wissen was es heißt: drei Kinder und die Geburt eines vierten. Miete allein mußten wir monatlich 42 Taler bezahlen. Alles dieses waren wir imstande, aus eigenem aufgenommenem Vermögen zu bestreiten. Aber unsere kleinen Ressourcen erschöpften sich, als die Revue erschien. Trotz Übereinkunft trafen die Gelder nicht ein und dann in einzelnen kleinen Summen, so daß wir in die schrecklichsten Lagen gerieten.

Ich werde Ihnen nur einen Tag aus diesem Leben schildern, so wie er war, und Sie werden sehen, daß vielleicht wenige Flüchtlinge Ähnliches durchgemacht haben. Da die Ammen hier unerschwinglich sind, so entschloß ich mich, trotz beständiger schrecklicher Schmerzen in der Brust und im Rücken, mein Kind selbst zu nähren. Der arme kleine Engel trank mir aber so viel Sorgen und stillen Kummer ab, daß er beständig kränkelte, Tag und Nacht in heftigen Schmerzen lag. Seit er auf der Welt ist, hat er noch keine Nacht geschlafen, höchstens zwei bis drei Stunden. In der letzten Zeit kamen nun noch heftige Krämpfe hinzu, so daß das Kind beständig zwischen Tod und elendem Leben schwankte. In diesen Schmerzen sog er so stark, daß meine Brust wund ward und aufbrach; oft strömte Blut in sein kleines bebendes Mündchen. So saß ich eines Tages da, als plötzlich unsere Hauswirtin erschien, der wir im Laufe des Winters über 250 Taler gezahlt hatten, und mit der wir kontraktlich übereingekommen waren, das spätere Geld nicht ihr, sondern ihrem Landlord auszuzahlen, der sie früher hatte pfänden lassen. Sie leugnete nun den Kontrakt und forderte fünf Pfund, die wir ihr noch schuldeten, und als wir sie nicht gleich hatten, traten zwei Pfänder ins Haus, belegten all meine kleine Habe mit Beschlag, Betten, Wäsche, Kleider, alles, selbst die Wiege meines armen Kindes und die besseren Spielsachen der Mädchen, die in heißen Tränen dastanden. In zwei Stunden drohten sie alles zu nehmen – ich lag dann auf der flachen Erde mit meinen frierenden Kindern, mit meiner wehen Brust. Schramm, unser Freund, eilt in die Stadt, um Hilfe zu schaffen. Er steigt in ein Kabriolett, die Pferde gehen durch, er springt aus dem Wagen und wird uns blutend ins Haus gebracht, wo ich mit meinen armen zitternden Kindern jammerte.

Den Tag darauf mußten wir aus dem Hause, es war kalt und regnerisch und trüb, mein Mann sucht uns eine Wohnung, niemand will uns nehmen, wenn er von vier Kindern spricht. Endlich hilft uns ein Freund, wir bezahlen und ich verkaufe rasch alle meine Betten, um die vom Skandal der Pfändung ängstlich gemachten Apotheker, Bäcker, Fleischer, Milchmann zu bezahlen, die plötzlich mit ihren Rechnungen auf mich losgestürmt kommen. Die verkauften Betten werden vor die Tür gebracht, auf eine Karre geladen – was geschieht? Es war spät nach Sonnenuntergang geworden, das englische Gesetz verbietet das, der Wirt dringt mit Konstablern vor, behauptet, es könnten von seinen Sachen dabei sein, wir wollten durchgehen in ein fremdes Land. In weniger als fünf Minuten stehen mehr als zwei- bis dreihundert Leute vor unserer Türe, der ganze Mob von Chelsea. Die Betten kommen zurück, erst am anderen Morgen nach Sonnenaufgang dürfen sie dem Käufer übergeben werden. Als wir nun so durch den Verkauf unserer sämtlichen Habseligkeiten in den Stand gesetzt waren, jeden Heller zu zahlen, zog ich mit meinen kleinen Lieblingen in unsere jetzigen zwei kleinen Stübchen im deutschen Hotel, 1 Leicester Street, Leicester Square, wo wir für fünfeinhalb Pfund die Woche menschliche Aufnahme fanden.

Verzeihen Sie, lieber Freund, daß ich so breit und weitläufig selbst nur einen Tag unseres hiesigen Lebens Ihnen geschildert habe; es ist unbescheiden, ich weiß es, aber mein Herz strömte heute abend in meine zitternden Hände, und ich mußte einmal mein Herz ausschütten vor einen unseren ältesten, besten und treuesten Freunde. Glauben Sie nicht, daß mich diese kleinlichen Leiden gebeugt haben, ich weiß nur zu gut, wie unser Kämpfen kein isoliertes ist, und wie ich namentlich noch zu den auserwählt Glücklichen, Begünstigten gehöre, da mein teurer Mann, die Stütze meines Lebens, noch an meiner Seite steht. Allein was mich wirklich bis ins Innerste vernichtet und mein Herz bluten macht, das ist, daß mein Mann so viel Kleinliches durchzumachen hat, daß ihm mit so wenigem zu helfen gewesen wäre, und daß er, der so vielen gern und freudig geholfen hat, hier so hilflos stand. Aber glauben Sie nicht, lieber Herr Weydemeyer, daß wir an irgend jemand Ansprüche machen. Das einzige, was mein Mann wohl von denen verlangen konnte, die manchen Gedanken, manche Erhebung, manchen Halt an ihm hatten, war, bei seiner Revue mehr geschäftliche Energie, mehr Teilnahme zu entwickeln. Das bin ich so stolz und kühn zu behaupten. Das wenige war man ihm schuldig. Ich glaube, es war dabei niemand betrogen. Das schmerzt mich. Aber mein Mann denkt anders. Er hat noch nie, selbst in den schrecklichsten Momenten, die Sicherheit der Zukunft, selbst nicht den heitersten Humor verloren und war ganz zufrieden, wenn er mich heiter sah und unsere lieblichen Kinder um ihr liebes Mütterchen herumschmeichelten. Er weiß nicht, daß ich Ihnen, lieber Herr Weydemeyer, so weitläufig über unsere Lage geschrieben habe: machen Sie daher auch keinen Gebrauch von diesen Zeilen. Er weiß nur, daß ich Sie in seinem Namen gebeten habe, die Eintreibung und Übersendung der Gelder soviel als möglich zu beschleunigen.

Leben Sie wohl, lieber Freund! Ihrer lieben Frau sagen Sie das Herzlichste von mir, und Ihren kleinen Engel küssen Sie von einer Mutter, die manche Träne auf ihren Säugling fallen ließ. Unsere drei ältesten Kinder gedeihen prächtig trotz alledem und alledem. Die Mädchen sind hübsch, blühend, heiter und guter Dinge, und unser dicker Junge ist ein Ausbund von Humor und der drolligsten Einfälle voll. Der kleine Kobold singt den ganzen Tag mit ungeheurem Pathos und einer Riesenstimme, und wenn er die Worte aus Freiligraths Marseillaise: »O Juni komm' und bring' uns Taten, Nach frischen Taten lechzt das Herz«, mit furchtbarer Stimme erschallen läßt, dröhnt das ganze Haus. Vielleicht ist es der weltgeschichtliche Beruf dieses Monats, wie seiner beiden unglücklichen Vorgänger, den Riesenkampf zu eröffnen, bei dem wir uns alle wieder die Hände reichen werden. Leben Sie wohl!

3

Eleanor Marx
Karl Marx

Einige verstreute Notizen

Meine österreichischen Freunde wollen von mir Erinnerungen an meinen Vater haben. Sie hätten mir nicht gut eine schwierigere Aufgabe stellen können. Aber die österreichischen Arbeiter und Arbeiterinnen verfechten so glänzend die Sache, für die Karl Marx lebte und wirkte, daß ich nicht nein sagen kann. So will ich denn versuchen, ihnen einige verstreute Notizen zu senden.

Gar viele seltsame Geschichten sind über Karl Marx im Umlauf, von den »Millionen« (Pfund Sterling natürlich, denn unter dem geht's nicht) bis zu seiner Subventionierung durch Bismarck, dessen ständiger Besucher in Berlin während der Zeit der Internationale (!) er gewesen sein soll. Aber am komischsten von allen ist für die, die Marx gekannt haben, jene sehr verbreitete Legende, die ihn als mürrischen, finsteren, rechthaberischen, unzugänglichen Menschen schildert, als eine Art Donnergott, der, unaufhörlich seine Blitze schleudernd, niemals ein Lächeln auf den Lippen, einsam und unnahbar im Olymp thront. Eine derartige Schilderung des heitersten und lebensfrohesten Menschen, den es je gegeben hat, des Mannes mit dem übersprudelnden Temperament und Humor, dessen herzliches Lachen ansteckend und unwiderstehlich war, des gutmütigsten, freundlichsten, teilnahmsvollsten Gefährten, ist eine stete Quelle der Verwunderung und Belustigung für alle, die ihn gekannt haben.

Man kann, glaube ich, sagen: das Kennzeichnende an Karl Marx im häuslichen Leben wie in seinem Verkehr mit Freunden und selbst mit bloßen Bekannten, war sein unbändiger Humor und sein unbegrenztes Mitgefühl. Seine Güte und Geduld war wirklich erhaben. Ein weniger rücksichtsvoller Mann wäre oft in Raserei geraten infolge der ständigen Unterbrechungen, der dauernden Anliegen, mit denen Leute aller Art zu ihm kamen. Für Marx' Höflichkeit und Gutmütigkeit ist folgender Fall bezeichnend: ein Kommuneflüchtling – nebenbei ein alter unausstehlicher Schwätzer, hatte einmal Marx drei tödlich langweilige Stunden aufgehalten: als ihm endlich bedeutet wurde, daß die Zeit dränge und noch viel zu tun sei, konnte er herablassend sagen: »Mein lieber Marx, ich entschuldige Sie.«

Und so wie diesem langweiligen Menschen gegenüber war Marx gegen jedermann freundlich und gefällig, den er für anständig hielt, und widmete seine kostbare Zeit nicht wenigen, die diese Freigebigkeit mißbrauchten. Sein Vermögen, Männer und Frauen zum Reden zu bringen, sie fühlen zu machen, daß er sich interessiere für alles, was sie bewegte, war einfach wunderbar. Wie oft haben Leute der verschiedensten Stellungen und Berufe ihrer Verwunderung Ausdruck gegeben für sein besonderes Verständnis, das er ihnen und ihren Angelegenheiten entgegenbrachte. Wenn er glaubte, daß ein Mann wirklich etwas lernen wollte, dann war seine Geduld unbegrenzt. Da war keine Frage zu trivial, als daß er sie nicht beantwortet, kein Argument zu kindisch, als daß er es nicht ernstlich diskutiert hätte.

Aber am meisten liebenswert war Marx wohl in seinem Verkehr mit Kindern. Kinder konnten sich keinen besseren Spielgefährten wünschen. Ich erinnere mich, wie ich beiläufig drei Jahre alt war, und Mohr (dieser sein alter Spitzname kommt mir immer wieder auf die Zunge) mich auf seiner Achsel um unseren Garten in Grafton Terrace herumtrug und Windenblüten in meine braunen Locken steckte. Mohr war sicherlich ein prächtiges Pferd: mir wurde erzählt, daß meine älteren Geschwister, darunter mein Bruder, dessen Tod kurz nach meiner Geburt meinen Eltern zeitlebens eine Quelle tiefen Kummers war, Mohr an einige Stühle »schirrten«, die sie selbst »bestiegen«, und ihn nun ziehen ließen. In der Tat hat er, wie ich von ihm gehört habe, einige Kapitel des »18. Brumaire« in Deanstreet, Soho, als Hühpferd seiner drei kleinen Kinder geschrieben, die hinter ihm auf Stühlen saßen und auf ihn lospeitschten. Ich für mein Teil, vielleicht weil ich keine Geschwister von entsprechendem Alter hatte, zog Mohr als Reitpferd vor. Auf seiner Schulter sitzend, mich mit den Händen an seiner dichten Mähne festhaltend, die damals noch schwarz war mit einem Stich ins Graue, galoppierte ich am liebsten in unserem kleinen Garten umher und über die inzwischen verbauten Felder, die damals unser Haus in Grafton Terrace umgaben.

Ein Wort über den Namen »Mohr«. In unserem Hause hatten alle Spitznamen. (Die Leser des »Kapital« werden wissen, wie gut Marx Spitznamen geben konnte). Mohr war Marxens regulärer, fast offizieller Name, dessen sich nicht nur wir, sondern alle intimeren Freunde bedienten. Er war auch unser »Challey« (wahrscheinlich aus Charley entstanden, eine Verballhornung von Charles), und »Old Nick«. Unsere Mutter war immer unsere »Möhme«; unsere liebe alte Freundin Helene Demuth – die lebenslange Freundin unserer Eltern – wurde zuletzt »Nym« genannt, nachdem sie vorher eine ganze Menge anderer Namen getragen hat. Engels war seit 1870 unser »General«. Lina Schöler, eine unserer besten Freundinnen, hieß »Old mole« – alter Maulwurf. Meine Schwester Jenny hieß »Qui-qui, Kaiser von China« und »Di«; meine Schwester Laura (Frau Lafargue) war »Der Hottentotte« und »Kakadu«. Ich hieß Tussy, ein Name, der mir geblieben ist, und »Quo-quo, Thronfolger von China« und für lange Zeit Zwerg Alberich aus dem Nibelungenliede.

Aber Mohr war nicht nur ein ausgezeichnetes Pferd, er hatte noch eine höhere Qualifikation. Er war ein geradezu einziger und unerreichbarer Geschichtenerzähler. Meine Tanten haben mir oft erzählt, daß Mohr als Junge seinen Schwestern gegenüber ein schrecklicher Tyrann war; er trieb sie als seine Pferde in vollem Galopp den Markusberg zu Trier hinunter, und, was noch schlimmer war, er bestand darauf, daß sie die »Kuchen« äßen, welche er mit schmutzigen Händen aus noch schmutzigerem Teige selbst verfertigte. Aber sie ließen sich dies alles ohne Widerrede gefallen, denn Karl erzählte ihnen zur Belohnung so wundervolle Geschichten. Viele, viele Jahre darnach erzählte er Geschichten seinen Kindern. Meinen Schwestern, ich war damals noch zu klein, erzählte er Geschichten während der Spaziergänge, und diese Geschichten wurden nicht in Kapitel, sondern nach Meilen eingeteilt. »Erzähle uns noch eine Meile«, verlangten die zwei Mädchen.

Was mich angeht, so liebte ich von all den unzähligen wunderbaren Geschichten, welche mir Mohr erzählte, am allermeisten die Geschichte von »Hans Röckle«. Sie dauerte Monate um Monate; sie bestand aus einer ganzen Reihe von Geschichten. Schade nur, daß niemand da war, diese Geschichten, so voll von Poesie, Witz und Humor, niederzuschreiben. Hans Röckle selbst war ein Zauberer à la Hoffmann, der einen Spielwarenladen hatte und nie Geld in der Tasche. In seinem Laden waren die wunderbarsten Dinge: hölzere Männer und Frauen, Riesen und Zwerge, Könige und Königinnen, Meister und Gesellen, vierfüßige Tiere und Vögel so zahlreich wie in der Arche Noah, und Tische und Stühle, Equipagen und Schachteln groß und klein. Aber trotzdem Hans ein Zauberer war, konnte er doch nie seine Schulden an den Teufel und den Schlächter bezahlen, und so mußte er sehr gegen seinen Willen alle seine hübschen Sachen – Stück für Stück – dem Teufel verkaufen. Nach vielen, vielen Abenteuern und Irrwegen kamen aber dann diese Dinge immer in Hans Röckles Laden zurück. Einige von diesen Abenteuern waren schauerlich und haarsträubend wie Hoffmanns Erzählungen, andere wieder komisch, aber alle wurden erzählt mit unerschöpflichem Schwung, Witz und Humor. Mohr las seinen Kindern auch vor. Wie meinen Geschwistern, so las er auch mir den ganzen Homer vor, das Nibelungenlied, Gudrun, Don Quichote und Tausend und eine Nacht. Shakespeare war unsere Hausbibel; mit sechs Jahren kannte ich schon ganze Szenen aus Shakespeare auswendig.

Als ich sechs Jahre alt wurde, schenkte mir Mohr zu meinem Geburtstag den ersten Roman – den unsterblichen »Peter Simple«. Dieser erste war gefolgt von einer ganzen Reihe von Marryat und Cooper. Mein Vater las alle diese Bücher mit mir und besprach deren Inhalt ganz ernsthaft mit seiner kleinen Tochter. Und als das kleine Mädel – begeistert von Marryats Seefahrergeschichten – erklärte, sie wolle auch »Postkapitän« (was immer das auch sei) werden, und ihren Vater fragte, ob es nicht ginge, »sich als Junge anzuziehen« und sich auf einem Kriegsschiff anwerben zu lassen, versicherte er, daß dies wohl möglich sei, nur dürfe sie niemandem das geringste sagen, bis die Pläne ganz ausgereift seien. Doch noch ehe diese Pläne reiften, kam die Walter-Scott-Schwärmerei, und ich hörte mit Schrecken, daß ich selbst entfernt verwandt sei mit dem verhaßten Stamm der Campbells. Dann kamen Pläne zur Aufwiegelung der schottischen Hochlande und zur Wiederbelebung der »Fünfundvierziger«. Ich muß hinzufügen, daß Marx Walter Scott immer wieder las; er bewunderte ihn und kannte ihn fast ebensogut wie Balzac und Fielding. Während Marx über diese und viele andere Bücher zu seiner Tochter sprach und ihr zeigte, wo sie das schönste und beste in diesen Werken zu suchen habe, lehrte er sie denken – ohne daß sie es merkte, denn dagegen hätte sie sich gewehrt –, lehrte sie versuchen, für sich selbst zu denken und zu verstehen.

In gleicher Weise sprach dieser »bittere und verbitterte« Mann mit seinen Kindern über »Politik« und »Religion«. Wie gut erinnere ich mich, wie ich, fünf- oder sechsjährig, religiöse Bedenken hatte (wir hatten in einer römisch-katholischen Kirche der prächtigen Musik gelauscht), mit denen ich mich natürlich Mohr anvertraute, und wie Mohr mir in seiner ruhigen Weise alles so klar und deutlich auseinandersetzte, daß von der Zeit an bis heute mich auch nicht der leiseste Zweifel mehr anwandelte. Und wie er mir die Geschichte des Zimmermannssohnes erzählte, den die Reichen töteten, wie sie, glaube, nie, weder vorher noch nachher, erzählt worden ist! Oft und oft hörte ich ihn sagen: »Trotz alledem, wir können dem Christentum viel verzeihen, denn es hat gelehrt die Kinder zu lieben.«

Marx selbst hätte sagen können: »Laßt die Kleinen zu mir kommen«, denn wo immer er auch ging, war er von Kindern umringt. Ob er auf Hampstead-Heath saß – einer weiten offenen Heide nördlich von London, nahe unserer alten Wohnung – ob in einem der Parks, gleich sammelte sich eine Schar von Kindern um ihn, die mit dem großen Mann mit dem langen Haar und Bart und den guten braunen Augen auf dem freundschaftlichsten Fuße standen. Ganz fremde Kinder kamen so an ihn heran und hielten ihn oft auf der Straße an, ebenso wie die Tiere zu ihm zutraulich waren, fremde Hunde und Katzen sich an ihm zu reiben versuchten und sein Streicheln liebten. Einmal, erinnere ich mich, hielt ein wildfremder zehnjähriger Knabe ohne weiteres den »Chef der Internationale« im Maitland-Park an und forderte ihn auf »to swop knifes« (die Messer zu tauschen). Nachdem er Marx erklärt hatte, daß »swop« in der Schuljungensprache »tauschen« hieße, holten beide ihre Messer heraus und verglichen sie. Das Messer des Jungen hatte nur eine Klinge, Marxens zwei, diese aber waren unbestreitbar stumpf. Nach einigem Hin und Her wurde der Handel abgeschlossen, die Messer getauscht, und der »gefürchtete Chef der Internationale« mußte einen Penny darauf geben, weil sein Messer stumpf war.

Mit welch grenzenloser Geduld und Gutmütigkeit antwortete Marx auf alle meine Fragen, als der amerikanische Bürgerkrieg und die Blaubücher Marryat und Scott für einige Zeit verdrängt hatten. Nie beklagte er sich über die Unterbrechungen, obwohl es sehr störend für ihn gewesen sein muß, sein ständig plapperndes Kind um sich zu haben, während er an seinem großen Werk arbeitete. Und nie ließ er in dem Kinde den Gedanken aufkommen, daß es ihm im Wege sei. Um dieselbe Zeit, ich erinnere mich noch sehr gut, hatte ich die unerschütterliche Überzeugung, daß Abraham Lincoln unmöglich ohne meinen Rat in den Fragen des Krieges auskommen könne, und so adressierte ich lange Briefe an ihn, welche Mohr natürlich lesen und zur Post tragen mußte. Viele, viele Jahre später zeigte er mir die kindlichen Briefe, die er aufbewahrt hatte, weil sie ihn belustigten.

Und so war denn Mohr durch all die Jahre meiner Jugend ein idealer Freund. Zu Hause waren wir alle gute Kameraden, und er war der beste und lustigste von allen, sogar in den Leidensjahren, da er in ständiger Qual lebte infolge der Schmerzen, die ihm die Karbunkeln bereiteten, bis an sein Ende ...

Diese wenigen losen Erinnerungen wären unvollständig, würde ich nicht ein paar Worte über meine Mutter anfügen. Es ist keine Übertreibung, wenn ich sage: ohne Jenny von Westphalen hätte Karl Marx niemals der sein können, der er war. Nie hat es zwei Menschen gegeben – beide bedeutend –, die so vollkommen zu einander paßten und sich ergänzten. Von außerordentlicher Schönheit – einer Schönheit, die bis zuletzt seine Freude und sein Stolz war, und die die Bewunderung Heines, Herweghs und Lassalles gefunden –, voll glänzender Begabung und Witz, ragte Jenny von Westphalen aus Tausenden hervor. Als Kinder spielten Karl und Jenny zusammen, als Jüngling und Jungfrau – er siebzehn, sie einundzwanzig – verlobten sie sich, und wie Jakob um Rahel diente Marx um Jenny sieben Jahre, bevor er sie heimführte. Dann durch all die folgenden Jahre voll Sturm und Not, Verbannung, bitterer Armut, Verleumdung und harten, rastlosen Kampfes, trotzten diese zwei Menschen, zusammen mit ihrem ergebenen und treuen Freund Helene Demuth, der Welt, nie entmutigt, nie verzagt, immer auf dem gefährlichen Posten, auf den die Pflicht sie rief. Wahrlich, er konnte von ihr mit Browning sagen:

»Darum ist sie ewig meine Braut,
Zufall kann meine Liebe nicht ändern
Noch Zeit sie mindern ...«

Und ich glaube mitunter, daß noch ein Band, fast so stark wie ihre Hingabe an die Sache der Arbeiter, sie zusammenband – ihr unerschöpflicher, unverwüstlicher Humor. Es gibt nicht bald wieder zwei Leute, die so Gefallen fanden an Scherz und Witz wie die zwei. Oft und oft – besonders wenn die Gelegenheit Zurückhaltung erforderte, habe ich sie lachen sehen, daß ihnen die Tränen über die Wangen liefen, und sogar die, welche sich versucht fühlten, die Nase zu rümpfen ob solchen Leichtsinns, konnten nichts andres tun als mitlachen. Wie oft habe ich gesehen, daß sie sich nicht ins Gesicht zu sehen wagten, weil sie wußten, daß ein einziger Blick unstillbares Gelächter entfesseln mußte. Die zwei Leute zu sehen, wie sie ihre Blicke auf alles andere richteten, nur nicht auf einander, mit aller Anstrengung ein Lachen unterdrückend, das zuletzt doch mit elementarer Kraft durchbrach, ist eine Erinnerung, welche ich nicht missen möchte, nicht um alle »Millionen«, die ich geerbt haben soll. Ja, trotz aller Leiden, Kämpfe und Schwierigkeiten waren sie ein fröhliches Paar, und der verbitterte »Donnergott« ist eine Einbildung der Bourgeoisgehirne. Wenn sie auch in den jahrelangen Kämpfen manch' bittere Enttäuschung, manchen Undank erfuhren, sie hatten doch, was wenige hatten – wahre Freunde. Wer den Namen Marx kennt, kennt Friedrich Engels. Und wer Marx in seinem Heim gekannt hat, erinnert sich auch des Namens einer prächtigen Frau, des verehrten Namens Helene Demuth.

Jenen, welche sich dem Studium der menschlichen Natur widmen, wird es nicht befremdend erscheinen, daß der Mann, der ein solcher Kämpfer war, zur selben Zeit der freundlichste und zarteste Mensch sein konnte. Sie werden verstehen, daß er so bitter hassen konnte, nur weil er einer so innigen Liebe fähig war; daß, wenn seine scharfe Feder jemanden so sicher in die Hölle sperren konnte wie nur je Dante, dann nur, weil er so aufrichtig und zartfühlend war; daß, wenn sein sarkastischer Humor ätzen konnte wie Säuren, derselbe Humor andererseits Balsam sein konnte denen, die in Not und Bedrängnis waren. –

Meine Mutter starb im Dezember 1881, nach fünfzehn Monaten folgte ihr der nach, der während des Lebens nicht von ihrer Seite gewichen war. Nach den wechselvollen Kämpfen des Lebens ruhen sie nun gut. Wenn sie eine ideale Frau war, dann war er

»... ein Mann, nehmt alles nur in allem,
Wir werden nimmer seinesgleichen sehn.«

4

Das Begräbnis von Karl Marx

Friedrich Engels

Am Samstag, den 17. März, wurde Karl Marx auf dem Highgate Friedhof zur Ruhe gebettet, in demselben Grab, in dem auch seine Frau fünfzehn Monate früher beerdigt worden war.

Am Grab legte G. Lemke zwei Kränze mit roten Bändern auf den Sarg im Namen der Redaktion und des Vertriebs des »Sozialdemokrat« und im Namen der »London Workers' Educational Society« nieder.

Friedrich Engels hielt dann folgende Rede auf englisch:

»Am 14. März, nachmittags ein Viertel vor drei, hat der größte lebende Denker aufgehört, zu denken. Kaum zwei Minuten allein gelassen, fanden wir ihn beim Eintreten in seinem Sessel ruhig entschlummert – aber für immer.

Was das streitbare europäische und amerikanische Proletariat, was die historische Wissenschaft an diesem Mann verloren haben, das ist gar nicht zu ermessen. Bald genug wird sich die Lücke fühlbar machen, die der Tod dieses Gewaltigen gerissen hat.

Wie Darwin das Gesetz der Entwicklung der organischen Natur, so entdeckte Marx das Entwicklungsgesetz der menschlichen Geschichte: die bisher unter ideologischen Überwucherungen verdeckte einfache Tatsache, daß die Menschen vor allen Dingen zuerst essen, trinken, wohnen und sich kleiden müssen, ehe sie Politik, Wissenschaft, Kunst, Religion usw. treiben können; daß also die Produktion der unmittelbaren materiellen Lebensmittel und damit die jedesmalige ökonomische Entwicklungsstufe eines Volkes oder eines Zeitabschnittes die Grundlage bildet, aus der sich die Staatseinrichtungen, die Rechtsanschauungen, die Kunst und selbst die religiösen Vorstellungen der betreffenden Menschen entwickelt haben, und aus der sie daher auch erklärt werden müssen – nicht, wie bisher geschehen, umgekehrt.

Damit nicht genug. Marx entdeckte auch das spezielle Bewegungsgesetz der heutigen kapitalistischen Produktionsweise und der von ihr erzeugten bürgerlichen Gesellschaft. Mit der Entdeckung des Mehrwerts war hier plötzlich Licht geschaffen, während alle früheren Untersuchungen, sowohl der bürgerlichen

Ökonomen wie der sozialistischen Kritiker, im Dunkel sich verirrt hatten.

Zwei solche Entdeckungen sollten für ein Leben genügen. Glücklich schon der, dem es vergönnt ist, nur eine solche zu machen. Aber auf jedem einzelnen Gebiet, das Marx der Untersuchung unterwarf – und dieser Gebiete waren sehr viele und keines hat er bloß flüchtig berührt – auf jedem, selbst auf dem der Mathematik, hat er selbständige Entdeckungen gemacht.

So war der Mann der Wissenschaft. Aber das war noch lange nicht der halbe Mann. Die Wissenschaft war für Marx eine geschichtlich bewegende, eine revolutionäre Kraft. So reine Freude er haben konnte an einer neuen Entdeckung in irgend einer theoretischen Wissenschaft, deren praktische Anwendung vielleicht noch gar nicht abzusehen, – eine ganz andere Freude empfand er, wenn es sich um eine Entdeckung handelte, die sofort revolutionär eingriff in die Industrie, in die geschichtliche Entwicklung überhaupt. So hat er die Entwicklung der Entdeckungen auf dem Gebiete der Elektrizität und zuletzt noch die von Marc Deprez, genau verfolgt.

Denn Marx war vor allem Revolutionär. Mitzuwirken, in dieser oder jener Weise, am Sturz der kapitalistischen Gesellschaft und der durch sie geschaffenen Staatseinrichtungen, mitzuwirken an der Befreiung des modernen Proletariats, dem *er* zuerst das Bewußtsein seiner eigenen Lage und seiner Bedürfnisse, das Bewußtsein der Bedingungen seiner Emanzipation gegeben hatte – das war sein wirklicher Lebensberuf. Der Kampf war sein Element. Und er hat gekämpft mit einer Leidenschaft, einer Zähigkeit, einem Erfolg wie wenige. Erste »Rheinische Zeitung« 1842, »Pariser Vorwärts« 1844, »Brüsseler Deutsche Zeitung« 1847, »Neue Rheinische Zeitung« 1848-49, »New York Tribune« 1852 bis 1861 – dazu Kampfbroschüren die Menge, Arbeit in Vereinen in Paris, Brüssel und London, bis endlich die große Internationale Arbeiterassoziation als Krönung des Ganzen entstand – wahrlich, das war wieder ein Resultat, worauf sein Urheber stolz sein konnte, hätte er sonst auch nichts geleistet.

Und deswegen war Marx der bestgehaßte und bestverleumdete Mann seiner Zeit. Regierungen, absolute wie republikanische, wiesen ihn aus, Bourgeois, Konservative wie Extrem-Demokratische, logen ihm um die Wette Verlästerungen nach. Er schob das alles bei Seite, wie Spinnweb, achtete dessen nicht, antwortete nur, wenn äußerster Zwang da war. Und er ist gestorben, verehrt, geliebt, betrauert von Millionen revolutionärer Mitarbeiter, die von den sibirischen Bergwerken an über ganz Europa und Amerika bis Kalifornien hin wohnen, und ich kann es kühn sagen: er mochte noch manchen Gegner haben, aber kaum noch einen persönlichen Feind.

Sein Name wird durch die Jahrhunderte fortleben und so auch sein Werk!«

Literaturverzeichnis

Baron, H., 1936: *Fifteenth-Century Civilization and the Renaissance,* in: The Cambridge Medieval History, Vol. 8, Cambridge 1936 (University Press).

Becker, C. L., 1932: *The Heavenly City of the Eighteenth Century Philosophers,* New Haven 1932 (Yale University Press); deutsch: *Der Gottesstaat der Philosophen des 18. Jahrhunderts,* Würzburg 1946 (Ferdinand Schöningh).

Bell, D., 1959: *The Meaning of Alienation,* in: Thought, New York 34 (1959).

Bennett, J. C., 1960: *Christianity and Communism Today,* New York 1960 (Association Press).

Bloch, E., 1959: *Das Prinzip Hoffnung,* Frankfurt/M. 1959 (als Taschenbuch 1973) (Suhrkamp).

Bottomore, T. B. (Ed.), 1963: *Karl Marx. Early Writings,* translated and edited by T. B. Bottomore, London 1963 (Watts).

– 1964: *Karl Marx. Early Writings,* translated and edited by T. B. Bottomore, Foreword by Erich Fromm, New York 1964 (McGraw-Hill).

– 1964a: *Karl Marx. Selected Writings in Sociology and Social Philosophy,* newly translated by T. B. Bottomore. Edited, with an Introduction and Notes by T. B. Bottomore and M. Rubel, and with a Foreword by Erich Fromm, New York 1964 (McGraw-Hill).

Calvez, J. Y., 1956: *La Pensée de Karl Marx,* Paris 1956 (Editions du Seuil) deutsch: *Karl Marx. Darstellung und Kritik seines Denkens,* Olten und Freiburg 1964.

Dunayevskaya, R., 1958: *Marxism and Freedom,* with a Foreword by H. Marcuse, New York 1958 (Bookman Associates).

Engels, F., MEW 39: *Brief an Franz Mehring in Berlin vom 14. 7. 1893,* in: Marx-Engels-Werke (MEW), Band 39, S. 96-100, Berlin (Dietz-Verlag).

Fetscher, I. (Hrsg.), 1954 ff.: *Marxismusstudien,* herausgegeben von Iring Fetscher, Tübingen 1954 ff. (J. C. B. Mohr).

Feuer, L. I., 1937: *Jewish Literature since the Bible,* Cincinnati 1937 (The Union of American Hebrew Congregation).

Fromm, E., 1932a: *Über Methode und Aufgabe einer Analytischen Sozialpsychologie. Bemerkungen über Psychoanalyse und historischen Materialismus,* in: Zeitschrift für Sozialforschung, Leipzig 1 (1932) S. 28-54; Erich Fromm-Gesamtausgabe Band I, S. 37-57, Stuttgart 1980 (Deutsche Verlags-Anstalt).

– 1947a: *Man for Himself. An Inquiry into the Psychology of Ethics,* New York 1947 (Rinehart and Co.); deutsch: *Psychoanalyse und Ethik,* Zürich 1954 (Diana Verlag); Stuttgart 1979 (Deutsche Verlags-Anstalt); Erich Fromm-Gesamtausgabe Band II, S. 1-157, Stuttgart 1980 (Deutsche Verlags-Anstalt).

– 1955a: *The Sane Society,* New York 1955 (Rinehart and Winston); deutsch: *Der moderne Mensch und seine Zukunft. Eine sozialpsychologische Untersuchung,* Frankfurt/Köln 1960 (Europäische Verlagsanstalt); unter neuem Titel und in neuer deutscher Übersetzung: *Wege aus einer kranken Gesellschaft*, Erich Fromm-Gesamtausgabe Band IV, Stuttgart 1980 (Deutsche Verlags-Anstalt).

– 1960a: *Psychoanalysis and Zen Buddhism*, in: D. T. Suzuki, E. Fromm and R. de Martino, Zen Buddhism and Psychoanalysis, New York 1960, S. 77-141 (Harper); deutsch: *Psychoanalyse und Zen-Buddhismus*, in: D. T. Suzuki, E. Fromm und R. de Martino, Zen-Buddhismus und Psychoanalyse, München 1963, S. 101-178 (Szczesny Verlag); Frankfurt 1972, S. 101-179 (Suhrkamp Verlag); Erich Fromm-Gesamtausgabe Band VI, S. 301-356, Stuttgart 1980 (Deutsche Verlags-Anstalt).

– 1962a: *Beyond the Chains of Illusion. My Encounter with Marx and Freud*, New York 1962 (Simon and Schuster); deutsch: *Jenseits der Illusionen*, Zürich 1967 (Diana Verlag); Stuttgart 1979 (Deutsche Verlags-Anstalt); Erich Fromm-Gesamtausgabe Band IX, Stuttgart 1981 (Deutsche Verlags-Anstalt).

Goethe, J. W. von, 1893: *Goethes Werke*, herausgegeben im Auftrag der Großherzogin Sophie von Sachsen, Weimar 1893 (Hermann Böhlau).

Hegel, G. W. F., 1927 ff.: *Sämtliche Werke*, Jubiläumsausgabe, neu hrsg. von H. Glockner, Band 1-26, Stuttgart 1927 ff. (Frommann).

– 1928: *Vorlesungen über die Philosophie der Geschichte*, in: Sämtliche Werke, Jubiläumsausgabe, neu hrsg. von H. Glockner, Band 11, Stuttgart 1928 (Frommann).

– 1963: *Wissenschaft der Logik*, hrsg. von G. Lasson, Teil 1 und 2, Hamburg 1963 (Meiner).

Huxley, A., 1946: *The Perennial Philosophy*, London 1946 (Chatto and Windus); deutsch: *Die ewige Philosophie (Philosophia perennis)*, Zürich 1949 (Steinberg-Verlag).

Krieger, L., 1920: *The Uses of Marx for History*, in: Political Science Quarterly, New York XXXV (1920) p. 360 ff.

Laski, H., 1936: *Political Theory in the Later Middle Ages*, in: J. B. Bury (Ed.), The Cambridge Medieval History, Vol. 8, Cambridge 1936, p. 620-645 (Cambridge Univ. Press).

Löwith, K., 1953: *Weltgeschichte und Heilsgeschichte*, Stuttgart 1953 (Kohlhammer Verlag); engl.: *Meaning in History*, Chicago 1949 (The University of Chicago Press).

– 1969: *Von Hegel zu Nietzsche. Der revolutionäre Bruch im Denken des neunzehnten Jahrhunderts*, Stuttgart 1969 (S. Fischer).

Lukács, G., 1923: *Geschichte und Klassenbewußtsein. Studien über marxistische Dialektik*, Berlin 1923 (Malik-Verlag).

Marcuse, H., 1941: *Reason and Revolution*, Cambridge Mass. 1941 (Harvard Univ. Press); deutsch: *Vernunft und Revolution. Hegel und die Entstehung der Gesellschaftstheorie*, Neuwied und Darmstadt 1962 (Luchterhand).

– 1958: *Soviet Marxism*, New York 1958 (Oxford Univ. Press); deutsch: *Die Gesellschaftslehre des sowjetischen Marxismus*, Neuwied/Berlin 1964 (Luchterhand).

Marx, K., MEGA, *Karl Marx und Friedrich Engels, Historisch-kritische Gesamtausgabe* (= MEGA). Werke – Schriften – Briefe, im Auftrag des Marx-Engels-Lenin-Instituts Moskau herausgegeben von V. Adoratskij 1. Abteilung: Sämtliche Werke und Schriften mit Ausnahme des Kapital, 6 Bände, zitiert: I,1 bis 6

2. Abteilung: Das »Kapital« mit Vorarbeiten
3. Abteilung: Briefwechsel
4. Abteilung: Generalregister, Berlin 1932.

Marx, K., MEW: *Karl Marx und Friedrich Engels: Werke (MEW)*, herausgegeben vom Institut für Marxismus-Leninismus beim ZK der SED, Berlin (Dietz Verlag).

– MEW 1: *Die Verhandlungen des 6. rheinischen Landtags*, in: Marx-Engels-Werke (MEW), Band 1, S. 28-77, Berlin 1961 (Dietz Verlag).

– MEW 2: *Die heilige Familie oder Kritik der kritischen Kritik. Gegen Bruno Bauer und Konsorten*, in: Marx-Engels-Werke (MEW), Band 2, S. 3-223, Berlin 1959 (Dietz-Verlag).

– MEW 3: *Thesen über Feuerbach*, in: Marx-Engels-Werke (MEW), Band 3, S. 5-7, Berlin (Dietz Verlag).

– MEW 3: *Die deutsche Ideologie*, in: Marx-Engels-Werke (MEW), Band 3, S. 9-530, Berlin (Dietz Verlag).

– MEW 4: *Das Elend der Philosophie. Antwort auf Proudhons »Philosophie des Elends«*, in: Marx-Engels-Werke, Band 4, S. 63-182, Berlin 1959 (Dietz Verlag).

– MEW 4: *Manifest der Kommunistischen Partei*, in: Marx-Engels-Werke, Band 4, S. 459-493, Berlin 1959 (Dietz Verlag).

– MEW 8: *Der 18. Brumaire des Louis Bonaparte*, in: Marx-Engels-Werke (MEW), Band 8, S. 111-207, Berlin 1960 (Dietz Verlag).

– MEW 13: *Zur Kritik der Politischen Ökonomie*, in: Marx-Engels-Werke, Band 13, S. 3-160, Berlin 1961 (Dietz Verlag).

– MEW 23-25: *Das Kapital*, Band I bis III, in: Marx-Engels-Werke (MEW), Band 23-25, Berlin 1971 und 1972 (Dietz Verlag).

– MEW Erg. I: *Ökonomisch-philosophische Manuskripte aus dem Jahre 1844*, in: Marx-Engels-Werke (MEW), Ergänzungsband I, S. 465-588, Berlin 1968 (Dietz Verlag).

– 1934: *Karl Marx. Eine Sammlung von Erinnerungen und Aufsätzen*, herausgegeben vom Marx-Engels-Institut, Moskau, Zürich 1934 (Ring-Verlag).

– 1971: *Die Frühschriften*, herausgegeben von Siegfried Landshut (= Kröners Taschenausgabe 209), Stuttgart 1971 (Verlag Kröner).

Meister Eckhart, 1977: *Deutsche Predigten und Traktate*, herausgegeben und übersetzt von Josef Quint, 4. Auflage, München 1977 (Carl Hanser).

Overstreet, H. A., 1958: *What We Must Know About Communism*, New York 1958 (Norton).

Passerin d'Entrèves, A., 1939: *The Medevial Contribution to Political Thought*, London 1939 (Oxford Univ. Press).

Popitz, H., 1953: *Der entfremdete Mensch. Zeitkritik und Geschichtsphilosophie des jungen Marx*, Basel 1953 (Verlag f. Recht u. Gesellschaft AG.).

Ramm, Th., 1957: *Die künftige Gesellschaftsordnung nach der Theorie von Marx und Engels*, in: I. Fetscher (Hrsg.), Marxismusstudien, Band II, S. 77 ff. Tübingen 1957 (Verlag J. C. B. Mohr).

Rjazanov, D., 1928: *Marx und Engels über Feuerbach, Einführung*, in: Marx-Engels-Archiv, Zeitschrift des Marx-Engels-Instituts in Moskau, hrsg. von D. Rjazanov, 1. Band, Frankfurt 1928, S. 205-217.

Rubel, M., 1957: *Karl Marx. Essai de biographie intellectuelle*, Paris 1957 (M. Rivière).

Runes, D. D. (Ed.), 1959: *A World without Jews*, New York 1959 (Philosophical Library).
Schumpeter, J. A., 1962: *Capitalism, Socialism, and Democracy*, New York 1962 (Harper & Row, Torchbooks); deutsch: *Kapitalismus, Sozialismus und Demokratie*, 3. Aufl., München 1975 (Francke).
Schwarzschild, L., 1948: *The Red Prussian. The Life and Legend of Karl Marx*, London 1948 (Hamilton); deutsch: *Der rote Preuße. Leben und Legende von Karl Marx*, Stuttgart 1954 (Scherz und Goverts).
Tillich, P., 1952: *Protestantische Vision*, Stuttgart 1952 (Ring Verlag).
– 1953: *Der Mensch im Christentum und im Marxismus*, Düsseldorf 1953 (Ring Verlag).
Venable, V., 1945: *Human Nature: The Marxian View*, New York 1945 (A. A. Knopf).